Gran Guía
de la Naturaleza

Nicolai/Singer/Wothe

# Aves

Las principales especies ornitológicas de Europa.
Cómo reconocerlas y clasificarlas

Dibujos: Hermann Kacher

EDITORIAL EVEREST, S. A.
MADRID • LEON • BARCELONA • SEVILLA • GRANADA • VALENCIA
ZARAGOZA • LAS PALMAS DE GRAN CANARIA • LA CORUÑA
PALMA DE MALLORCA • ALICANTE — MEXICO • BUENOS AIRES

# Presentación

La presente GUÍA DE LAS AVES DE EUROPA, con su práctico formato de bolsillo, sus excelentes fotografías en color, sus dibujos ilustrativos y sus mapas de las áreas de distribución pronto será, sin duda alguna, su inseparable acompañante en sus salidas al campo, en sus excursiones y paseos y en sus viajes de vacaciones, ya que con su ayuda dispondrá en todo momento del instrumento ideal para identificar, de manera fácil y segura, cualquier ave que se le presente.

Las **340 fotografías en color** del total de especies contenidas en sus páginas han sido tomadas del natural, procurando captar lo más característico de cada una de ellas.

**Doscientos cincuenta dibujos adicionales** ilustran además importantes aspectos referidos a diferenciaciones y formas de comportamiento concretos. Y **320 mapas de las áreas de distribución** europeas muestran, de una ojeada, dónde y en qué época del año podemos encontrar las especies descritas.

Los autores saben por experiencia que los principiantes tropiezan con no pocas dificultades a la hora de proceder a la identificación de la mayoría de las aves y, en consecuencia, han optado por un **sistema de presentación y de clasificación** tan sencillo como práctico. Las especies contenidas en la Guía van divididas en 5 grupos, habiéndose asignado a cada grupo un color distinto ( → esquema de la página contigua). La fotografía en color de cada especie reseñada va siempre a la derecha y lleva el mismo número que la reseña impresa frente por frente. Todos los datos figuran, por lo tanto, a doble página y siempre sobre un fondo del mismo color que el del grupo resaltado en las **uñetas laterales.**

Otro dato importantísimo para una mejor identificación lo constituyen las **siluetas de vuelo,** los **dibujos en detalle** de diversos aspectos del plumaje (librea invernal, plumaje de la hembra). A este respecto conviene destacar que aparte de algunas siluetas ilustrativas, incluidas como complemento de la descripción de ciertas especies, los plumajes distintivos y las siluetas de vuelo se ofrecen agrupados en sendas láminas ( → cubiertas y láminas interiores).

Finalmente, los autores quisieron que la presente obra, además de satisfacer al lector como guía práctica para la identificación de las aves de Europa, contribuya a despertar un mayor interés por esta disciplina y una mayor comprensión de todo cuanto afecta a nuestro planeta, tan necesitado de recobrar su equilibrio ecológico.

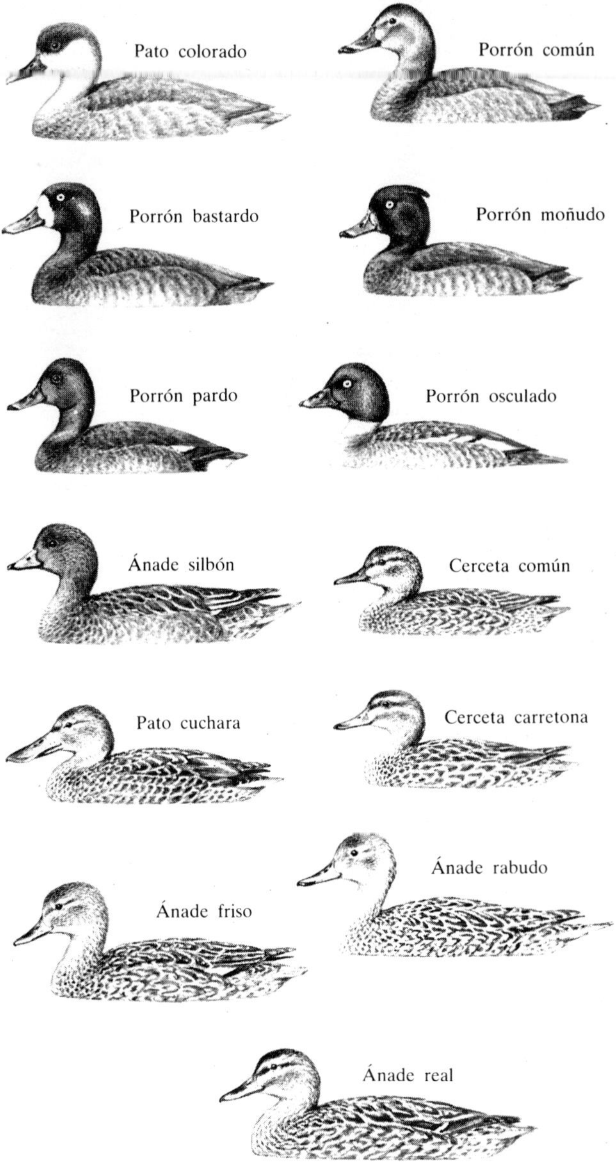
Pato colorado
Porrón común
Porrón bastardo
Porrón moñudo
Porrón pardo
Porrón osculado
Ánade silbón
Cerceta común
Pato cuchara
Cerceta carretona
Ánade rabudo
Ánade friso
Ánade real

## Agrupación esquemática por colores convencionales

| *Uñeta* | *Grupo* | *Páginas* |
|---|---|---|
| | El azul comprende aves marinas o más o menos dependientes del medio acuático (colimbos, somormujos, zampullines, pelícanos, cormoranes, garzas, cigüeñas, cisnes, ansares, patos). | 10-49 |
| | El rojo comprende aves rapaces (águilas, halcones, milanos, gavilanes, ratoneros, buitres, lechuzas, búhos, mochuelos, carabos). | 50-83 |
| | El amarillo comprende aves limícolas, playeras palustres o ribereñas (avutardas, polluelas, fochas, guiones, grullas, chorlitos, correlimos, archibebes, andarríos, zarapitos, agujas, agachadizas, pégalos, gaviotas, charranes, araos, alcas). | 84-139 |
| | El gris comprende vencejos, perdices, urogallos, codornices, faisanes, tórtolas, palomas, cucos, martines pescadores, carracas, abejarucos, abubillas, picos. | 140-164 |
| | El verde comprende el numeroso grupo de los pájaros (alondras, golondrinas, carriceros, currucas, petirrojos, mirlos, chochines, gorriones, jilgueros, verderones, pardillos, canarios, estorninos, etc...). | 165-249 |

Para la localización exacta de cada ave deberá recurrirse al Índice alfabético de nombres científicos o de nombres castellanos.

## Identificación sistemática

Para proceder a la identificación de cualquier ave, debe comenzarse por encuadrarla dentro del grupo de color más afín, procediendo a continuación a su localización dentro de las páginas del mismo color, con ayuda de las fotos y las características reseñadas en el texto correspondiente.

Respecto al contenido de la presente Guía, en ella encontrará todas las especies de aves más importantes de Europa, abarcando un área de casi 10 millones de kilómetros cuadrados, desde la costa atlántica, en el O, hasta los Urales, en el E; desde Groenlandia y Escandinavia, en el N, hasta el Mediterráneo, en el S. Algunas especies que se crían solamente en algunas zonas marginales de Europa, no han sido incluidas, por tratarse generalmente de pequeñas poblaciones.

# Introducción

Las **fotografías** en color han sido tomadas del natural, mostrando a las espcies con sus más importantes caracteres externos y en su postura típica. Por lo general se trata del macho en plumaje de cría. En muchos casos, en los que macho y hembra son claramente distintos, se ofrecen fotografías de ambos sexos. Aquellas aves que en Europa suelen presentar preferentemente su plumaje invernal se ilustran las más veces en ese plumaje. Las **reseñas** enfrentadas a las fotografías contienen todos aquellos datos de interés para la identificación de la especie en cuestión que se han considerado indispensables como complemento de dichas fotografías, tales como las particularidades del plumaje, el comportamiento o aspecto en vuelo o el canto, dato este último al que siempre se debe prestar especial atención, ya que muchas veces constituye el primer indicio de la presencia del ave que posteriormente esperamos poder observar. Debajo del **nombre castellano** de cada ave,

---

**Caracteres externos de un ave:** En el texto de las reseñas se hace referencia a menudo a importantes partes del cuerpo o del plumaje de las aves descritas. A la vista del siguiente dibujo, el lector no tardará en familiarizarse con la terminología utilizada en la presente Guía:

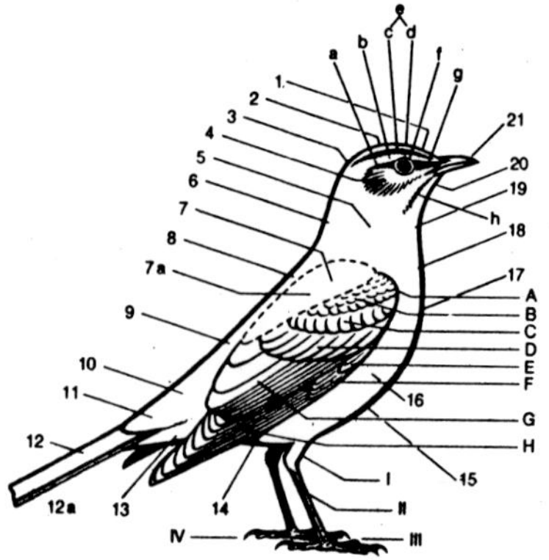

A Lomo alar
B Pequeñas coberturas
C Medianas coberteras
D Grandes coberteras
E Alula
F Terciarias cubitales
G Secundarias
H Primarias

1 Frente
2 Coronilla
3 Nuca
4 Mejillas o auriculares
5 Lado del cuello
6 Nuca
7 Hombros
7a Escapulares
8 Dorso superior
9 Dorso inferior
10 Obispillo
11 Supracoberteras caudales

12 Cola
12a Rectrices externas
13 Infracoberteras caudales
14 Bajo vientre
15 Vientre
16 Flancos
17 Pecho
18 Buche
19 Garganta
20 Mentón
21 Pico

I Pantorrilla
II Pata
III Dedos y garras
IV Dedo posterior
a Lista ocular
b Lista superciliar
c Lista testera
d Lista verticilar
e Píleo
f Anillo ocular
g Bridas
h Bigoteras

que encabeza cada reseña, figura el nombre científico (nombre latino) en cursiva, y, entre paréntesis, la familia a la que pertenece (también en latín). Todas las especies en peligro de extinción en Europa van señaladas con el símbolo ▽ y su clasificación como tales tiene por base la Lista Roja del Consejo Internacional de Protección de las Aves, publicada en 1970. Las cifras en **números romanos, del I al XII,** contenidas en el texto de las reseñas, se refieren a los meses del año en que la especie en cuestión puede encontrarse en Europa central.

Las **características** que encabezan cada reseña contienen los datos referentes al tamaño del ave, expresados en centímetros (desde el pico hasta el extremo de la cola) y el peso medio en gramos. Cuando se trata de tamaños excepcionales por la notoria diferencia entre ambos sexos, se indican expresamente los datos del macho (♂) y de la hembra (♀). Seguidamente se añaden las demás características en cuanto al plumaje, detalles de distintas partes anatómicas y modos de comportamiento que pueden considerarse típicos (véase el dibujo de los caracteres externos). El epígrafe **Vuelo** se incluye también en la reseña en el caso de especies de características especiales en tal sentido, ya que de esta forma puede facilitarse su identificación.

**Voz, Canto:** En cada uno de ambos casos, la reseña contiene la descripción de los reclamos más frecuentes, emitidos generalmente por el macho durante el período de cría. **Hábitat:** Descripción del tipo y estructura del medio en que la especie cría (biotopo de cría). **Alimentación:** Datos referidos a la dieta habitual de la especie. **Cría:** El período de cría de la mayor parte de las aves de Europa abarca por lo menos dos meses (indicados en números romanos). La mayoría de ellas ponen solamente una vez al año; se dice que tienen dos puestas cuando los polluelos de la primera cría se han independizado y los padres inician un nueva cría. Los datos indicados en este sentido deben considerarse como valores medios. El tiempo de duración de la cría (T) y el de permanencia en el nido (N) se indican en días; la edad a la que los polluelos vuelan se expresa en semanas o días. Finalmente se indica tipo de nidificación.

## Símbolos y signos convencionales

| | |
|---|---|
| ▽ | = especie en peligro de extinción en Europa |
| I al XII | = representación de los meses del año |
| cm | = tamaño del ave adulta (desde el pico hasta el extremo de la cola) |
| g/kg | = peso del ave adulta |
| ♂ | = macho |
| ♀ | = hembra |
| T | = tiempo de cría |
| N | = permanencia en el nido |
| ≈ | = aproximadamente |

**Especies semejantes:** Este epígrafe se incluye en aquellos casos en que existen tan sólo diferencias mínimas respecto a la especie reproducida en la fotografía en cuanto a color, tamaño o hábitat.
Los **dibujos** representan siluetas de aquellas especies que a veces pueden ser fácilmente confundidas a la hora de proceder a su identificación. Con su ayuda se facilita así la diferenciación ya que dichos dibujos, expresamente creados para la presente Guía, proporcionan justamente el detalle de las características típicas de forma, tamaño y comportamiento del ave en cuestión. En otros casos se trata de siluetas de aves rapaces, de plumajes de serretas (patos buceadores) y patos marinos hembra y de plumajes de invierno de patos buceadores y patos nadadores. Aparte de su posible inclusión dentro del grupo correspondiente, figuran también en sendas láminas, bien sea en las cubiertas interiores o intercaladas en dichos grupos.

He aquí el índice de dichas láminas:

Los **mapas de distribución** permiten informarse de una ojeada respecto a las áreas europeas de cría de las distintas aves y su período de permanencia durante el año a menos que no abandonen Europa en el otoño.

## Significado de las tramas

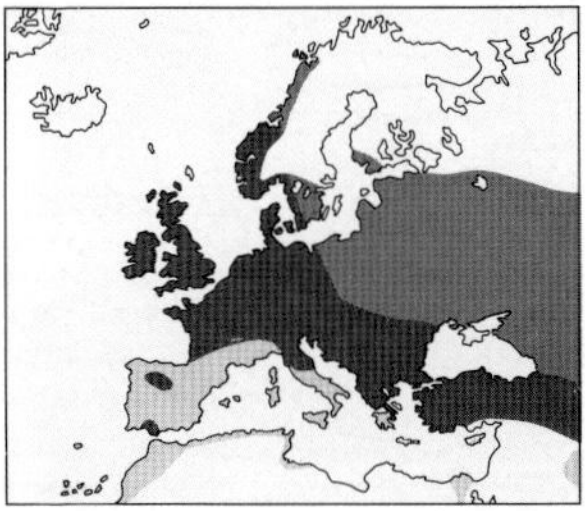

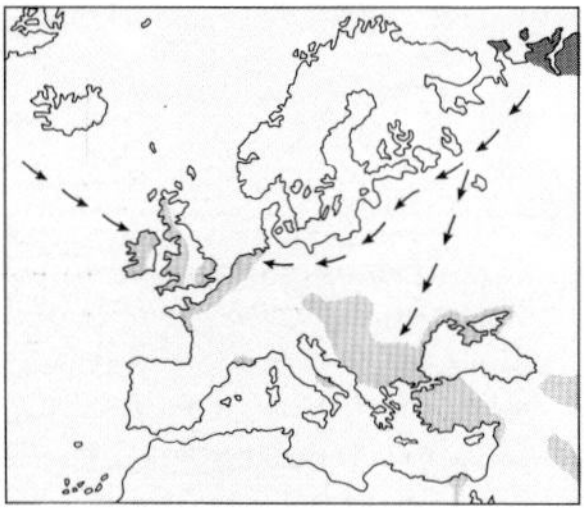

| | | |
|---|---|---|
| Trama gris oscuro | = | Área de distribución en la que el ave vive durante todo el año. |
| Trama gris semioscuro | = | Área en la que el ave permanece solamente durante el período de cría. |
| Trama gris claro | = | Área en la que el ave permanece solamente durante el invierno. |
| → → Flechas | = | Dirección principal de migración de las aves cuyas áreas de cría se encuentran en el extremo norte de Europa o en Asia. En tales casos se indica principalmente la distribución durante el invierno. |

## Los autores

**Prof. Dr. Jürgen Nicolai,** director del Institut für Vogelforschung (Instituto de Ornitología) de Wilhelmshaven, catedrático de la Universidad de Hamburgo.
**Detlef Singer,** biólogo, auxiliar de la cátedra de Ecología de Weihenstephan, profesor del Instituto Superior de Münich.
**Konrad Wothe,** biólogo, fotógrafo naturalista, colaborador del Instituto de Cinematografía Científica y de Heinz Sielman.
**Hermann Kacher,** creador gráfico e ilustrador del Departamento de Documentación e Ilustración Científica del Instituto Max Plank, de Seewiesen.

# 1. Somormujo lavanco

*Podiceps cristatus (*Podicipitidae)

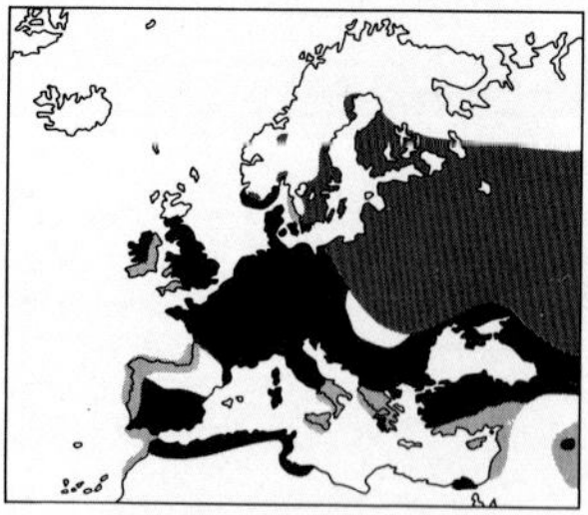

**En Europa Central:** I-XII. **Características:** 48 cm/1 100 g. El podicipítidio mayor de Europa; cuello largo, cabeza esbelta con el pico largo y oscuro; inconfundible en plumajes nupcial por sus moños levantados y su gola castaño rojiza con ribete oscuro; parte superior pardo-negruzco. En invierno sin ornamentos en la cabeza ni cuello y lista superciliar más blanquecina. ♀ = ♂. Los jóvenes, con bandas verticales en la cabeza. Vuelo raudo y directo con rápido aleteo; en primavera notables paradas nupciales, fuera del período de cría a menudo en pequeñas bandadas. **Voz:** un áspero «croc croc»; en primavera un graznido como «arr», «pecp», «tick».

**Hábitat:** lagos, pantanos y charcas con juncales; en invierno frecuente en aguas costeras. **Alimentación:** peces pequeños, insectos, crustáceos. **Cría:** V-VII, 4-5 huevos, T 25-29 días, polluelos independientes a las 10-11 semanas. Nido flotante.

# 2. Somormujo cuellirrojo

*Podiceps grisegena* (Podicipitidae)

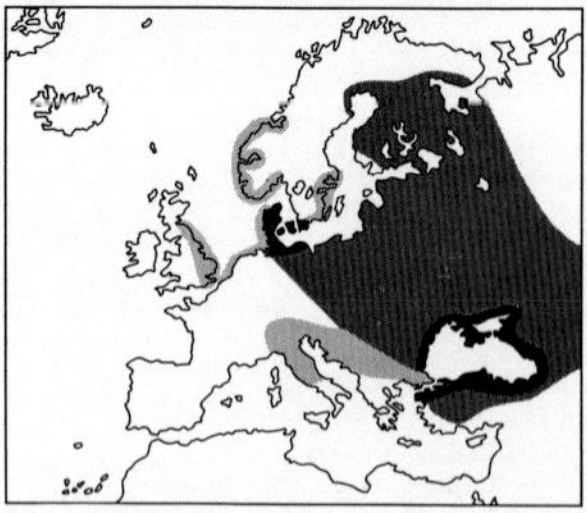

**En Europa central:** I-XII. **Características:** más pequeño y más rechoncho que el *P. cristatus,* con el cuello más corto, más grueso y castaño; mejillas y garganta blancas; pico oscuro con la base amarilla. En plumaje invernal, gris oscuro por la parte superior y el cuello y la garganta y las mejillas claras, bien diferenciadas, sin lista superciliar. ♀ = ♂ . Cuando busca alimento, generalmente cerca de juncales y entre plantas acuáticas; cría a menudo protegido por una colonia de gaviotas reidoras. **Voz:** en primavera muy locuaz, con un reclamo repetido de 5 a 10 veces, relinchante como «ueee» y un «acacaacaacaacac-aakac» parecido al de un pato; cuando se altera, un breve «aec». **Hábitat:** lagos y charcas con extensos juncales, a menudo con poco espacio acuático libre. **Alimentación:** insectos acuáticos y sus larvas, salamandras, ranas, caracoles, peces pequeños. **Cría:** IV-VII, 4-5 huevos, T 22-25 días. Polluelos independientes a las 8-10 semanas. Nido flotante.

1

2

## 1. Zampullín cuellinegro

*Podiceps nigricollis*
(Podicipitidae)

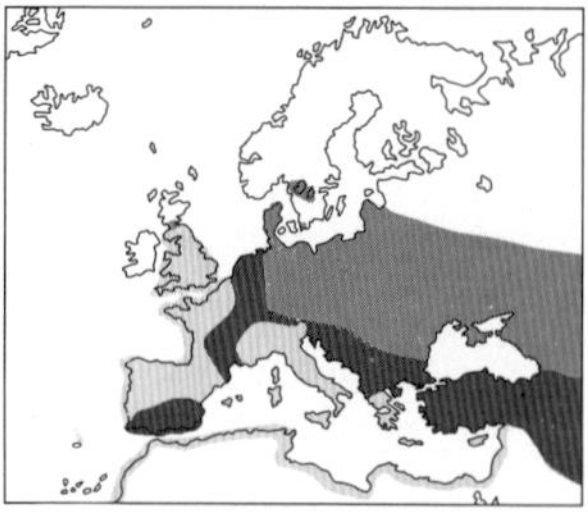

**En Europa central:** I-XII. **Características:** 30 cm/350 g. Parte superior, cabeza y cuello negros, flancos castaño rojizo, moños castaño dorado a los lados de la cabeza; ojos rojo brillante; pico corto, negro, algo recurvado. Plumaje de invierno gris oscuro por arriba, blanquecino por abajo. ♀ = ♂. Gregario, a menudo parejas de cría bajo la protección de gaviotas reidoras. **Voz:** un «juid», «crui» quejumbroso-sibilante; en primavera un «brip-pio» seriado. **Hábitat:** En charcas y lagos con espesa vegetación. **Alimentación:** insectos, caracoles, cangrejos. **Cría:** IV-VI, 3-4 huevos, T 20-21 días, polluelos independientes a las 5 semanas. Nido flotante.

## 2/3. Zampullín chico

*Tachybaptus ruficollis*
(Podicipitidae)

**En Europa central:** I-XII. **Características:** 27 cm/200 g. El menor de los zampullines europeos, de aspecto rechoncho; pico corto con el extremo claro castaño, píleo y espalda pardo oscuro (foto 2). Plumaje invernal (foto 3) pardo gris inaparente, flancos más claros. ♀ = ♂ . Gregario en invierno. **Voz:** en primavera una serie de trinos prolongados descendentes; a menudo ♀ y ♂ a duo; nota de alarma «pit». **Hábitat:** charcas, estuarios, lagos, margenes fluviales con espesa vegetación. **Alimentación:** insectos, pequeños crustáceos, renacuajos. **Cría:** IV-VII, 4-6 huevos, T 19-25 días, polluelos voladores a los 42 días; las más veces 2 polladas. Nido flotante.

## 4. Colimbo ártico

*Gavia arctica* (Gaviidae)

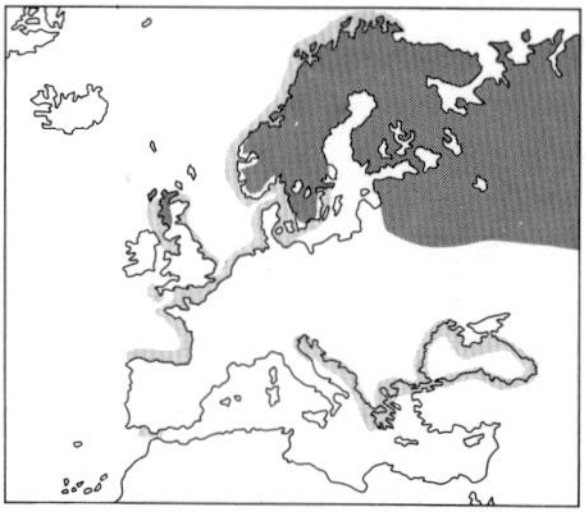

**En Europa central:** X-III. **Características:** 58-68 cm/2 000-3 000 g. Mayor y más achaparrado que el somormujo lavanco (pág. 10); cabeza y nuca grises; espalda negra con celosía blanca. Plumaje invernal unicolor, pardo gris oscuro. ♀ = ♂ . Suele nadar manteniendo horizontal la cabeza; bucea durante 3 minutos. **Voz:** en primavera un ascendente, gimiente «auuua, auucui auuijuuii»; un ladrante «gaua-a» perceptible a distancia. **Hábitat:** lagos grandes y claros. **Alimentación:** peces. **Cría:** V-VII, 2 huevos, T 28 a 30 días, polluelos voladores a los 2 meses. Nido costero.

1

2|3

4

## 1. Colimbo chico

*Gavia stellata* (Gaviidae)

**En Europa central:** X-III. **Características:** 53-58 cm/1 000-2 000 g. Algo mayor que el somormujo lavanco (pág. 10); pico recurvado; espalda oscura, sin dibujo, cabeza y lados del cuello gris ceniciento; en la época de cría con una mancha roja angular en la parte delantera del cuello; ojos rojos.
En plumaje invernal, parecido al colimbo ártico (pág. 12) aunque algo más claro, espalda punteada de blanco. ♀ = ♂. Nada manteniendo la cabeza lateralmente erguida. **Voz:** un áspero «gree-gree-gree»; en la época de cría «ococquerr», «miao», «auua»; en vuelo «gac gac». **Hábitat:** lagos, incluidos los de tundra. **Alimentación:** peces, crustáceos, batracios. **Cría:** V-VII, T 24-29 días, pollos voladores a las 6 semanas. Nido costero.

## 2. Pardela pichoneta

*Puffinus puffinus* (Procellariidae)

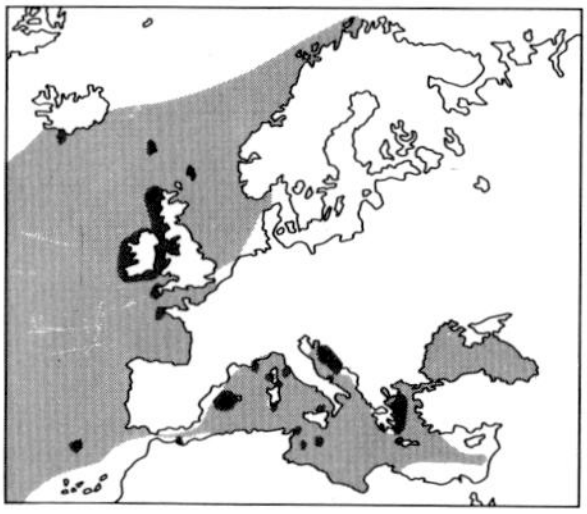

**Características:** 35 cm/440 g. Casi del tamaño de una gaviota reidora; pico negro; la raza nominal (foto) con agudo contraste entre las partes blancas y negras, parte superior y caperuza negras. La raza del Mediterráneo occidental tiene la parte superior parda y la inferior blancogrisácea. ♀ = ♂. **Vuelo:** característico cuerpo rechoncho, alas muy estrechas; en las raza nominal, las coberteras inferiores blancas, rozan la superficie con las alas rígidas. **Voz:** sonoros reclamos como graznidos en el lugar de cría. **Hábitat:** alta mar, en la época de cría en acantilados. **Alimentación:** peces, crustáceos, moluscos. **Cría:** III-IX, 1 huevo, T 52-54 días N 72-73 días. Nidos coloniales.

## 3. Fulmar

*Fulmarus glacialis* (Procellariidae)

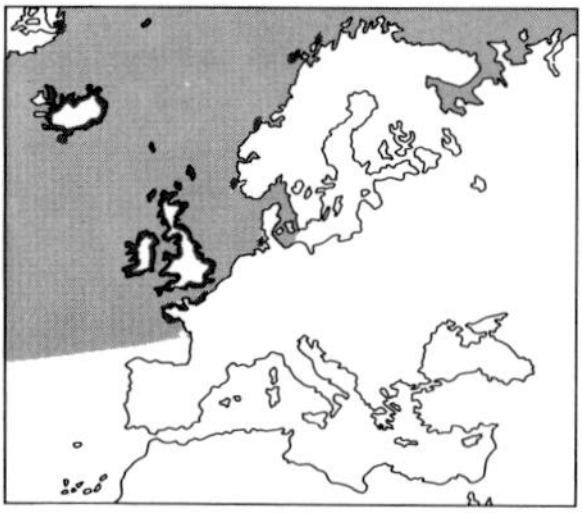

**En Europa central:** I-XII. **Características:** 48 cm/750 g. Parecido a la gaviota argentea (pág. 128), pero con la cabeza y el cuello más gruesos; pico corto con orificios nasales tubulares; plateado por encima, más o menos grisaceo-azulado, obispillo gris claro al igual que la cola aunque en ésta predominando el blanco. ♀ = ♂. Gusta de seguir a los barcos. **Vuelo:** alas largas y estrechas con las puntas sin negro; vuela con las alas rígidas al ras de las olas. **Voz:** gruñidos y sonidos como de risa ahogada. **Hábitat:** alta mar; en la época de cría, en acantilados abruptos. **Alimentación:** peces muertos, medusas, cadáveres de mamíferos. **Cría:** V-IX, 1 huevo, T 55-57 días. N 46-51 días. Nidos coloniales.

1

2

3

## 1. Alcatraz

*Sula bassana* (Sulidae)

**En Europa central:** I-XII (rara). **Características:** 91 cm/3 000 g. Del tamaño de un ganso, ave marina blanca con las puntas de las alas negras y el pico robusto, largo y afilado; cabeza y cuello amarillo ocre. ♀ = ♂. Las formas juveniles, pardo oscuro moteadas de blanco. Bucea lanzándose en picado desde una altura de 40 m. **Vuelo:** cuerpo en forma de cigarro puro, largas alas con las puntas negras, cola larga cuneiforme. **Voz:** en el lugar de cría un áspero y gutural «quirra quirra»; un ladrante «arree», un bronco «arr». **Hábitat:** costas marinas. **Alimentación:** peces: **Cría:** IV-VI, 1 huevo, T 43-45 días, N 70-80 días. Nidos coloniales en acantilados abruptos.

## 2. Cormorán moñudo

*Phalacrocorax aristotelis* (Phalacrocoracidae)

**En Europa central:** Huésped raro de la costa del Mar del Norte. **Características:** 76 cm/1 850 g, más pequeño que el *P. carbo,* con el cuello más corto y delgado; pico negro con la base amarilla; plumaje negro con reflejos verdosos; en la época de cría, con una cresta recurva. ♀ = ♂. Los jóvenes, de color pardo sin brillo. Buena en el agua. **Vuelo:** bate las alas más de prisa que el Cormorán grande. **Voz:** un graznido como «carr», «arc arc». **Hábitat:** cerca de las costas marinas; en época de cría, en acantilados. **Alimentación:** a base de sardinas, anguilas de playa. **Cría:** III-V, 3-5 huevos, T 30 días, N 55 días. Nidos coloniales en acantilados.

## 3. Cormorán grande

*Phalacrocorax carbo* (Phalacrocoracidae)

**En Europa central:** I-XII. **Características:** 90 cm/2 500 g. Ave marina de gran tamaño y color negro, con las mejillas blancas y el mentón también blanco; pico grande con un gancho en el vértice; plumaje color bronce brillante; en la época de cría, con una mancha blanca en cada muslo. ♀ = ♂. Los jóvenes, pardo por arriba. Nada sumergido, manteniendo la cabeza en un pronunciado ángulo ascendente. **Vuelo:** alas largas y estrechas, cuello muy extendido, cola larga y cuneiforme. **Voz:** en el lugar de cría un «jro jro», «crao» áspero. **Hábitat:** grandes lagos, aguas litorales. **Alimentación:** peces. **Cría:** IV-VI, 3-5 huevos, T 23-29, N 47-50 días. Nidos coloniales en rocas y en árboles.

1

2|3

## 1. Pelícano vulgar

*Pelecanus onocrotalus* (Pelicanidae)

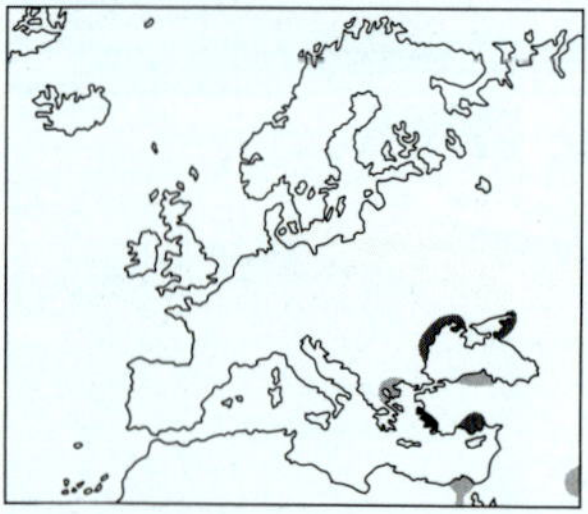

**Características:** 140-180 cm=10-11 kg. Ave marítima muy grande de plumaje blanco; cuello y pico largos y bolsa amarilla extensible; en la época de cría, con plumaje algo rosado. ♀ algo más pequeña que el ♂. Las formas juveniles pardas, luego blanquecinas. Planea a menudo majestuosamente, a veces a gran altura y en formación. **Vuelo:** alas anchas y larga con las puntas negras y el borde posterior también negro. **Voz:** en el lugar de cría emite gruñidos, quejidos y mugidos. **Hábitat:** amplias superficies pantanosas, deltas fluviales. **Alimentación:** peces. **Cría:** V-VII, 1-3 huevos, T 29-30 días, N 14 días. Nidos coloniales.

## 2. Garza imperial

*Ardea purpurea* (Ardeidae)

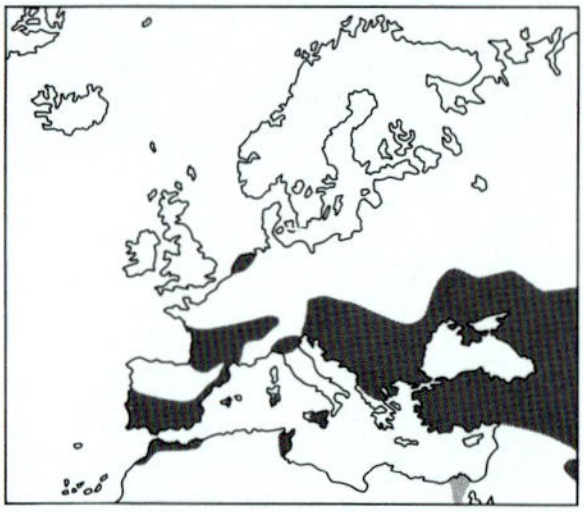

**En Europa central:** IV-IX. **Características:** 79 cm/950 g, más pequeña y esbelta y más oscura que la Garza real; cuello muy delgado con listas negras anchas sobre fondo castaño; plumas ornamentales blancas y rojizas decurrentes por la espalda. ♀ = ♂. Suele permanecer a menudo oculta entre los cañaverales. **Vuelo:** bate las alas más de prisa que la Garza real y parece más oscura. **Voz:** poco locuaz; reclamo de vuelo un áspero «creec». **Hábitat:** extensas superficies pantanosas con espesos cañaverales. **Alimentación:** peces pequeños, batracios, pequeños mamíferos, insectos. **Cría:** IV-VI, 4-5 huevos, T 25-28 días, N 42 días. Nidos coloniales.

## 3. Garza real

*Ardea cinerea* (Ardeidae)

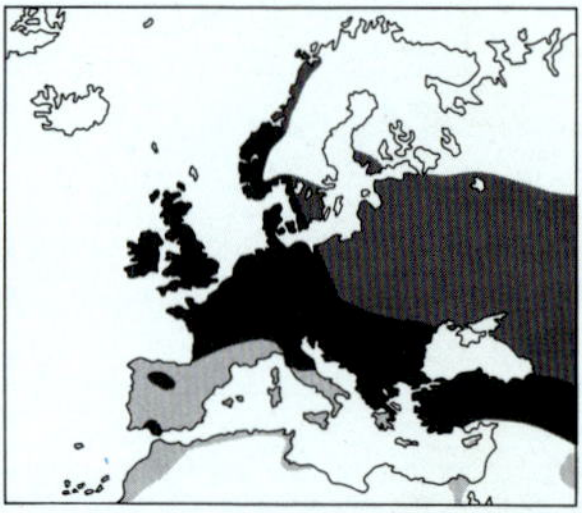

**En Europa central:** I-XII. **Características:** 91 cm/1 600 g. Casi del tamaño de una cigüeña, predominantemente gris; pico amarillo, en primavera anaranjado; lista superciliar negra; en la nuca largas y finas plumas ornamentales negras. ♀ = ♂. Formas juveniles gris ceniza. Busca alimento a la orilla de aguas someras, en praderas y tierras. **Vuelo:** amplio y lento batido de alas con el cuello en forma de S; no planea como la cigüeña. **Voz:** un áspero «craac» o «croae»; en vuelo a menudo un «creiic». **Hábitat:** aguas someras, humedales. **Alimentación:** peces, anfibios, gusanos, insectos **Cría:** III-V, 3-5 huevos, T 25-28 días, N 50-55 días. Nidos coloniales; en árboles, a veces ocultos en cañaverales.

1

2

3

## 1. Garceta bueyera

*Ardeola ibis* (Ardeidae)

**Características:** 51 cm/350 g. Pequeño ardeido blanco, más compacto que la Garceta común; pico corto, amarillo; en la época de cría con plumas ornamentales amarillo ocre en el píleo, espalda y pecho, patas rojizas (foto: librea intermedia). Come a menudo en prados entre el ganado capturando los insectos que este espanta; también se posa sobre animales grandes a la busqueda de parásitos. **Voz:** en la época de cría grazna como un cuervo. **Hábitat:** superficies pantanosas, pastizales; no depende del agua tan estrechamente como otros ardeidos. **Alimentación:** grandes insectos (sobre todo langostas, libélulas), escarabajos de agua, caracoles, batracios. **Cría:** IV-VI, 4-5 huevos, T 21-25 días, N 30 días. Nidos coloniales, en matorrales y árboles.

## 2. Garceta común

*Egretta garzetta* (Ardeidae)

**En Europa central:** IV-X. **Características:** 56 cm/500 g. Pequeña garceta de plumaje blanco; pico y patas negras, dedos amarillos; en la época de cría, largas plumas en la nuca, el pecho y la espalda. ♀ = ♂. Busca alimento en aguas someras, a menudo también entre ganado pastando. **Voz:** en el lugar de cría emite sonidos ladrantes y roncos. **Hábitat:** superficies pantanosas con matorrales y arboledas, márgenes de grandes ríos con espesa vegetación; arrozales. **Alimentación:** peces pequeños, batracios, cangrejos, insectos acuáticos. **Cría:** IV-VI, 3-5 huevos, T 21-25 días, N 30 días. Nidos coloniales en árboles o matorrales.

## 3. Garceta grande ▽

*Casmerodius albus* (Ardeidae)

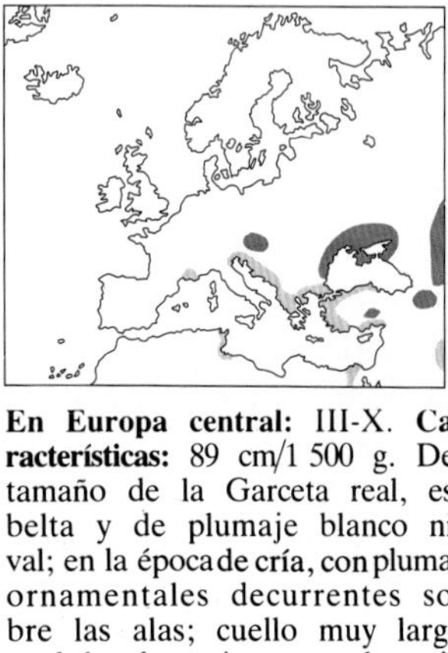

**En Europa central:** III-X. **Características:** 89 cm/1 500 g. Del tamaño de la Garceta real, esbelta y de plumaje blanco nival; en la época de cría, con plumas ornamentales decurrentes sobre las alas; cuello muy largo y delgado; pico en plumaje nupcial negro con la base amarilla; el de transición (foto) amarillo. Patas y dedos negro verduzco. ♀ = ♂. Busca alimento caminando lentamente por entre el agua. **Voz:** en el lugar de cría un quejumbroso «ree» o «raa». **Hábitat:** grandes cañaverales en aguas someras. **Alimentación:** peces, anfibios, insectos de agua. **Cría:** IV-VI, 3-4 huevos, T 25-26 días, N 40-44 días. Nidos coloniales en cañaverales o matorrales.

1|2

3

## 1. Garcilla cangrejera

*Ardeola ralloides* (Ardeidae)

**En Europa central:** divagante ocasional. **Características:** 46 cm/280 g. Pequeño y rechoncho ardeido de cuello largo; plumaje amarillo ocre claro; parte inferior, alas y cola blancas; plumas del píleo alargadas, con listas oscuras, decurrentes por encima de los hombros; patas verde amarillentas. En plumaje invernal con la cabeza y el cuello surcados de listas oscuras y finas. ♀ = ♂. Las formas juveniles, con bandas pardogrisáceas en la cabeza, el cuello, el pecho y la espalda; activa principalmente al atardecer; gusta de permanecer a cubierto, manteniéndose las más veces en los pantanos entre la maleza; a veces se posa en los cañaverales como un Avetoro. **Vuelo:** da la impresión de ser totalmente blanca. **Voz:** en la época de cría un áspero «carrr» o «querrr»; crotoreo. **Hábitat:** orillas pantanosas de la llanura, zonas de descarga de los lagos, deltas fluviales. **Alimentación:** cangrejos, renacuajos, peces pequeños. **Cría:** V-VII, 4-6 huevos, T 22-24. Nidos coloniales en matorrales y árboles, en cañaverales.

## 2. Martinete

*Nycticorax nycticorax* (Ardeidae)

**En Europa central:** III-X. **Características:** 61 cm/550 g. Pequeño y rechoncho ardeido de cuello corto, obispillo y espalda de color negro azulado, alas grises, parte inferior blanco sucio; con largas y filamentosas plumas ornamentales en la nuca; pico relativamente corto y negro. Ojos rojo rubí. ♀ = ♂. Formas juveniles pardo oscuro, con la parte superior moteada de blanco. De actividad preferente nocturna y crepuscular; durante el día permanece oculto entre árboles; busca alimento en praderas húmedas y zanjas de agua. **Vuelo:** alas relativamente cortas y redondeadas; vuela suavemente como una lechuza con amplios batidos de alas. **Voz:** nota de

alarma en vuelo, un graznido como «arc» o «cuoc»; en el lugar de cría emite roncos graznidos. **Hábitat:** extensas superficies de agua pantanosas con grupos de árboles y arbustos, ciénagas con vegetación salvaje. **Alimentación:** peces pequeños, batracios, pequeños mamíferos. **Cría:** IV-VI, 3-4 huevos, T 21 días. Nidifica entre arbustos, en árboles o cañaverales.

1

2

## 1. Avetoro común

*Botaurus stellaris* (Ardeidae)

**En Europa central:** I-XII. **Características:** 76 cm/1 200 g. Ardeido de gran tamaño y compacto, con el cuello grueso; plumaje pardoamarillento (cañizo) con listas. Pileo negro, garganta blanca. ♀ = ♂. (Foto: posición de intimidación). Trepa deslizándose lentamente en el cañaveral; ante el peligro permanece inmóvil con la cabeza y el cuello levantados (postura de alarma). **Vuelo:** alas anchas, redonda, cuello replegado. **Voz:** recuerda a una distante sirena de niebla, como un sordo «i-vump»; reclamo de vuelo, un áspero «aarc». **Hábitat:** extensos cañaverales. **Alimentación:** peces, anfibios, insectos de agua. **Cría:** III-V, 3-6 huevos, T 25-26 días, N 14-20 días. Nido plano en el cañaveral.

## 2. Avetorillo común

*Ixobrychus minutus* (Ardeidae)

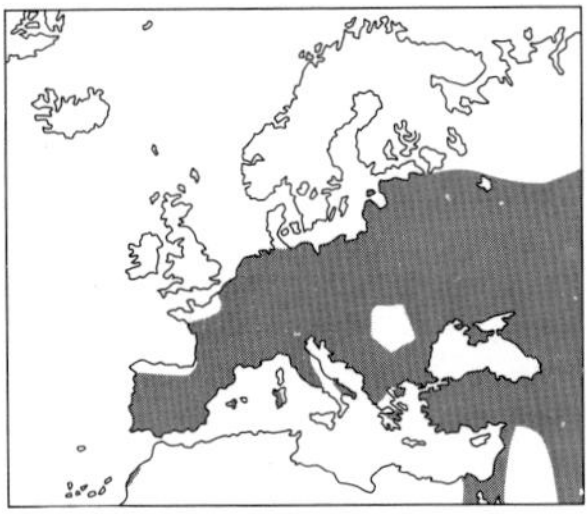

**En Europa central:** IV-IX. **Características:** 35 cm/140 g. Ardeido muy pequeño, de cuello grueso y largos dedos verdes; píleo, dorso alas negroverduzcas, coberteras amarillo ocre, parte inferior amarillenta; ♀ color cañizo, con manchas pardas por arriba y listado por abajo. Ante el peligro permanece varios minutos en «posición de alarma»; de actividad crepuscular. **Voz:** reclamo de celo como un «vu» o «vuj» que recuerda un ladrido lejano; reclamo de vuelo, un áspero «quer». **Hábitat:** zonas de descarga con espesos cañaverales. **Alimentación:** peces pequeños, batracios, insectos de agua. **Cría:** V-VII, T 16-19 días, N 7-9 días. Nido en el cañaveral.

## 3. Espátula

*Platalea leucorodia* (Threskiornithidae)

**En Europa central:** IV-IX. **Características:** 86 cm/2 000 g. Del tamaño de una Garza real y plumaje blanco; pico largo, negro, amarillo en la punta y en forma de espátula; banda pectoral amarilla; en la época de cría, una cresta de plumas amarillas en la nuca. ♀ = ♂. Tamiza el agua cuando busca alimento con movimientos de cabeza pendulares. **Vuelo:** en formación. **Voz:** en el lugar de cría, sonidos gruñientes. **Hábitat:** extensas zonas pantanosas con superficies de aguas someras y cañaverales. **Alimentación:** peces pequeños, moluscos, caracoles, renacuajos, insectos de agua. **Cría:** IV-VII, 4-5 huevos, T 21 días, N 28-30 días. Nidos coloniales, en cañaverales.

1

2

3

## 1. Cigüeña común

*Ciconia ciconia* (Ciconiidae)

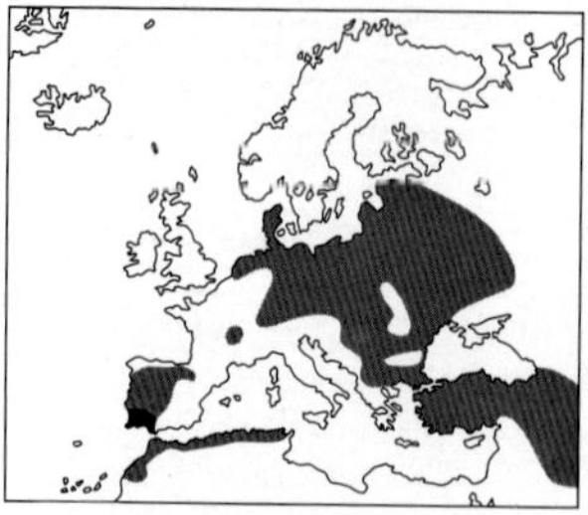

**En Europa central:** III-IX. **Características:** 102 cm/3 400 g. Zancuda grande, blanca; con las terciarias cubitales y las secundarias negras, pico largo, rojo y largas patas rojo brillante. ♀ = ♂. Los jóvenes tienen el pico parduzco. Planea prolongadamente, a menudo a gran altura; andar majestuoso cuando busca alimento. **Vuelo:** con el cuello y las patas extendidas sobresaliendo éstas por detrás. **Voz:** crocoteo. **Hábitat:** zonas húmedas, praderas, valles fluviales con arbolado. **Alimentación:** batracios, ratones, insectos. **Cría:** III-VI, 3-5 huevos, T 31-34 días, N 55 días. Nidifica sobre edificios y árboles.

## 2. Cigüeña negra ▽

*Ciconia nigra* (Ciconiidae)

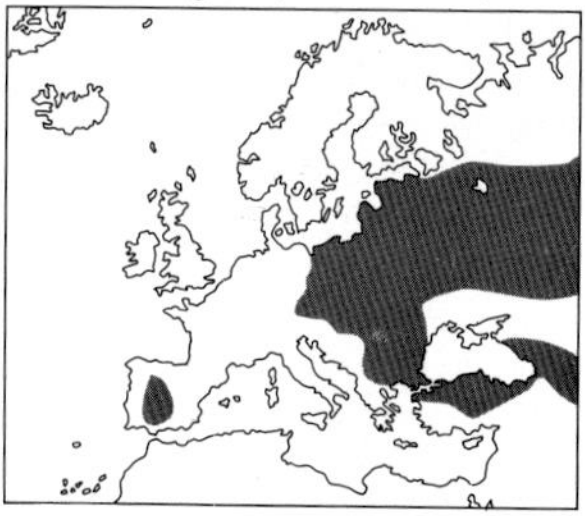

**En Europa central:** IV-IX. **Características:** 97 cm/3 000 g. Totalmente negra salvo las partes inferiores, con reflejos verdosos o purpuráceos. Vientre y rectrices externas blancas; pico y patas rojas. ♀ = ♂. Planea a menudo durante horas a gran altura aprovechando las corrientes térmicas; muy tímida. **Vuelo:** cuello y alas negras, vientre y axilas blancas; cuello estirado. **Voz:** nota de vuelo «viio»; cuando está enojada un «fieej». **Hábitat:** bosques naturales de coníferas y caducifolios con arroyos, charcas, aguas quietas. **Alimentación:** peces, batracios. **Cría:** IV-VII, 4 huevos, T 30-35 días, N 62-69 días. Nido de gran tamaño en los árboles.

## 3. Flamenco ▽

*Phoenicopterus ruber* (Phoenicopteridae)

**Características:** 127 cm/3,5 kg, ♀ 2,5 kg. De gran tamaño, muy esbelto, cuello y patas extraordinariamente largos; plumaje blanco-rosado; pico rojo-rosado curvado hacia abajo por la mitad y con la punta negra. ♀ más pequeña que el ♂. A menudo en grandes bandadas. **Vuelo:** coberteras rojo escarlata, secundarias y primarias negras; las bandadas vuelan en forma de cuña o en cadenas irregulares. **Voz;** un graznido de ganso como un «cacac» o «gragra» aparte de otros sonidos guturales atrompetados. **Hábitat:** lagos de aguas someras dulces o saladas, lagunas costeras. **Alimentación:** pequeños cangrejos, insectos de agua, larvas, gusanos, moluscos. **Cría:** IV-VII, 1 huevo, T 28-32 días, N 4 días. Nidos coloniales en el suelo, de forma esférica.

1|2

3

## 1. Cisne vulgar

*Cygnus olor* (Anatidae)

**En Europa:** I-XII. **Características:** 152 cm/10-12 kg. Blanco nival, con el pico rojo anaranjado y tubérculo nasal negro. Presente en los estanques de la mayoría de los parques en estado semidoméstico. ♀ = ♂. **Voz:** Generalmente silencioso, sólo ocasionalmente emite un seseo o bufido defensivo. **Hábitat:** lagos, estanques con orillas de aguas someras y abundante vegetación, aguas libres. **Alimentación:** principalmente plantas sumergidas. **Cría:** IV-VI, 5-7 huevos, T 34-38, vuelo a los 4 ó 5 meses. Nidifica en el suelo.

## 2. Cisne cantor

*Olor cygnus* (Anatidae)

**En Europa:** IX-III; de paso e invernante. **Características:** 152 cm/7-12 kg. Como el C. vulgar, pero con el pico amarillo, de punta negra; carece de tubérculo nasal, su cuello es más largo y lo mantiene erecto en reposo. Sus alas no producen ningún sonido especialmente llamativo al volar. ♀ = ♂. **Voz:** gárrulo; cuando nada, un graznido de pato como un «anc»; cuando vuela un bisílabo «anc je». **Hábitat:** tundra septentrional y taiga; regularmente presente en invierno en las costas del Mar del Norte. **Alimentación:** plantas sumergidas, cereales jóvenes, hierba. **Cría:** V-VI, 5-6 huevos, T 35-42 días, vuelo a los 4 meses. Nidifica en el suelo.

## 3. Cisne chico o de Bewick

*Olor bewickii* (Anatidae)

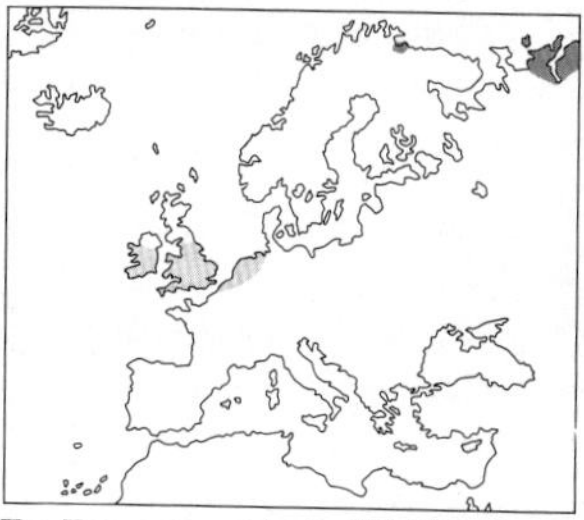

**En Europa central:** IX-III; de paso e invernante. **Características:** 122 cm/5-7 kg. Muy parecido al C. cantor, aunque más pequeño y con el cuello más corto y el amarillo del pico menos extendido, terminando obtusamente hacia delante. **Voz:** reclamos más graves y silenciosos que los del C. cantor como un «juu juu» o un «curu». **Hábitat:** tundra al norte del límite arbóreo; en invierno, aguas someras dulces y marismas. **Alimentación:** plantas subacuáticas, hierba, semillas de cereales. **Cría:** VI-VII, 4-5 huevos, T 29-30 días, vuelo a las 8 semanas. Nidifica en el suelo.

1

2

3

## 1. Ansar común

*Anser anser* (Anserinae)

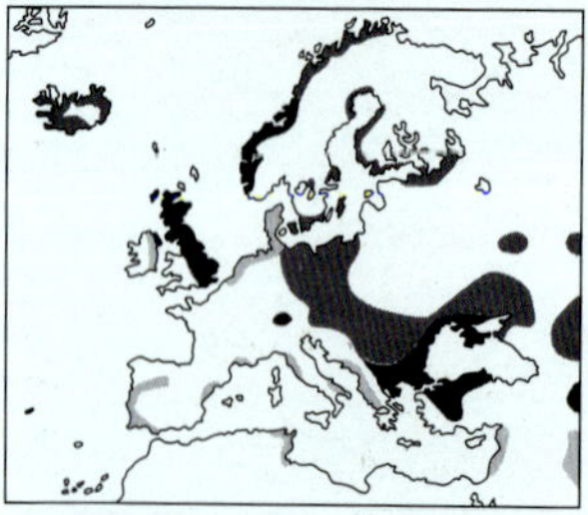

**En Europa central:** III-X; las poblaciones de Ansares aclimatadas en numerosas regiones, invernan en el área de cría. **Características:** 76-89 cm/2 300-3 500 g. Plumaje gris plateado, pico anaranjado, patas rosa. La raza oriental, con el pico rosado. El ganso de granja es su derivado domestico. En parejas durante la época de cría, en los demás casos en familias o (durante la migración) en grandes bandadas; vuelo en formación de V. **Voz:** parecida a la del ganso común, aunque no tan sonora ni tan penetrante y más parca en cuanto a variedad de sonidos; en vuelo emite un prolongado «aanj-onj-onj»; nota de contacto, un sonido como «gagaga». **Hábitat:** grandes superficies de agua con espesa vegetación en las orillas (cañaverales, juncales) y praderas o pastizales próximos, zonas pantanosas extensas. **Alimentación:** netamente vegetal; hierbas, cereales jóvenes, hojas, brotes de trébol, diente de león. Busca su alimento en la tierra, no en el agua. **Cría:** IV-VI, 5-6 huevos, T 28-29 días, vuelo a las 8 semanas. Nidifica en el suelo.

## 2. Ansar campestre

*Anser fabalis* (Anserinae)

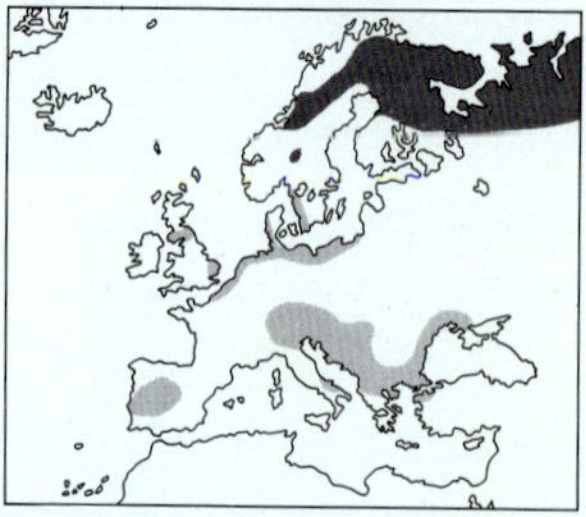

**En Europa central:** X-V: ave de paso e invernante. **Características:** 71-89 cm/3 000-4 100 g. Del tamaño del Ansar común, con el plumaje más parduzco (no gris) y mucho más oscuro en la cabeza, el cuello y la espalda; la cabeza y el pico más largos; pico negro con franja central anaranjada; patas amarillo-anaranjado. En vuelo se distingue del A. común por su coloración mucho más oscura y sus distintos reclamos. **Voz:** no tan gárrulo como el A. común; en vuelo emite un apresurado «caiac caiac» o un trompetudo «ang ang». **Hábitat:** aguas de la taiga; en invierno en tierras de cultivo, pastizales y amplias praderas. **Alimentación:** hierbas, cereales tiernos, herbáceas. **Cría:** V-VI, 4-6 huevos, T 27-29 días, vuelos a las 8 semanas. Nidifica en el suelo.

Ansar común

Ansar campestre

1

2

## 1. Ansar careto

*Anser alfibrons* (Anserinae)

**En Europa central:** X-V; ave de paso e invernante (Holanda). **Características:** 68-76 cm/1 400-3 300 g. Más pequeño que el A. común y el A. campestre (pág. 30); conspicua frente blanca y parte inferior con un marcado barrado negro; pico rosa; patas anaranjadas. **Voz:** reclamos chillones bisílabos o trisílabos de gran alcance, como un «clie-clie» o un «clic-clic-clic». **Hábitat:** tundra septentrional; en invierno, en praderas cercanas a la costa. **Alimentación:** herbáceas; en el área de invernada también plantas salinas. **Cría:** VI-VII, 5-6 huevos, T 27-28 días, vuelo a las 7 semanas. Nidifica en el suelo.

## 2. Ansar careto chico ▽

*Anser erythropus* (Anserinae)

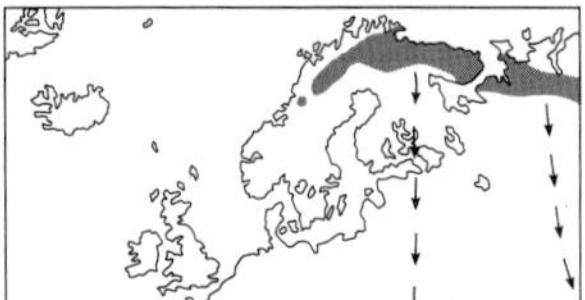

**En Europa central:** IX-X, IV-V; rara ave de paso. **Características:** 53-68 cm/1 400-2 000 g. Muy parecido al A. careto grande, pero de menor tamaño, y con el cuello y el pico más cortos; carúncula ocular estrecha de color amarillo brillante. **Voz:** reclamo más sonoro y potente que el del A. careto grande, como un rapidísimo «quiu-lit quiu-lit» o un «clic-clu-clic-clu». **Hábitat:** taiga septentrional hasta la tundra meridional. **Alimentación:** hojas y yemas de *Silix herbacea,* herbáceas. **Cría:** V-VI, 4-5 huevos, T 25-28 días, vuelo a las 5 semanas. Nidifica en el suelo.

## 3. Barnacla canadiense

*Branta canadensis* (Branta)

**En Europa central:** I-XII, aclimatada. **Características:** 92-102 cm/3 600-5 400 g. Ganso de gran tamaño y largo cuello; cabeza y cuello negros, mejillas y garganta blancas. ♀ = ♂. **Voz:** un «aajonc» trompeteante de largo alcance, el reclamo más sonoro dentro del género. **Hábitat:** lagos de agua dulce y estanques; en invierno también cerca de las costas. **Alimentación:** herbáceas, plantas acuáticas. **Cría:** III-VI, 5-6 huevos, T 28-30 días, vuelo a las 9 semanas. Nidifica en el suelo.

1

2

3

## 1. Barnacla cariblanca

*Branta leucopsis* (Branta)

**En Europa central:** X-IV; huésped invernal en la costa del Mar del Norte. **Características:** 58-69 cm/1 400-2 400 g. Más pequeño que el Ansar careto grande (pág. 32); conspicuo diseño blanco y negro en la cabeza, visible desde lejos (cara blanca); espalda gris azulada; parte inferior blanca. ♀ = ♂ **Voz:** reclamos polisílabos roncos, como «gregregre», que recuerdan un lejano ladrido. **Hábitat:** tundra septentrional; en invierno, en costas llanas, pantanos y praderas. **Alimentación:** herbáceas, yemas y brotes y amentos de la pradera polar; en invierno también crin vegetal. **Cría:** V-VI, 3-5 huevos, T 24-25 días, vuelo a las 7 semanas. Nidifica en bordes acantilados.

## 2. Barnacla carinegra

*Branta bernicla* (Branta)

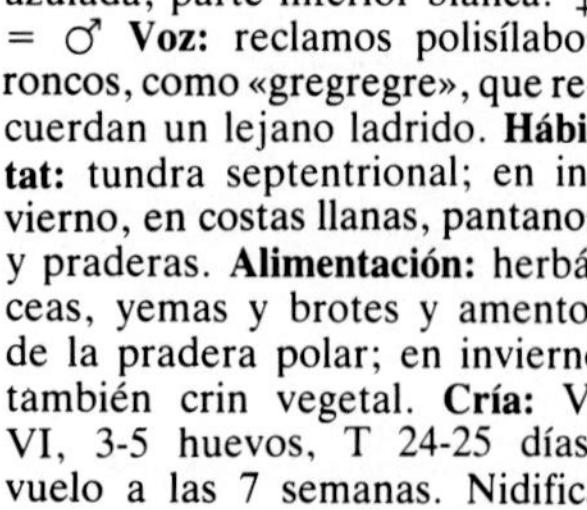

**En Europa central:** IX-V; visitante invernal en la costa del Mar del Norte. **Características:** 56-61 cm/1 100-1 700 kg. Es el ganso más pequeño de Europa; de plumaje muy oscuro con una mancha blanca a cada lado del cuello. Las que invernan en la costa del Mar del Norte (bernaclas rusas) tienen el vientre negro. **Voz:** un «rott-rott-rott» de largo alcance. **Hábitat:** tundra ártica; en invierno, en estuarios y pantanos costeros. **Alimentación:** herbáceas, musgos, líquenes; en invierno, crin vegetal y algas verdes. **Cría:** VI-VII, 3-5 huevos, T 24-26 días. Nidifica en el suelo.

## 3. Tarro blanco

*Tadorna tadorna* (Anatinae)

**En Europa central:** I-XII. **Características:** 61 cm/800-1 400 g. Llamativa coloración en blanco, rojo y negro; pico color coral, en época de cría el ♂ con tubérculo. ♀ = ♂ pero de color más mate y pico sin tubérculo. **Voz:** muy gárrulo; el ♂ un silbido agudo como un «juiii»; la ♀, un reclamo más rápido y duro, como un «ac ac ac». **Hábitat:** Costas marinas. **Alimentación:** moluscos, cangrejos, lombrices, caracoles. **Cría:** IV-VII, 8-12 huevos, T 28-30 días, vuelo a las 8 semanas. Nidifica en madrigueras.

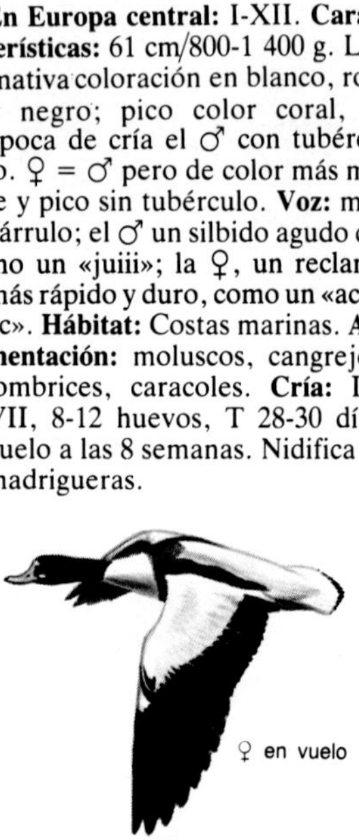

♀ en vuelo

1

2

3

# 1. Ánade real

*Anas platyrhynchos* (Anas)

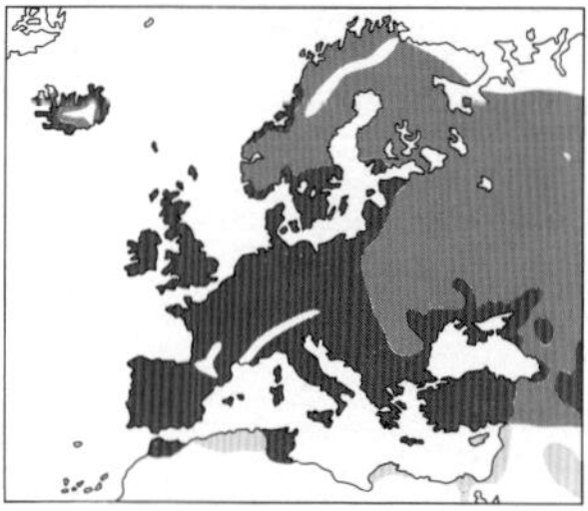

**En Europa central:** I-XII. **Características:** 58 cm/900-1 500 g. El pato nadador más frecuente en Europa; el ♂ tiene la cabeza color verde botella, un collar blanco, el pecho pardo y la espalda y partes inferiores de color gris; la ♀ es de color pardo inaparente; los jóvenes, como la ♀. **Voz** el ♂ un ronco «rep rep»; la ♀ un reclamo más agudo, como «aac aac». **Hábitat:** aguas quietas y someras, estanques de parques urbanos. **Alimentación:** plantas y zooplacton, cereales. **Cría:** III-VII, 6-10 huevos, T 26-29 días, vuelo a las 7 semanas. Nidifica en el suelo, campos y tejados.

# 2. Ánade friso

*Anas strepera* (Anas)

**En Europa central:** I-XII. **Características:** 51 cm/600-1 300 g. Algo más pequeño que el A. real y más esbelto; el ♂ predominantemente gris, coberturas caudales pardas, «popa» negra, espejuelo alar blanco; la ♀ como la del A. real, pero con el pico amarillento y espejuelo blanco; los jóvenes, como la ♀. **Voz:** un «te te» grave y nasal; la ♀ un graznido más suave, como un «rec rec». **Hábitat:** aguas quietas o de poco movimiento, con abundante vegetación en las orillas. **Alimentación:** plantas acuáticas y pequeños animales. **Cría:** V-VII, 8-12 huevos, T 25-27 días, vuelo a las 7 semanas. Nidifica en el suelo.

# 3. Ánade rabudo

*Anas acuta* (Anas)

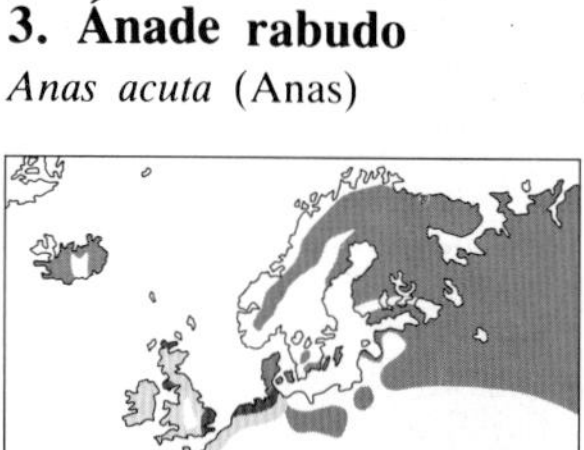

**En Europa central:** IV-X; localmente I-XII. **Características:** 66 cm/600-1 100 g. Más esbelto que el A. real, con el cuello largo y delgado y largas plumas en la cola; el ♂ con la cabeza y la parte superior del cuello pardo oscuro y lista vertical blanca a ambos lados del cuello; la ♀, pardorrojiza. **Voz:** el ♂ en la parada nupcial un «cric»; la ♀ un graznido ronco. **Hábitat:** tundra, pantanos. **Alimentación:** plantas y pequeños organismos animales acuáticos. **Cría:** IV-VI, 7-11 huevos, T 21-23 días, por lo demás como el A. friso.

1

2

3

## 1. Cerceta común

*Anas crecca* (Anas)

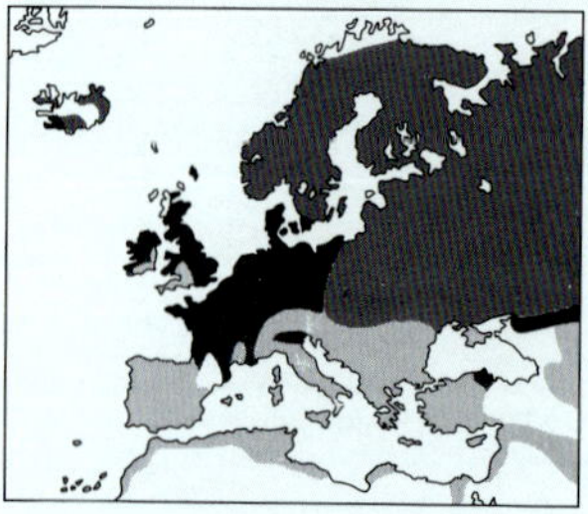

**En Europa central:** O y S de Alemania I-XII. **Características:** 36 cm/250-350 g. El pato más pequeño de Europa; el ♂ con la cabeza parda y una distintiva lista ocular verde y ancha; la ♀, con manchas pardas. Muy gregario. **Voz:** el ♂ un silbante y agudo «cric»; la ♀ un graznido como «gueguegue». **Hábitat:** aguas quietas o de poco movimiento, pantanos, marismas. **Alimentación:** en verano, principalmente larvas de insectos, moluscos, caracoles; en invierno, plantas acuáticas, semillas. **Cría:** V-VI, 6-10 huevos, T 21-25 días, vuelo a las 6 semanas. Nidifica en el suelo.

## 2. Cerceta carretona

*Anas querquedula* (Anas)

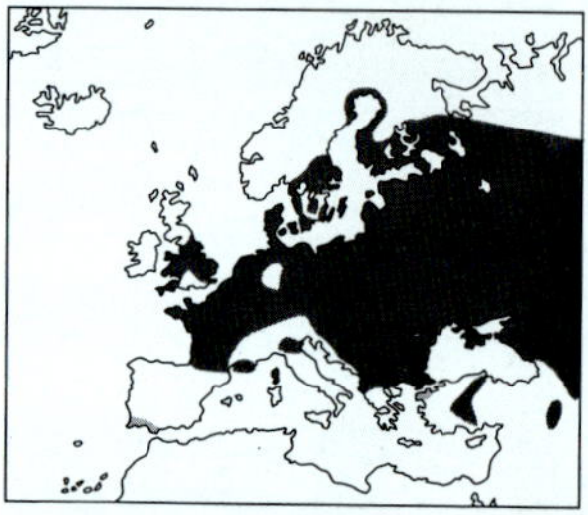

**En Europa central:** III-X. **Características:** 38 cm/300-450 g. Algo mayor que la C. común; el ♂ con la cabeza, el cuello y el pecho pardos, una conspicua lista superciliar blanca y parte delantera de alas azul gris. Vientre blanco; la ♀ como la de la C. común, pero con el diseño de la cabeza más contrastado y el pico más largo. **Voz:** el ♂ durante la parada nupcial emite un graznido como «clerrp»; la ♀, un «queneec» más agudo parecido al de un A. real. **Hábitat:** aguas quietas o de poco movimiento en el interior, con abundante vegetación. **Alimentación:** como la C. común. **Cría:** V-VI, 8-11 huevos, T 23 días, vuelo a las 6 semanas. Nidifica en el suelo.

## 3. Ánade silbón

*Anas penelope* (Anas)

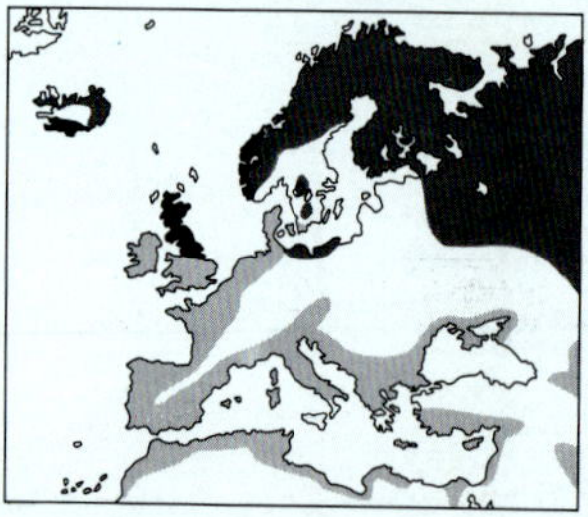

**En Europa central:** IX-IV. Cría solo en Mecklenburg. **Características:** 46 cm/450-850 g. De menor tamaño y más esbelto que el Anade real (pág. 36); el ♂ con la cabeza pardo rojiza, píleo amarillo claro, alas con línea blanca, plumaje del cuerpo gris perla; la ♀, castaño; los jóvenes, como la ♀. **Voz:** el ♂ un «juituu» sibilante; la ♀ un graznido como «terrr». **Hábitat:** tundra septentrional, páramos, en invierno frecuente en estuarios y aguas costeras. **Alimentación:** preferentemente plantas acuáticas, suele pastar en la hierba como los gansos. **Cría:** V-VI, 7-10 huevos, T 22-25 días, vuelo a las 6 semanas. Nidifica en el suelo.

1

2

3

## 1. Pato cuchara

*Anas clypeata* (Anas)

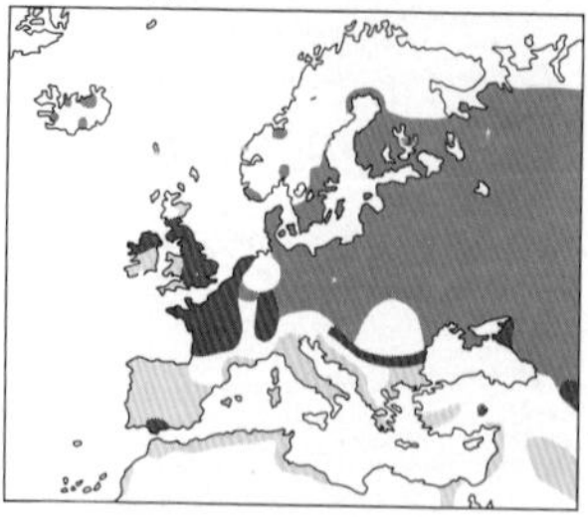

**En Europa central:** III-X. **Características:** 51 cm/500-800 g. Pico largo en forma de cuchara en el extremo; el ♂ con la cabeza verde brillante, el vientre y los flancos castaño, pecho blanco; parte delantera de las alas de color azul; la ♀, parduzca como la del A. real (pág. 36) pero con la parte delantera de las alas de color azul. **Voz:** el ♂ un reclamo grave y áspero como un «tuc-tuc»; la ♀ un graznido doble como un «voac-voac». **Hábitat:** aguas someras del interior, con abundante vegetación. **Alimentación:** partículas alimenticias de semillas y pequeños organismo animales flotando en la superficie del agua. **Cría:** V-VI, 8-12 huevos, T 25-27 días, vuelo a las 6 ó 7 semanas. Nidifica en el suelo.

## 2. Pato colorado

*Netta rufina* (Anas)

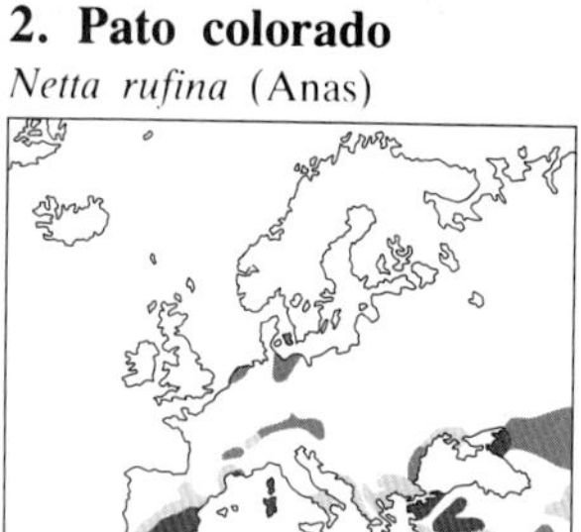

**En Europa central:** III-X. **Características:** 56 cm/800-1 200 g. El ♂ con la cabeza color ladrillo y cresta, el pecho negro, parte superior castaño, hombres y flancos blancos, pico rojo carmín; la ♀ pardogrisácea, con las mejillas claras. **Voz:** el ♂ un áspero «beet»; la ♀ un graznante «querr». **Hábitat:** lagos someros y cálidos, pantanos con abundante vegetación, grandes lagunas. **Alimentación:** principalmente vegetal. **Cría:** V-VI, 6-12 huevos, T 26-28 días, vuelo a las 6 ó 7 semanas. Nidifica en el suelo.

## 3. Porrón común

*Aythya ferina* (Aythya)

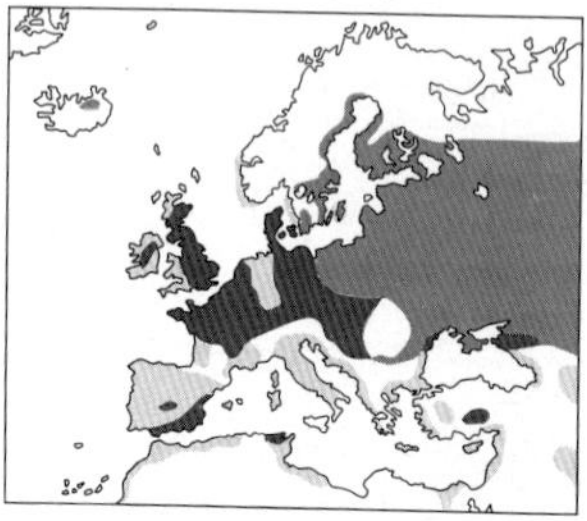

**En Europa central:** I-XII. **Características:** 46 cm/600-1 100 g. Algo mayor que el Porrón moñudo (pág. 42), más rechoncho, con la cabeza grande y alargada; el ♂ con la cabeza y el cuello castaño, el pecho y la cola negros, tronco gris claro; la ♀ castaño oscuro. **Voz:** el ♂ en la parada nupcial emite un reclamo sibilante prolongado; la ♀ un graznido como «jarr-jarr». **Hábitat:** lagos de agua dulce de gran superficie, rodeados de abundante vegetación, en aguas quietas. **Alimentación:** preferentemente plantas acuáticas. **Cría:** V-VI, 8-11 huevos, T 24-26 días, vuelo a las 7 semanas. Nidifica en el suelo.

1

2

3

## 1. Porrón moñudo

*Aythya fuligula* (Aythya)

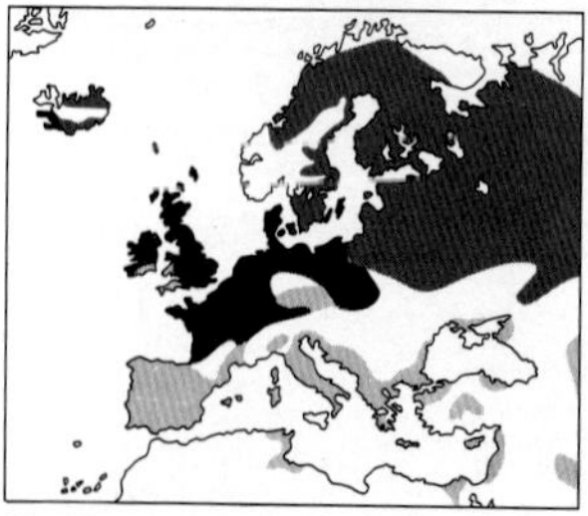

**En Europa central:** I-XII. **Características:** 43 cm/600-1 000 g. Pato buceador rechoncho y de pequeño tamaño; el ♂ negro con los flancos y el vientre blanco, la cabeza con reflejos violáceos, una larga cresta y los ojos amarillos; la ♀ mayormente parda con cresta corta, a menudo con una mancha blanca en la base del pico. **Voz:** el ♂ en la parada nupcial un delicado «gui gui» sibilante; la ♀ un graznante «carr carr». **Hábitat:** aguas quietas o de movimiento lento, con vegetación en las márgenes y superficies libres. **Alimentación:** predominantemente animal (moluscos, caracoles, larvas de insectos). **Cría:** V-VIII, 8-10 huevos, T 23-25 días, vuelo a las 9 semanas. Nidifica en el suelo.

## 2. Porrón bastardo

*Aythya marila* (Aythya)

**En Europa central:** X-III. **Características:** 48 cm/700-1 300 g. Algo mayor que el P. moñudo; el ♂ con la cabeza negra, el cuello con reflejos verdes, el pecho y la cola negro mate, espalda gris clara. Parte inferior blanca, ojos amarillos; la ♀ como la del P. moñudo, aunque con una extensa mancha blanca en la base del pico. **Voz:** el ♂ durante la parada nupcial emite un gorjeo a media voz; la ♀ un grave «carr-carr». **Hábitat:** lagos y charcas de la tundra y la taiga; en invierno, en aguas costeras. **Alimentación:** moluscos, caracoles, gusanos. **Cría:** V-VI, 6-9 huevos, T 24-28 días, vuelo a las 6 semanas. Nidifica en el suelo.

## 3. Porrón pardo

*Aythya nyroca* (Aythya)

**En Europa central:** I-XII (rara). **Características:** 41 cm/450-650 g. Pequeño pato buceador con aspecto de pato nadador, menos compacto que el P. moñudo y el P. común (pág. 40). El ♂ castaño oscuro e infracoberteras caudales blanco brillante, ojos blancos; la ♀ pardo oscuro con reflejos rojizos y los ojos oscuros. **Voz:** el ♂ un resollante «querr querr querr»; la ♀ un agudo «guerr guerr» **Hábitat:** aguas quietas del interior, con abundante vegetación, pequeños lagos forestales. **Alimentación:** plantas acuáticas. **Cría:** V-VI, 8-10 huevos, T 25-27 días, vuelo a las 8 semanas. Nidifica en el suelo.

1

2

3

## 1/2. Eider

*Somateria mollissima*
(Somateria)

**En Europa central:** I-XII. **Características:** 58 cm/1 300-2 800 g. Casi del tamaño de un ganso, pato marino de gran peso con un perfil de cabeza inconfundible; el ♂ blanco por encima y negro por debajo; cogote y lados del cuello verde claro, coronilla negra; la ♀ (foto 2) como la del Anade real (pág. 36), con el pecho barrado, fácil de distinguir por su figura robusta y el alargado perfil de su cabeza. **Voz:** el ♂ un sonoro «ujuuu-ujuuu»; la ♀ un «corr corr» grave. **Hábitat:** aguas costeras. **Alimentación:** moluscos, caracoles, cangrejos, estrellas de mar. **Cría:** V-VI, 4-9 huevos, T 25-26 días, vuelo a las 8 ó 10 semanas. Nidifica en el suelo.

## 3. Negrón especulado

*Melanitta fusca* (Melanitta)

**En Europa central:** XI-III. **Características:** 56 g/1 100-1 900 g. Mayor que el N. común; el ♂ negro salvo una franja alar blanca y una mancha blanca bajo el ojo, el pico es amarillo anaranjado; la ♀ pardo negruzco con 2 manchas blancas a ambos lados de la cabeza. **Voz:** el ♂ un «quiu» o «quiorr»; la ♀ un «braaa braaa» vibrante. **Hábitat:** en la época de cría en aguas de la taiga y la tundra; en invierno en el mar. **Alimentación:** casi exclusivamente caracoles y moluscos. **Cría:** V-VII, 7-10 huevos, T 27 días, vuelo a las 6 ó 7 semanas. Nidifica en el suelo.

## 4. Negrón común

*Melanitta nigra* (Melanitta)

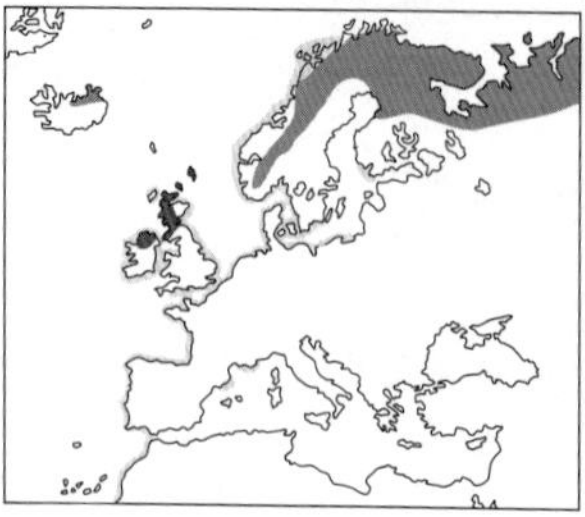

**En Europa central:** XI-IV. **Características:** 48 cm/700-1 400 g. La única ave acuática totalmente negra (♂), pico con una mancha anaranjada; la ♀ marrón oscura con conspicuas mejillas claras. Se distingue del N. especulado, de mayor tamaño, por que carece de las partes blancas de su plumaje. **Voz:** ♂ reclamos graznantes y sibilantes; la ♀ graznidos. **Hábitat:** en la época de cría en aguas de la tundra y la taiga; en invierno y en otoño, en el mar. **Alimentación:** casi exclusivamente moluscos y caracoles. **Cría:** V-VI, 6-9 huevos, T 27-31 días, vuelo a las 6 ó 7 semanas. Nidifica en el suelo.

1|2

3

4

## 1. Porrón osculado

*Glaucionetta clangula*
(Melanitta)

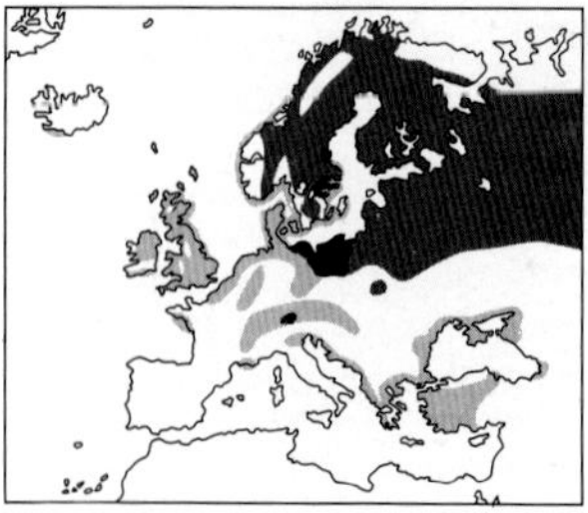

**En Europa central:** I-XII. **Características:** 46 cm/500-1 100 g. Pato buceador rechoncho con la cabeza gruesa casi triangular; la del ♂ negra, con reflejos verdes y más redondeada, con una mancha blanca detrás del pico; negro por arriba y blanco por debajo, anchas barras blancas en los hombros; la ♀ tiene la cabeza marrón, gris claro por arriba. **Voz:** el ♂ un graznido como «craa» o «crirr»; la ♀ un «carr» gutural típico. **Hábitat:** aguas del interior con superficies libres cerca del bosque. **Alimentación:** caracoles, gusanos, pequeños cangrejos, insectos de agua. **Cría:** IV-VII, 6-11 huevos, T 27-32 días, vuelo a las 8 semanas. Nidifica en cavidades.

## 2/3 Havelda

*Clangula hyemalis* (Melanitta)

**En Europa central:** X-IV. **Características:** 53 cm (♂), 41 cm/(♀)/600-900 g. El ♂ en plumaje estival (foto 2 dcha.) y en plumaje invernal (foto 3) con una llamativa cola; la ♀ en plumaje de invierno con la cabeza blanca una mancha oscura en la mejilla y otra auricular gris; lista blanca del ojo a la nuca, collar blanco, vientre claro. **Voz:** el ♂ emite un reclamo musical de gran alcance como un «aulic-a-a-ulic»; la ♀ un graznido de reclamos «arc ark arc eng eng eng guu». **Hábitat:** aguas de la tundra; en invierno, en el mar. **Alimentación:** moluscos, caracoles, cangrejos. **Cría:** V-VI, 5-1 huevos, T 23-25 días, vuelo a las 5 semanas. Nidifica en el suelo.

## Pato mandarín

*Dendronessa galericulata*
(Anatinae)

**En Europa central:** I-XII; cría en Inglaterra, Holanda y S de Alemania (ave de parque asilvestrada).

**Características:** 43 cm. Pato de pequeño tamaño y de llamativo plumaje variegado, una larga cresta y recurvadas plumas ornamentales en vuelo (foto cubierta 4); la ♀ pardo gris por encima y jaspeada por debajo; línea blanca de la nuca al ojo. **Voz:** el ♂ una nota de vuelo sibilante como «friic», la ♀ un «acc-acc». **Hábitat:** ríos y lagos en parques. **Alimentación:** semillas, frutos, nueces, gusanos, insectos. **Cría:** IV-VI, 9-12 huevos, T 28-30 días. Nidifica en cavidades.

1

2

3

## 1. Serreta grande

*Mergus merganser* (Mergus)

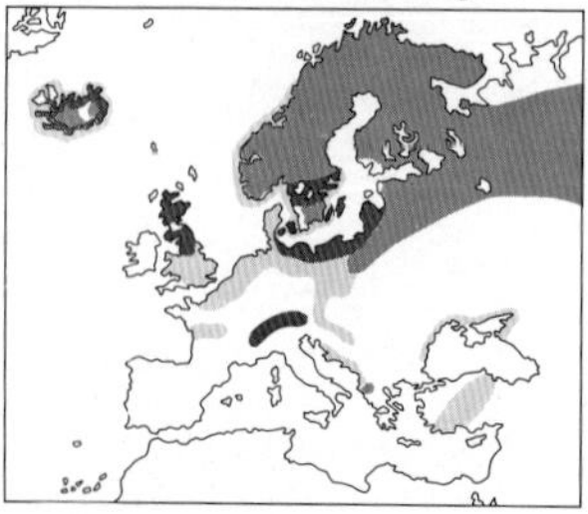

**En Europa central:** I-XII. **Características:** 66 cm/1 200-2 000 g. El pato buceador de mayor tamaño; el ♂ blanco con tintes rosa, espalda negra, cabeza y parte superior del cuello negras con brillo verdoso oscuro, especie de melena cervical, pico rojo; la ♀ con la cabeza y la parte superior del cuello marrones marcadamente diferenciada del plumaje gris del cuerpo. Cresta levantada en la nuca. **Voz:** el ♂ en celo un «querr querr-querr querr querr» metálico; la ♀ un «eckeckeckeck». **Hábitat:** ríos y lagos de aguas claras y márgenes de arbolada. **Alimentación:** peces de hasta 15 cm. **Cría:** III-V, 8-12 huevos, T 32-35 días, vuelo a las 6 semanas. Nidifica en cavidades.

## 2. Serreta mediana

*Mergus serrator* (Mergus)

**En Europa central:** I-XII. **Características:** 58 cm/800-1 300 g. Apenas del tamaño de un Anade real, con el pico más delgado y más fino que el de la S. grande; cresta doble, pecho marrón, flancos gris claro; la ♀ muy parecida a la de la S. grande, pero el color pardo de la cabeza y la parte superior del cuello se degrada en el gris del plumaje de la cabeza. **Voz:** el ♂ un «yiuu» como un maullido o un áspero «orr»; la ♀ un «rocrocrocroc». **Hábitat:** zonas de aguas someras de las costas marinas, estuarios, lagos. **Alimentación:** peces y cangrejos. **Cría:** V-VII, 5-12 huevos, T 29-35 días, vuelo a las 8 ó 9 semanas. Nidifica en el suelo.

## 3. Serreta chica

*Mergellus albellus* (Mergus)

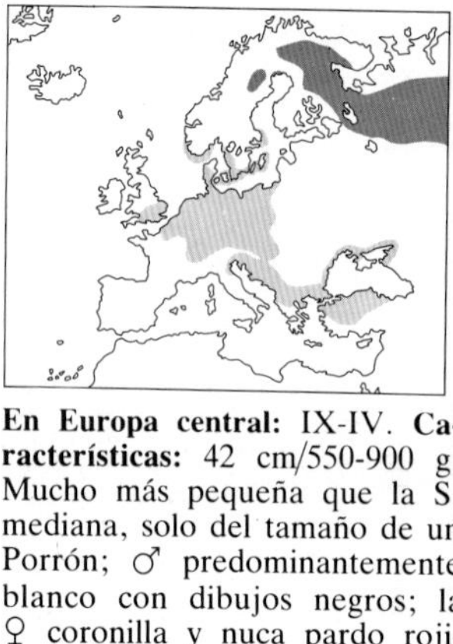

**En Europa central:** IX-IV. **Características:** 42 cm/550-900 g. Mucho más pequeña que la S. mediana, solo del tamaño de un Porrón; ♂ predominantemente blanco con dibujos negros; la ♀ coronilla y nuca pardo rojizas, ambos lados de la cabeza blanquecinos, gris pizarra por arriba. **Voz:** el ♂ un reclamo de cortejo como un graznido («crreck») agudo; la ♀ un monosílabo «greg». **Hábitat:** lagos de agua dulce y lagunas cerca de zonas boscosas, zonas de bosques encharcadas. **Alimentación:** peces pequeños e insectos de agua. **Cría:** V-VI, 6-9 huevos, T 30 días, vuelo a las 9 u 11 semanas. Nidifica en cavidades.

1

2

3

# Aves rapaces

Siluetas de vuelo de azor, gavilán, halcón, alcotán, cernícalo y esmerejón.
Formas de vuelo de ratonero, halcón abejero, milanos y aguiluchos.

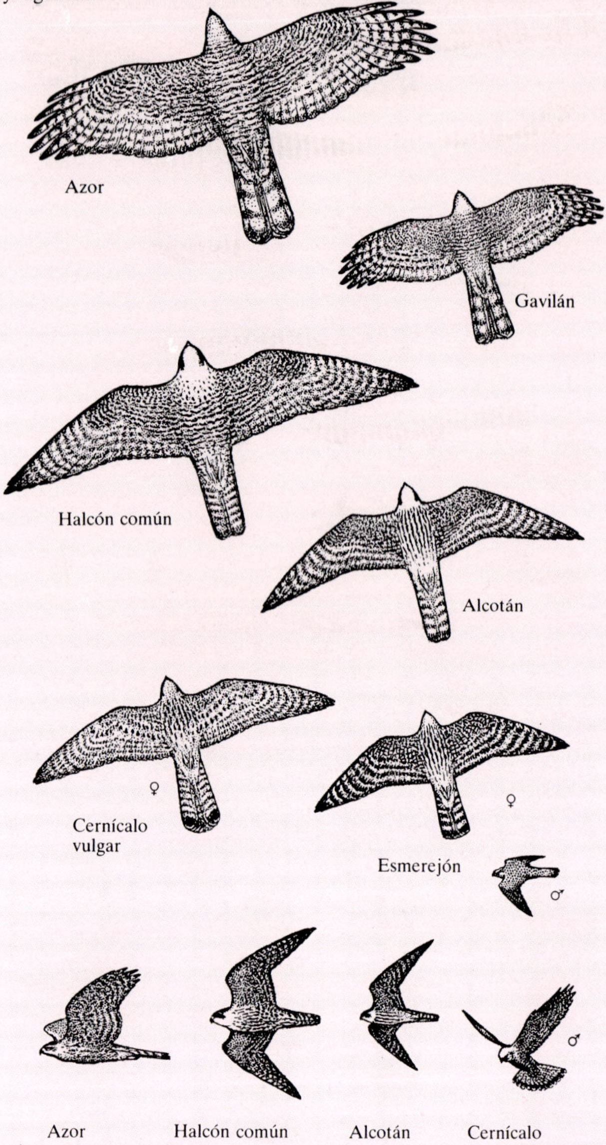

Ratonero común

Halcón abejero

Milano negro

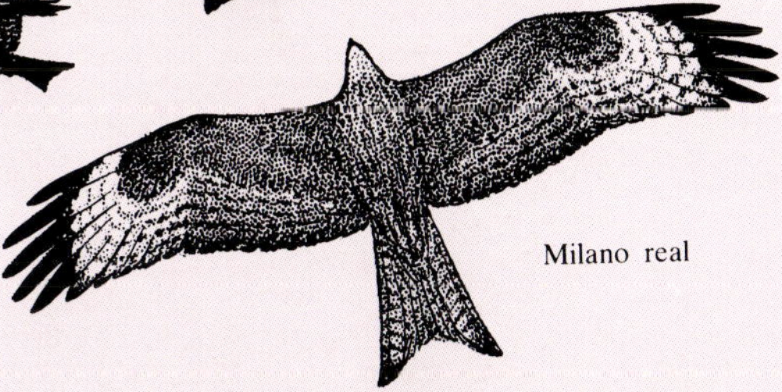

Milano real

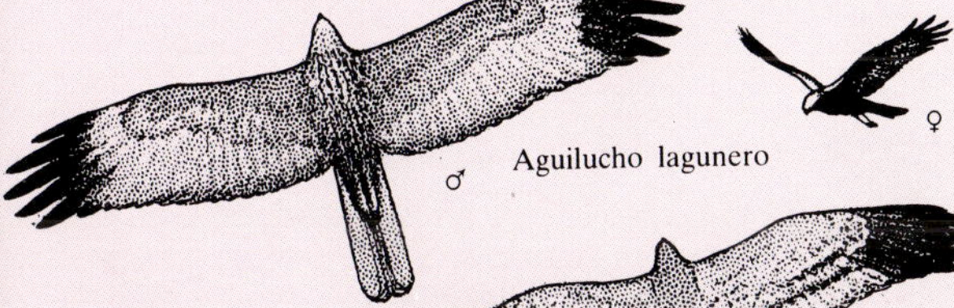


Aguilucho lagunero

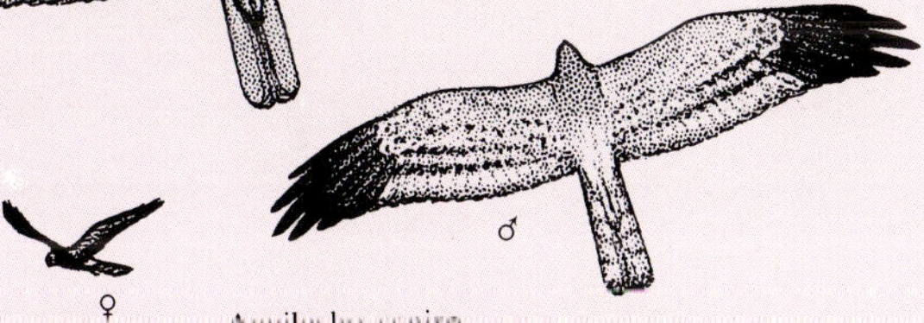


Aguilucho cenizo

## 1. Águila pescadora

*Pandion haliaetus* (Pandionidae)

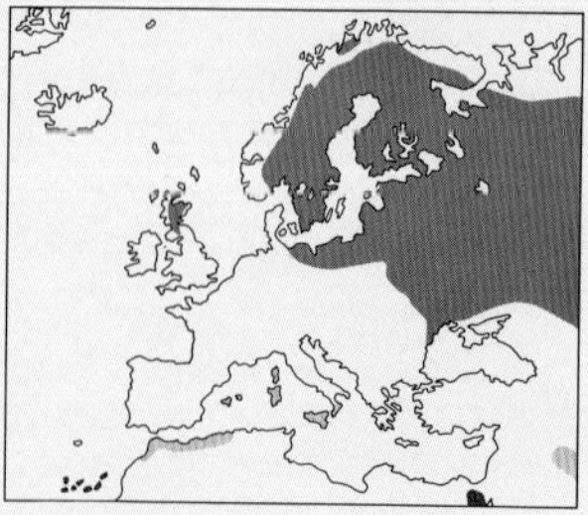

**En Europa central:** III-IX. **Características:** 51-58 cm/1 200-2 000 g. Más pequeña que el Pigardo, partes inferiores blancas, pardo-negruzca por encima y cabeza blanca. ♀ = ♂. Los jóvenes tienen la coronilla y la nuca más oscura, el listado más marcado y las rectrices más barradas. **Vuelo:** inconfundible por su esbelta figura, sus largas y estrechas alas mantenidas siempre en ángulo —salvo cuando planea— y la blancura de sus partes inferiores. Cuando busca alimento vuela con lentos y suaves batidos de alas sobre lagos y ríos. Aletea con frecuencia. **Voz:** en el área de cría suele emitir escalas ascendentes hacia el final como un corto «tyipp-typp-tyipp-tyipp-tyepp-tyepp». **Hábitat:** zonas forestadas con lagos y ríos, costas. **Alimentación:** exclusivamente peces de hasta 2 kg. **Cría:** IV-VII, 2-4 huevos, T 38 días, N 50-59. Nidifica en árboles.

## 2. Pigardo

*Haliaeetus albicilla* (Accipitridae)

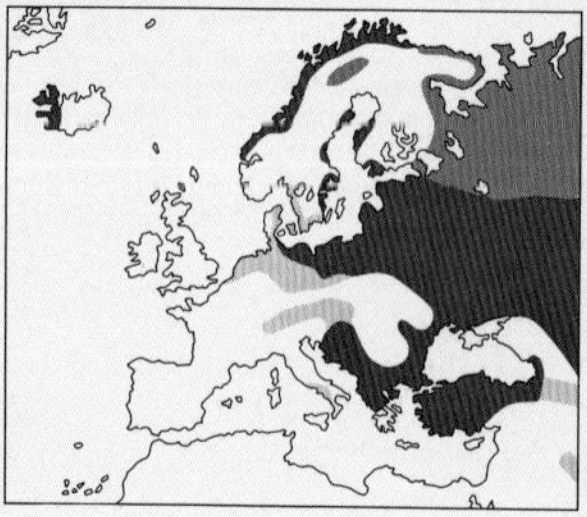

**En Europa central:** I-XII. **Características:** 69-91 cm/4 000-7 500 g. De gran tamaño y robusta constitución, conspicuo pico amarillo y cola corta. Los adultos, pardo grisáceo, y cabeza clara y cola blanca. ♀ = ♂. Los jóvenes, oscuros, sin contraste de colores entre la cabeza y el cuerpo, cola oscura. **Vuelo:** Las alas horizontales, la cabeza estirada hacia delante y la cola, corta y cuneiforme, constituyen silueta característica del Pigardo cuando planea. Cuando aletea lo hace con vigor y amplios batidos. **Voz:** el reclamo de vuelo durante la parada nupcial del ♂ es un seriado «cric-ric-ric-ric», la ♀ emite un grave «ra-rac-rac-rac»; también otros reclamos como «krau» o «gue-gue-gue». **Hábitat:** costas, grandes lagos y ríos. **Alimentación:** prefiere peces grandes y aves acuáticas (fochas, patos, gansos, zampullines); también mamíferos y a menudo carroña. **Cría:** II-VII, 1-3 huevos, T 34-42 días, N 80-90 días. Nidifica en árboles.

1

2

## 1. Milano real

*Milvus milvus* (Milvus)

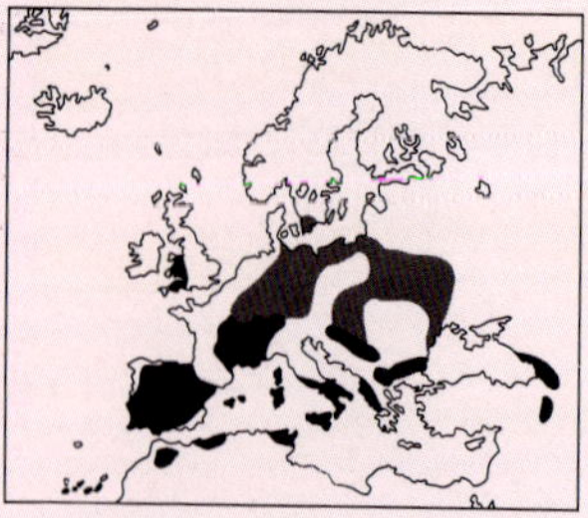

**En Europa central:** III-IX; localmente invernante. **Características:** 61 cm/900-1 200 g. De mayor tamaño y más esbelto que el Ratonero común (pág. 58); cola rojiza, profundamente ahorquillada, plumaje pardo rojizo con la cabeza gris clara. ♀ = ♂. **Vuelo:** boyante, parecido al de las gaviotas, se remonta a menudo con las alas anguladas. **Voz:** un gimiente «jie-jiy-hiy-jie». **Hábitat:** viejos bosques de fronda cerca del agua. **Alimentación:** pequeños roedores, aves, peces muertos y enfermos, carroña. **Cría:** III-VI, 2-3 huevos, T 28-32 días, N 45-50 días. Nidifica en árboles.

## 2. Milano negro

*Milvus migrans* (Milvus)

**En Europa central:** III-VIII. **Características:** 56 cm/700-1 000 g. Más pequeño y más regordete que el M. real, mucho más oscuro (pardo negruzco) y con la cola sólo ligeramente ahorquillada. Gregario. **Vuelo:** algo más pesa-

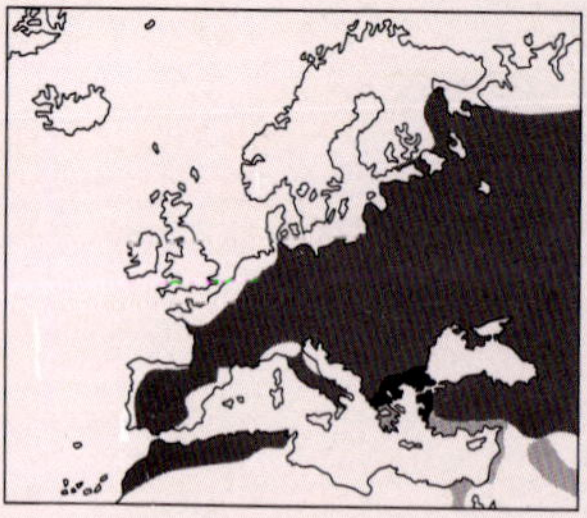

do que el del M. real del que se diferencia por su cola sólo ligeramente ahorquillada. **Voz:** reclamo parecido al de un ratonero («jiee»); en la época de cría un trino agudo y relinchante. **Hábitat:** zonas de bosques y lagos. **Alimentación:** peces enfermos y muertos, carroña. **Cría:** IV-VI, 2-3 huevos, T 28-32 días, N 40-45 días. Nidifica en árboles.

## 3. Águila culebrera

*Circaetus gallicus* (Milvus)

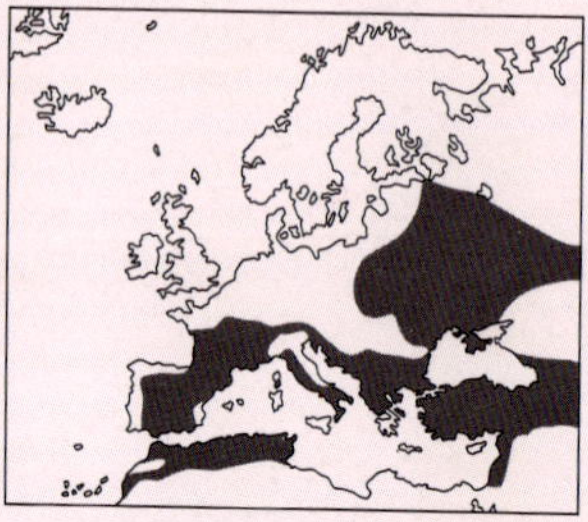

**En Europa central:** IV-X. **Características:** 63-69 cm/1 400-2 100 g. Águila pequeña de cabeza gruesa, de aspecto melenudo y ojos anaranjados. ♀ = ♂. **Vuelo:** silueta parecida a la de un ratonero, pero con las alas marcadamente anguladas y la cola más larga, se remonta y a menudo se cierne. **Voz:** en la época de cría «quiiyo» o «quiye-quiye». **Hábitat:** terrenos abiertos y secos. **Alimentación:** fundamentalmente culebras, pero también lagartijas y otros reptiles. **Cría:** IV-VI, 1 huevo, T 45-47 días, N 70-75 días. Nidifica en árboles.

1|2

3

## 1/2. Azor

*Accipiter gentilis* (Accipiter)

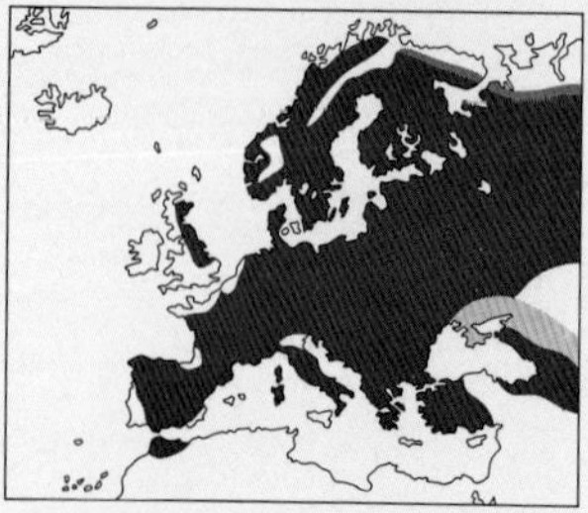

**En Europa central:** I-XII. **Características:** 48-61 cm/700-1 200 g. Ave de presa del tamaño de un ratonero (♀), alas redondeadas y larga cola. El ♂ 1/3 más pequeño que la ♀, pardo grisáceo por encima, la ♀ gris pizarra; los adultos, horizontalmente barrado por la parte inferior; los jóvenes (foto 2), moteados. **Vuelo:** vuela

remontándose con frecuentes aleteos y con más rapidez que el R. común (pág. 58); sólo planea en primavera durante la parada nupcial, extendiendo las plumas de la cola de modo mucho menos notorio que lo hace el Ratonero. Caza aves en vuelo (palomas) persiguiéndolas en vuelo rasante y rápido. **Voz:** un «jiee», en la parada nupcial una escala de tonos ascendentes y descendentes como un «guiguiguiguiguigui»; poco locuaz. **Hábitat:** muy dependiente del bosque, sobre todo del de coníferas, raro en bosques mixtos o de fronda. **Alimentación:** mamíferos y aves de hasta el tamaño de una liebre o de un urogallo; el ♂ prefiere la caza de aves. **Cría:** III-VII, 3-4 huevos, T 35-41 días, N 38-43 días. Nidifica en árboles.

## 3. Gavilán

*Accipiter nisus* (Accipiter)

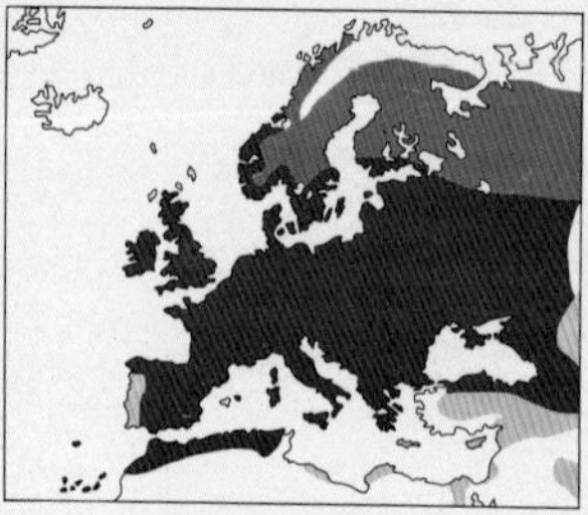

**En Europa central:** I-XII. **Características:** 28-38 cm/130-320 g. Versión en menor tamaño del Azor, la ♀ del tamaño de un cernícalo, el ♂ sólo un poco mayor que un tordo. Gris pardo por arriba (♀) o gris azulado (♂); finamente barrado por debajo. Muy receloso y tímido, permanece posado con el cuerpo erguido

y la cabeza recogida mientras colea llamativamente. **Vuelo:** alternativamente en largas pasadas por entre los árboles, planeando y batiendo alas, casi siempre a poca distancia del suelo. En la parada nupcial ♂ y ♀ se remonta por encima de los árboles y planean por algún tiempo aprovechando las corrientes térmicas. **Voz:** durante la parada nupcial un «gyiu-gyiu-gyiu-gyiu». **Hábitat:** bosques de coníferas alternando con terrenos abiertos, raras veces en bosque de fronda. **Alimentación:** casi exclusivamente aves de hasta el tamaño de una perdiz o una paloma, raras veces ratones, excepcionalmente murciélagos. **Cría:** IV-VI, 4-5 huevos, T 33-35 días, N 24-30 días. Nidifica en árboles.

1|2

3

## 1. Ratonero común

*Buteo buteo* (Buteo)

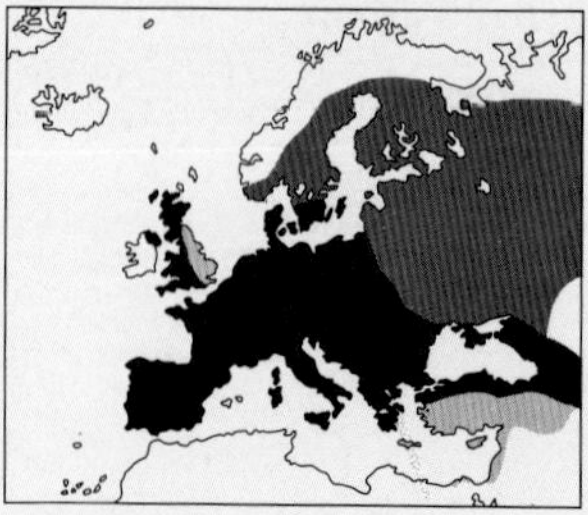

**En Europa central:** I-XII. **Características:** 51-56 cm/600-1 300 g. Plumaje variable desde pardo oscuro a casi blanco; ♀ = ♂. Ave rapaz de anchas alas y aspecto compacto. **Vuelo:** remontante, lento, con pesado batido de alas. Cuando planea su característica son sus anchas alas y la cola generalmente extendida. **Voz:** un maullante «iee»! **Hábitat:** bosques de fronda, mixtos y de caducifolios. **Alimentación:** ratones y otros pequeños roedores, aves jóvenes, reptiles. **Cría:** IV-VII, 2-3 huevos, T 33-35 días, N 40-49 días. Nidifica en árboles. **Especie semejante:** El **Ratonero moro** *(B. rufinus):* mayor y con las patas más largas que el R. común, generalmente color canela y con la cola no barrada. Vive en zonas esteparias, semidesérticas y en las montañas del SE de Europa; se alimenta de pequeños mamíferos, culebras.

## 2. Ratonero calzado

*Buteo lagopus* (Buteo)

**En Europa central:** X-IV. **Características:** 51-61 cm/700-1 600 g. De tamaño algo mayor que el R. común. Coronilla, nuca y ambos lados de la cabeza blanquecinos, las demás partes de color tan variable como el R. común. ♀ = ♂. **Vuelo:** silueta parecida a la del R. común, a diferencia de la cola que es más clara y blanca en la base, con una franja oscura cerca de la punta; parte inferior de las alas marcadamente clara. **Voz:** como el R. común; poco locuaz. **Hábitat:** tundra septentrional; en Europa central, durante el

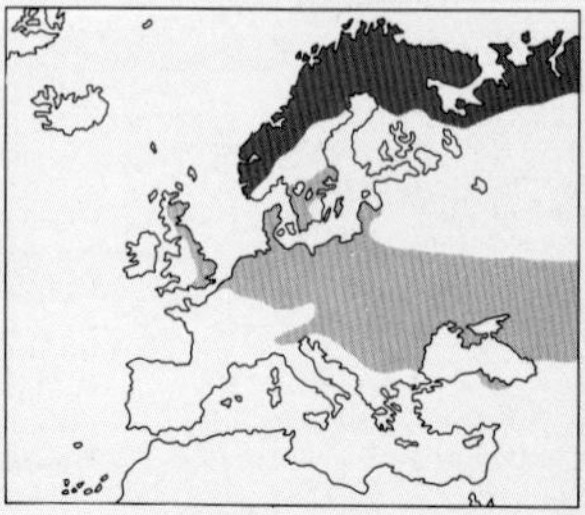

invierno, en campos y tierras de cultivo. **Alimentación:** principalmente lemingues; en el área de invernada, como el R. común. **Cría:** V-VI, 3-5 huevos, T 28-31 días, N 41-43 días. Nidifica en árboles, rocas, o en el suelo.

## 3. Halcón abejero

*Pernis apivorus* (Buteo)

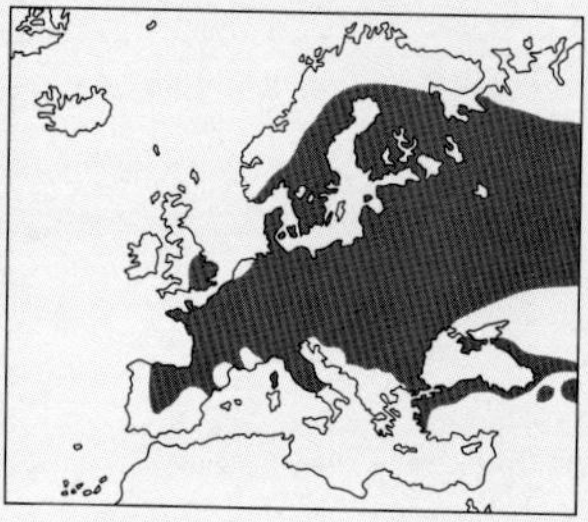

**En Europa central:** IV-X. **Características:** 51-58 cm/600-1 000 g. Mayor que el R. común, y más esbelto. Pardo por encima, claro por debajo y a menudo moteado, de color muy variable. ♀ = ♂. **Vuelo:** potente, batiendo las alas más hacia abajo que el R. común; cuando planea se distingue por sus alas más estrechas y su larga cola con doble franja oscura. **Voz:** un quejumbroso «joooliijoo». **Hábitat:** bosques de fronda. **Alimentación:** larvas de avispas y abejorros. **Cría:** V-VII, 2 huevos, T 30-37 días, N 40-44 días. Nidifica en árboles.

1

2

3

## 1. Águila pomerana

*Aquila pomarina* (Aquila)

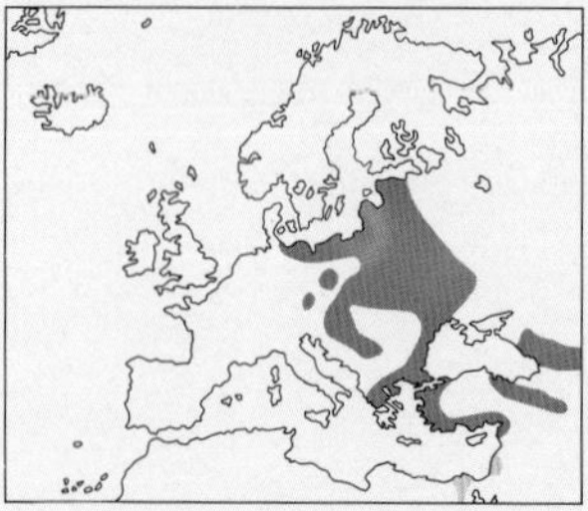

**En Europa central:** IV-IX. **Características:** 61-66 cm/1 100-2 000 g. Águila de pequeño tamaño. De color pardo más claro que el Á. moteada, muy parecida pero mayor. ♀ = ♂. Los jóvenes, uniformemente pardos con 2 franjas pálidas en las alas. **Vuelo:** silueta inconfundible por sus anchas alas de igual anchura desde el cuerpo hasta la punta. **Voz:** muy gárrula; en su área de acuartelamiento emite series de reclamos como un «yip-yip-yip-yipyupyipyip». **Hábitat:** bosques limitados por agua. **Alimentación:** ratones, ratas, topos, sapos, culebras, aves. **Cría:** IV-VI, 2 huevos, T 38-41 días N 50-55 días. Nidifica en árboles.

## 2. Águila moteada

*Aquila clanga* (Aquila)

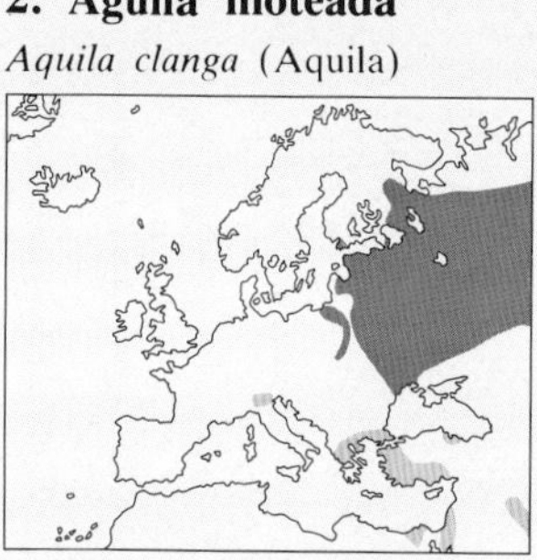

**En Europa central:** IV-X. **Características:** 66-73 cm/1 600-2 300 g. Mayor que el Á. pomerana. Uniformemente pardo oscura. ♀ = ♂. Los jóvenes (foto) pardonegruzcos con conspicuas manchas pálidas y una V clara en la base de la cola. **Vuelo:** como el Á. pomerana, pero por debajo como si fuera negra. Base de las primarias en tono pálido. **Voz:** un ladrante «cli-cli-cli-cli». **Hábitat:** bosques extensos con terrenos pantanosos, lagos y praderas. **Alimentación:** como el Á. pomerana, aunque también aves de mayor tamaño (fochas, patos, gallos, cuervos) caza con frecuencia en y cerca del agua. **Cría:** V-VII, 2-3 huevos, T 42-44 días, N 60-65 días. Nidifica en árboles.

## 3. Águila calzada

*Hieraaetus pennatus* (Buteo)

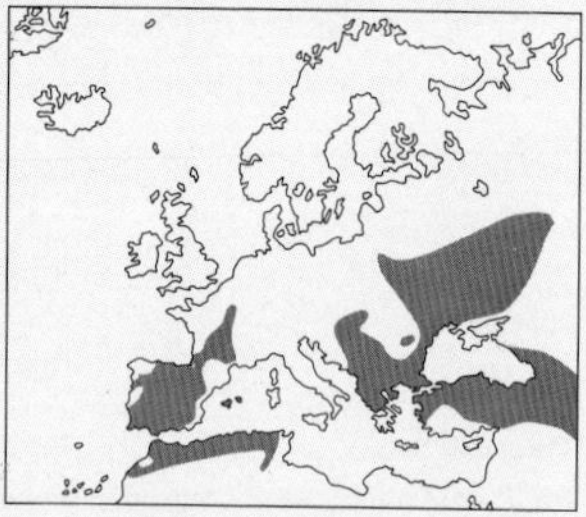

**En Europa central:** IV-IX. **Características:** 46-53 cm/600-1 100 g. Apenas del tamaño de un ratonero, presenta dos variantes cromáticas. La fase pálida es pardogrisácea por encima y blanca u ocre por debajo (foto); la fase oscura es toda ella marrón con la cola más pálida. ♀ = ♂. **Vuelo:** se distingue del Ratonero común (pág. 58) por sus alas mucho más estrechas y su cola más larga y recta, no tan en abanico. **Voz:** una serie de reclamos semejantes a una limícola; muy gárrula. **Hábitat:** zonas montañosas con bosques de altura poco densos (robledales). **Alimentación:** reptiles, aves, pequeños mamíferos de hasta el tamaño de un Ziesel. **Cría:** IV-VII, 2 huevos, T 35-39 días, N 50-55 días. Nidifica en árboles o en rocas.

1

2

3

## 1. Águila perdicera ▽

*Hieraaetus fasciatus* (Buteo)

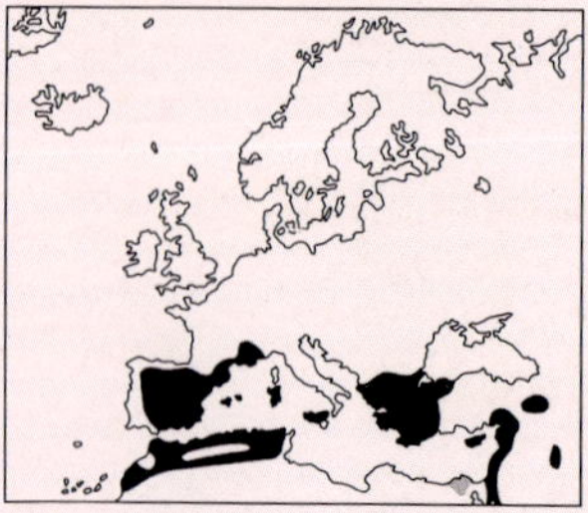

**Características:** 66-74 cm/1 500-2 100 g. Mayor que el Ratonero común (pág. 58). Pardo oscuro por encima, blanquecina por debajo con manchas oscuras en forma de lágrima. ♀ = ♂. **Vuelo:** su silueta se distingue de la del Águila culebrera (pág. 54), muy parecida, por su larga cola rectangular y la cabeza sobresaliente; en la parte inferior de las alas presenta una franja oscura. **Voz:** poco locuaz; emite un gimiente «gyue». **Hábitat:** zonas montañosas secas con arbolado disperso. **Alimentación:** aves, mamíferas, reptiles. **Cría:** II-IV, 2 huevos, T 37-40 días, N 58-61 días. Nidifica en árboles o en rocas.

## 2. Águila imperial ▽

*Aquila heliaca* (Aquila)

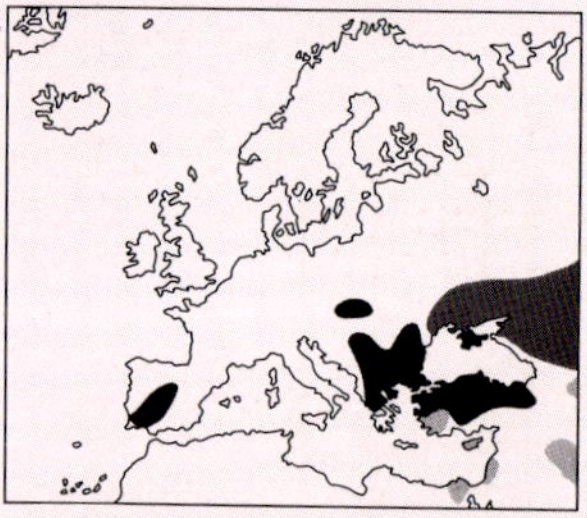

**En Europa central:** III-X. **Características:** 78-83 cm/2 500-4 000 g. Algo más pequeña y de cola más corta que el Á. real. Toda ella de un color pardo oscuro con manchas blancas en los hombros, ♀ = ♂ **Vuelo:** por sus anchas alas recuerda la silueta del Pigardo (pág. 52). **Voz:** un graznido como de cuervo semejante a un «croc-croc» áspero. **Hábitat:** terrenos abiertos de la llanura con arbolado disperso, estepas forestadas. **Alimentación:** sobre todo, liebres, hamsters, pequeños roedores, raramente aves, a menudo carroña. **Cría:** III-V, 2-3 huevos, T 43 días, N 65-77 días. Nidifica en árboles.

## 3. Águila real

*Aquila chrysaetos* (Aquila)

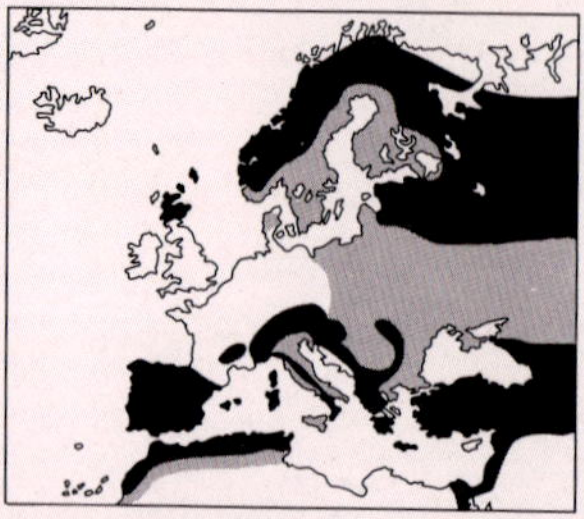

**En Europa central:** I-XII. **Características:** 75-88 cm/3 000-6 600 g. Águila de gran tamaño y fuerza, de plumaje pardo oscuro, coronilla y nuca amarillas. ♀ = ♂, aunque la ♀ de mayor tamaño. Los jóvenes, pardo negruzco con manchas blancas en la base de las terciarias cubitales. Caza en vuelo bajo procurando cubrirse. **Vuelo:** alas largas no particularmente anchas que se estrechan hacia el cuerpo. En los jóvenes, con la base pálida. **Voz:** un «jiee» (raro). **Hábitat:** extensas regiones montañosas, con diversidad de bosques, en Europa central sólo en la alta montaña. **Alimentación:** carroña; en los Alpes, preferentemente marmotas. **Cría:** III-V, 2 huevos, T 43-45 días, N 63-70 días. Nidifica en rocas o en árboles.

1

2|3

## 1. Quebrantahuesos

*Gypaetus barbatus* (Buitres)

**Características:** 102-114 cm/5 000-7 000 g. Buitre alargado y de gran tamaño, oscuro por encima, pálido por debajo, con la cabeza y el cuello rojos y bigoteras negras. ♀ = ♂. **Vuelo:** silueta parecida a la de un halcón por sus largas alas puntiagudas y angulares; cola larga y cuneiforme. **Voz:** durante la parada nupcial un agudo y sibilante («fiiiy»). **Hábitat:** Alta montaña, cerca y por encima del límite arboreo. **Alimentación:** generalmente tortugas y huesos que deja caer sobre el suelo rocoso desde cierta altura para que se rompan y poder comer el tuétano; carne, poca carroña. **Cría:** XII-III, 1-2 huevos, T 55-60 días, N 110 días. Nidifica en acantilados rocosos.

## 2. Alimoche

*Neophron percnopterus* (Buitres)

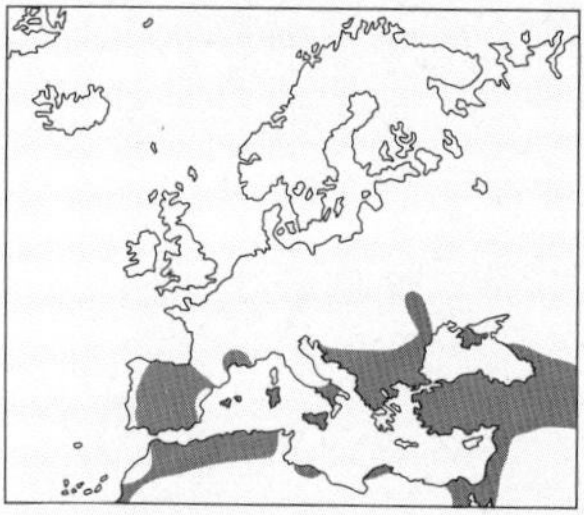

**Características:** 56-66 cm/1 800-2 400 g. El buitre más pequeño de Europa, blanco con las primarias negras y la cara blanca. ♀ = ♂. Los jóvenes, pardo oscuro. **Vuelo:** largas alas, estrechas y en punta y cola cuneiforme por lo que su silueta de vuelo es muy parecida a la del Quebrantahuesos. **Voz:** gruñidos sibilantes, raras veces perceptibles. **Hábitat:** campo abierto en llanos y en montañas, poblados. **Alimentación:** carroña, desperdicios de carne, excrementos. **Cría:** III-V, 2 huevos, T 42 días, N 75-90 días. Nidifica en acantilados rocosos.

## 3. Buitre común

*Gyps fulvus* (Buitres)

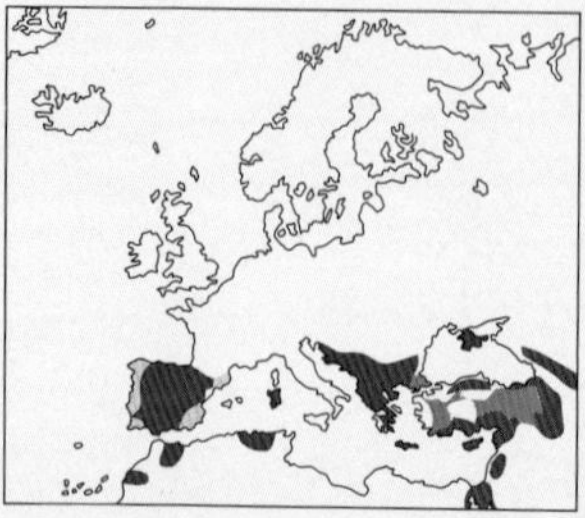

**En Europa central:** V-IX. **Características:** 97-104 cm/6 500-8 000. g. Buitre de gran tamaño, alas ocre claro, cola pardo oscuro, cuello desnudo parecido al de un ganso, gorguera blanca. ♀ = ♂. Los jóvenes, más oscuros con gorguera marrón. **Vuelo:** anchas alas con bordes paralelos, con las primarias separadas; cola corta y cuadrada. **Voz:** cuando está excitado un áspero «gueguegueg». **Hábitat:** extensas llanuras secas, alta montaña. **Alimentación:** cadáveres de grandes mamíferos, prefiriendo las vísceras. **Cría:** I-IV, 1 huevo, T 47-54 días, N 120-130 días. Nidifica en acantilados. **Especie semejante:** El Buitre negro, *Aegypius monachus*. De mayor tamaño que el B. común; plumaje marrón oscuro, cabeza pálida con calvas azuladas y una zona negra alrededor de los ojos. Habita en pocas parejas en regiones forestales aisladas de la Península ibérica y del SE de Europa. Captura presas vivas.

1

2

3

## 1. Aguilucho lagunero

*Circus aeruginosus* (Circus)

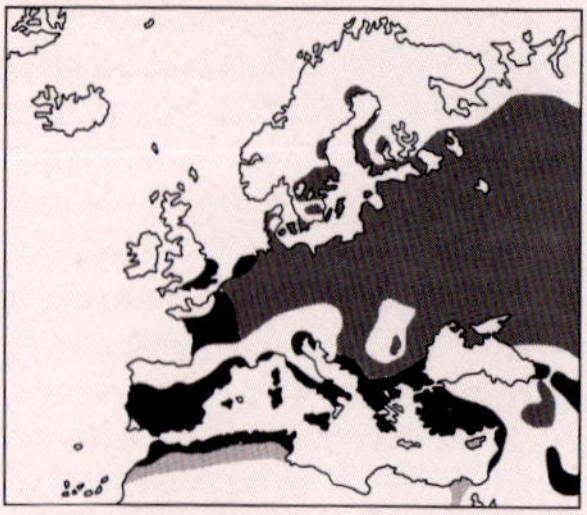

**En Europa central:** III-X. **Características:** 48-56 cm/400-800 g. Del tamaño de un Ratonero, pero más esbelto, de alas más estrechas y cola más larga que las del R. común (pág. 58). El ♂ predominantemente pardo con la cola pálida; la ♀ y los jóvenes con la cabeza crema. **Vuelo:** planeo oscilante manteniendo las alas en forma de V no muy acusada. **Voz:** El ♂ emite una nota de exhibición como un «cuhe» croante. Nota de alarma, «quequequeque». **Hábitat:** pantanos costeros, cañaverales. **Alimentación:** peces, batracios, reptiles, aves, liebres jóvenes. **Cría:** IV-VI, 3-6 huevos, T 31-34 días, N 38-40 días. Nidifica en el suelo en los cañaverales.

## 2/3. Aguilucho pálido

*Circus cyaneus* (Circus)

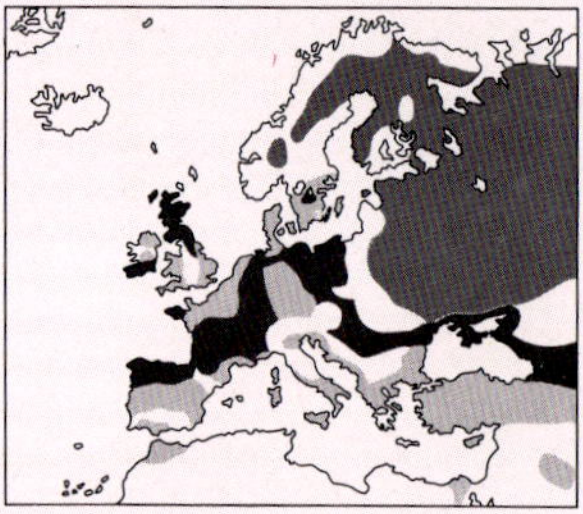

**En Europa central:** III-XI, localmente. **Características:** 43-51 cm/300-550 g. Más pequeños y más esbelto que el A. lagunero. El ♂ (foto 3) gris pálido con el vientre blanco; la ♀ (foto 2) pardo con la cola barrada y la base blanca. Los jóvenes como la ♀. **Vuelo:** de alas más anchas que las del A. cenizo, vuela a baja altura sobre praderas y terrenos pantanosos y planea con las alas en forma de V por encima de la horizontal. **Voz:** El ♂ emite una nota de exhibición, un «k-ye k-ye»; nota de alarma, «quecquecquec». **Hábitat:** campo abierto con praderas, rocas y terrenos pantanosos. **Alimentación:** pequeños mamíferos (ratones, liebres jóvenes) y aves del tamaño de una perdiz. **Cría:** V-VII, 3-6 huevos, T 29-37 días, N 31-40 días. Nidifica en el suelo.

## 4. Aguilucho cenizo

*Circus pygargus* (Circus)

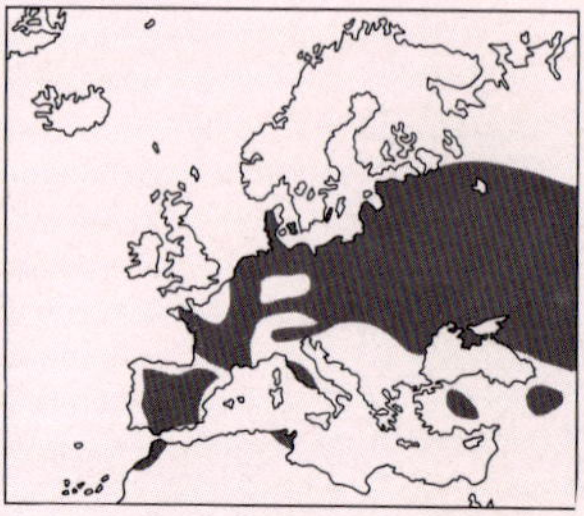

**En Europa central:** IV-IX. **Características:** 41-46 cm/230-430 g. Más pequeño y esbelto que el A. pálido. El ♂ color ceniza algo azulado con franja alar negra y barrado rojizo sobre la parte inferior blanca. La ♀ como la del A. pálido, aunque con una pequeña mancha blanca en la base y de alas más estrechas. Los jóvenes, como la ♀. **Vuelo:** como el A. pálido, pero con las alas más estrechas y más en punta. **Voz:** El ♂ emite una nota de exhibición como un «quequequec»; la ♀ un «pi-ee». **Hábitat:** cenagales, cañaverales. **Alimentación:** pequeños mamíferos y aves jóvenes, lagartijas e insectos. **Cría:** V-VII, 3-6 huevos, T 28-30 días, N 35-40 días. Nidifica en el suelo.

1

2|3

4

## 1. Halcón común ▽

*Falco peregrinus* (Falconidae)

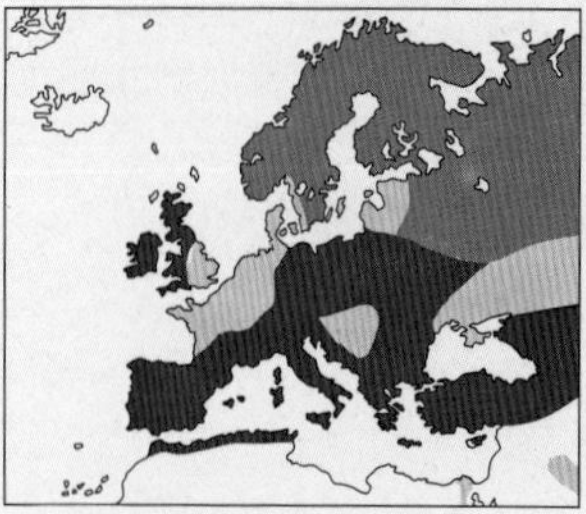

**En Europa central:** I-XII. **Características:** 38-48 cm/550-1 100 g. Ave de gran tamaño y robusta constitución, de alas puntiagudas y cola corta; gris pizarra por encima, blanco por debajo, con barrado gris oscuro; coronilla y bigoteras negruzcas. ♀ = ♂, aunque generalmente más oscura y bastante mayor. **Vuelo:** vuela con rápido batido de alas planas interrumpido por cortos planeos, dejándose llevar por las corrientes térmicas. Silueta de vuelo semejante a un ancla. **Voz:** su reclamo durante la parada nupcial es una nota prolongada como un «gueeeiii» quejumbroso-tremulante típico. **Hábitat:** campo abierto, zonas boscosas con grandes claros en la llanura y en las montañas, tundra, semidesiertos, **Alimentación:** casi exclusivamente de aves (alondras, zorzales, palomas, gaviotas, patos) que caza en el aire tras perseguirlas en vuelo rasante. **Cría:** IV-VI, 3-5 huevos, T 28 días, N 46-49 días. Nidifica en acantilados rocosos o en árboles.

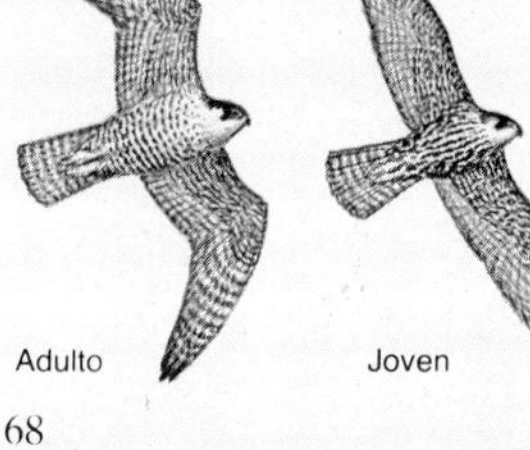


## 2. Halcón borni ▽

*Falco biarmicus* (Falconidae)

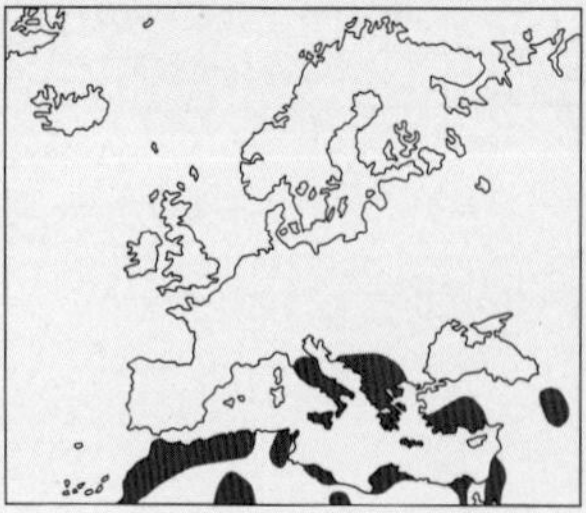

**Características:** 43 cm/500-900 g. Del tamaño del H. común, pero más esbelto y con las alas no tan apuntadas. Plumaje más claro que el del H. común; gris ceniza por encima, píleo y nuca color castaño, bigoteras más estrechas. Partes inferiores ocre rosado y manchas negras. ♀ = ♂. Los jóvenes, con la parte superior más parda y la inferior con manchas en forma de lágrima. **Vuelo:** su silueta se distingue de la del H. común por su mayor esbeltez, por la cola que es más larga y las alas menos puntiagudas. Vuela con batidos de alas más lentos. **Voz:** menos locuaz que el H. común, emite reclamos ásperos como un «qui qui qui qui». **Hábitat:** La raza del SE de Europa *(feldeggi)* es un típico habitante de los parajes rocosos. **Alimentación:** casi exclusivamente aves, tales como perdices, palomas bravías, gangas, cernícalos. **Cría:** III-V, 3-4 huevos, T 31-35 días, N 45 días. Nidifica en acantilados rocosos.

1

2

## 1. Halcón sacre

*Falco cherrug* (Falconidae)

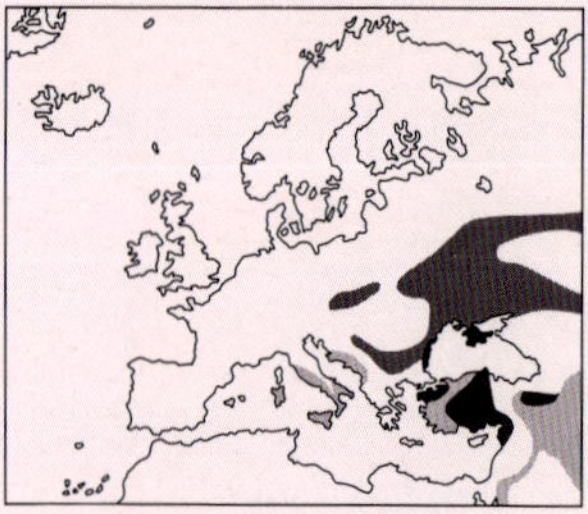

**En Europa central:** I-XII. **Características:** 46 cm/700-1 300 g. Algo mayor que el H. común (pág. 68); pardo oscuro por encima, pálido por debajo, con manchas marrones, cabeza pálida con píleo blanco, bigotera apenas perceptible. ♀ = ♂. **Vuelo:** silueta caracterizada por las alas anchas y la cola más larga que la del H. común. **Voz:** «iyec iyec iyec», nota de exhibición, un ascendente «guec guec guec». **Hábitat:** estepas, semidesiertos con árboles dispersos. **Alimentación:** pequeños mamíferos, aves de hasta el tamaño de un pato. **Cría:** IV-VI, 3-5 huevos, T 28-30 días, N 40-45 días. Nidifica en acantilados rocosos o en árboles.

## 2. Alcotán

*Falco subbuteo* (Falconidae)

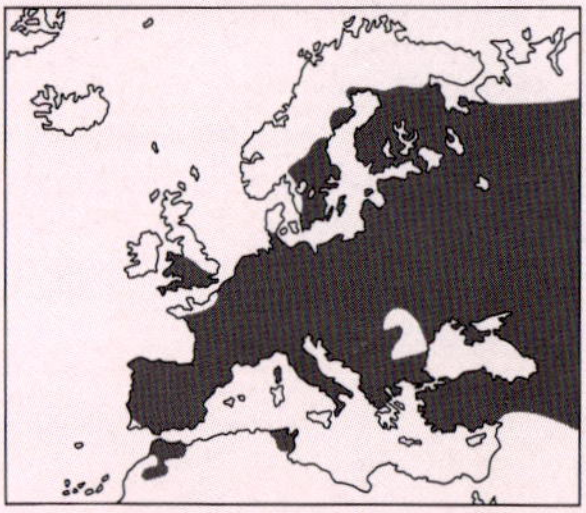

**En Europa central:** IV-IX. **Características:** 30-36 cm/175-300 g. Como el H. común (pág. 68) pero más pequeño, más delicado y más esbelto, con las alas más largas y más estrechas. Gris pizarra por encima, blanco por debajo con manchas negruzcas en forma de lágrima, muslos, «calzones», rojizos, bigotera más aparente. ♀ = ♂. **Vuelo:** parecido al de un vencejo con una silueta caracterizada por sus alas estrechas en forma de guadaña. **Voz:** «yic-yic-yic» o «kikikiki». **Hábitat:** bosques claros y secos, con frecuencia en los de coníferas. **Alimentación:** aves e insectos. **Cría:** VI-VIII, 2-4 huevos, T 28 días, N 28-32 días. Nidifica en árboles.

## 3/4. Cernícalo patirrojo

*Falco vespertinus* (Falconidae)

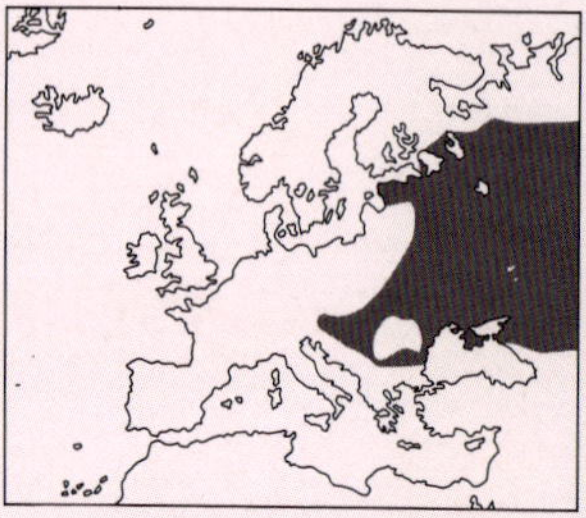

**En Europa central:** IV-X. **Características:** 30 cm/110-190 g. Más pequeño que el C. vulgar (pág. 72). El ♂ (foto 3) gris oscuro con «calzas» rojizas; la ♀ (foto 4) con débil listado oscuro en la parte inferior y la espalda gris ceniza. **Vuelo:** silueta parecida a la del Alcotán, pero con la cola más larga; bate las alas con frecuencia. **Voz:** gárrulo; un «quiquiquiqui» agudo característico. **Hábitat:** campo abierto con árboles dispersos y pequeños bosques. **Alimentación:** preferentemente insectos. **Cría:** V-VII, 3-5 huevos, T 22-23 días, N 26 días. Nidifica en árboles.

1

2

3|4

## 1. Esmerejón

*Falco columbarius* (Falconidae)

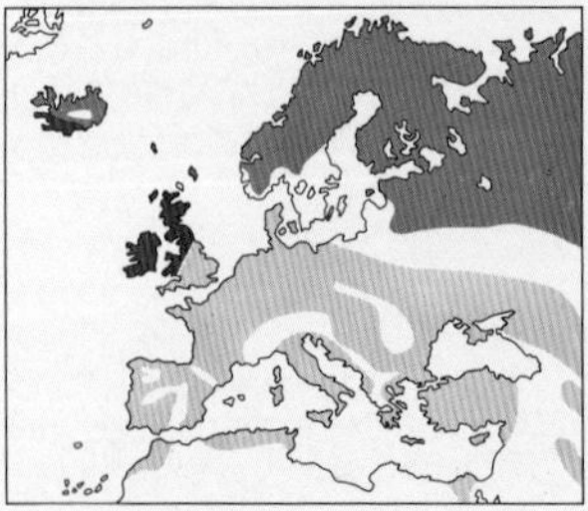

**En Europa central:** IX-III. **Características:** 27-33 cm/160-210 g. Más pequeño que el Cernícalo; el ♂ gris ceniza por encima, la nuca rojiza y la parte inferior rosa pálido con listado oscuro; la ♀ (foto) marrón oscuro por encima y blanca por debajo. **Vuelo:** se distingue del Cernícalo por su cola más corta y del Alcotán (pág. 70) por sus alas más anchas y el cuerpo más rechoncho. **Voz:** reclamo como un «quiquiquiqui» parecido al del Cernícalo vulgar. **Hábitat:** campo abierto con escasa arboleda, terrenos pantanosos altos, zonas de monte bajo. **Alimentación:** aves de hasta el tamaño de un zorzal, raras veces también ratones. **Cría:** V-VI, 4-5 huevos, T 28-32 días, N 25-27 días. Nidifica en el suelo, en árboles y en acantilados rocosos.

## 2. Cernícalo vulgar

*Falco tinnunculus* (Falconidae)

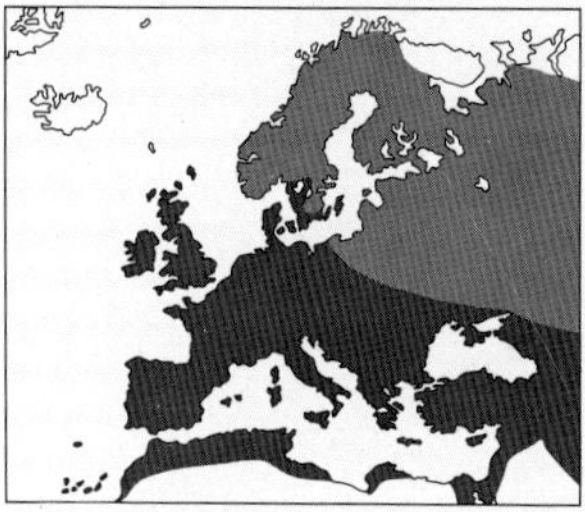

**En Europa central:** I-XII. **Características:** 34 cm/150-280 g. Píleo y mejillas gris azulado, espalda castaño rojizo con manchas negras en forma de lágrima; cola gris ceniza; la ♀ con la cabeza y la espalda color canela, la cola castaño rojiza y barrada (foto: ♂ joven). **Vuelo:** rápidos batidos con las alas planas; se cierne a menudo. **Voz:** un claro «quiquiquiqui»; cerca del nido un sostenido y gimoteante «briiiiiii» **Hábitat:** en todo tipo de biotopos desde las costas hasta las altas montañas, con excepción de los bosques cerrados; aldeas, ciudades. **Alimentación:** ratones, aves jóvenes, grandes insectos. **Cría:** IV-VII, 4-6 huevos, T 27-31 días, N 28-32 días. Nidifica en acantilados rocosos, edificios y árboles.

## 3. Cernícalo primilla

*Falco naumanni* (Falconidae)

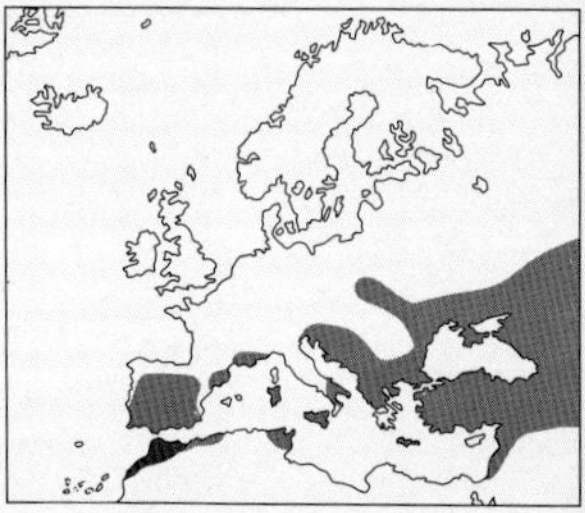

**En Europa central:** III-IX. **Características:** 30 cm/130-180 g. Muy parecido al C. vulgar, aunque algo más pequeño; el ♂ sin manchas en la parte superior rojiza, la cabeza y la cola gris azul claro; la ♀ apenas diferenciable de la del C. vulgar, pero con las garras pálidas. Muy gregario. **Vuelo:** parecido al del C. vulgar, pero cerniéndose menos y planeando más. **Voz:** un reclamo ronco como «je je je» o «jich-jich». **Hábitat:** regiones cálidas abiertas y secas. **Alimentación:** sobre todo langostas y escarabajos. **Cría:** V-VI, 3-6 huevos, T 28-29 días, N 28 días. Nidifica en colonias en acantilados rocosos, muros, edificios en ruinas.

1|2

3

## 1. Búho real ▽

*Bubo bubo* (Strigidae)

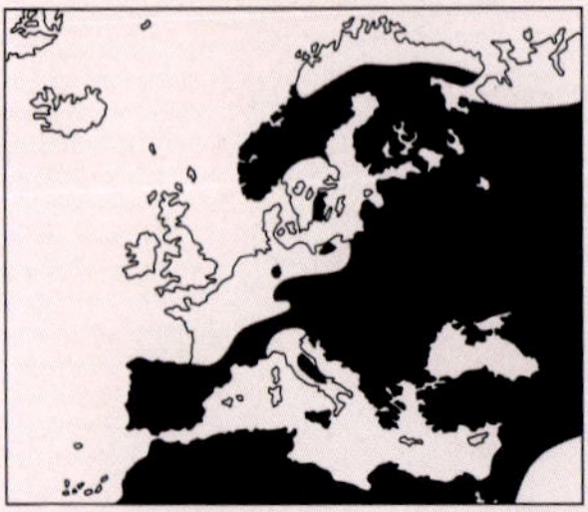

**En Europa central:** I-XII. **Características:** 66-71 cm/2 000-3 000 g. El mayor estrígido de Europa; figura rechoncha y compacta con «orejas» o moños auriculares largas y horizontales y grandes ojos anaranjados; patas y pies cubiertos de plumas; plumaje pardo amarillento, con manchas negroparduzcas por arriba y oscuras por debajo; la parte inferior de las alas es más clara. ♀ = ♂ aunque algo mayor. De actividad nocturna y crepuscular; caza oteando en vuelo bajo o desde un posadero. **Voz:** la ♀ en primavera un ronco y nasal «jriee». Reclamo: de gran alcance como un bisílabo y sordo «uuo» o un «hohoho» sucediéndose en series con ≈ 10 segundos de intervalo; la ♀ tiene un reclamo más agudo que el ♂. **Hábitat:** en valles fluviales con paredes rocosas en regiones forestales, caza en campo abierto. **Alimentación:** mamíferos del tamaño de una liebre, a menudo ratas, erizos; aves de hasta el tamaño del Urogallo. **Cría:** II-VII, 2-5 huevos, T 31-36 días, N ≈ 35 días. Nidifica en agujeros, ocasionalmente en árboles y en el suelo.

## 2. Búho nival ▽

*Nyctea scandiaca* (Strigidae)

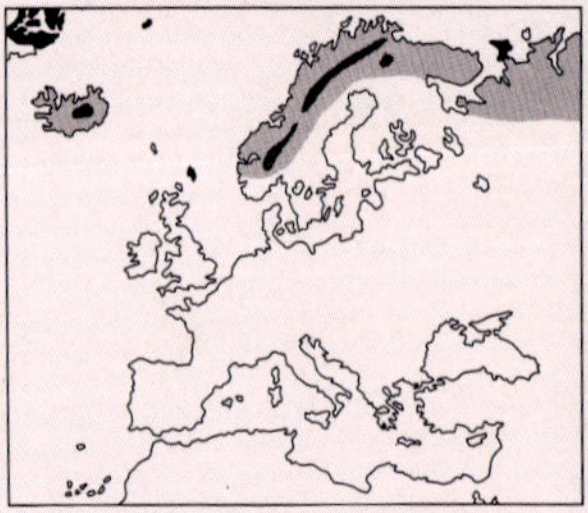

**En Europa central:** divagante rara. **Características:** 55-56 cm/1 700-2 300 g. Casi del tamaño del B. real, de plumaje blanco, cabeza redonda y ojos amarillo brillante; patas y dedos con abundante plumaje. El ♂ casi totalmente blanco, la ♀ de mayor tamaño y las más veces con un barrado marrón. Los jóvenes, pardo oscuro con barrado blanco y estrecho. Vuela de modo parecido a un Ratonero, planeando con frecuencia con sus largas y redondeadas alas. De actividad nocturna y crepuscular; caza en el suelo o desde un posadero a poca altura.

**Voz:** cuando se excita, la ♀ emite sonidos chirriantes; la nota de alarma es un áspero «cree»; durante la parada nupcial, ♂ y ♀ emiten un seriado y áspero sonido como «vou» o «jruu» con alcance de hasta 10 km. **Hábitat:** tundra y páramos septentrionales, tundra montana. **Alimentación:** predominantemente lemings; otros roedores pequeños, liebres nivales, aves del tamaño de las perdices. **Cría:** V-VII, 4-6 huevos, T 32-33 días, N ≈ 25 días. Nidifica en el suelo.

1

2

## 1. Lechuza común

*Tyto alba* (Tytonidae)

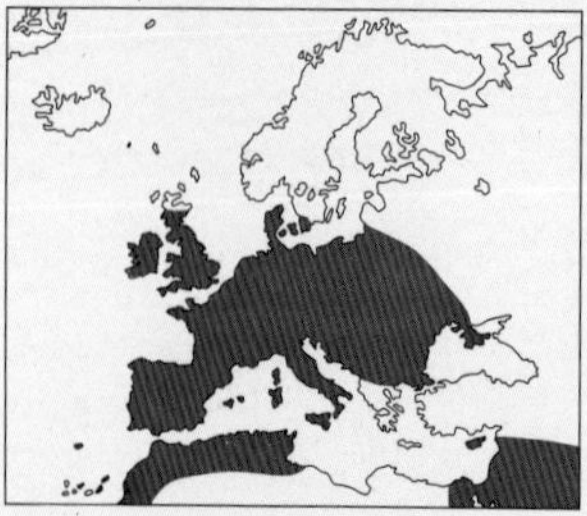

**En Europa central:** I-XII. **Características:** 34 cm/350 g. De tamaño mediano, pequeños moños auriculares pálidos, disco facial acorazonado, ojos oscuros; de color gris mezclado con oro por arriba. En vuelo llama la atención por sus larguísimas alas. Estrictamente nocturno. **Voz:** Nota de alarma corta y chirriante como un «jrei»; también sonidos siseantes y ronquidos. Reclamo: siseos y ronquidos de unos 2 segundos de duración. **Hábitat:** campos de cultivo ricamente estructurados y abiertos. **Alimentación:** pequeños mamíferos, pero principalmente ratones de campo; aves, anfibios, insectos. **Cría:** III-X, 4-7 huevos, T 30-40 días, N 44-67 días; 1-2 puestas al año; nidifica en edificios, raras veces en agujeros en las rocas.

## 2. Búho chico

*Asio otus* (Strigidae)

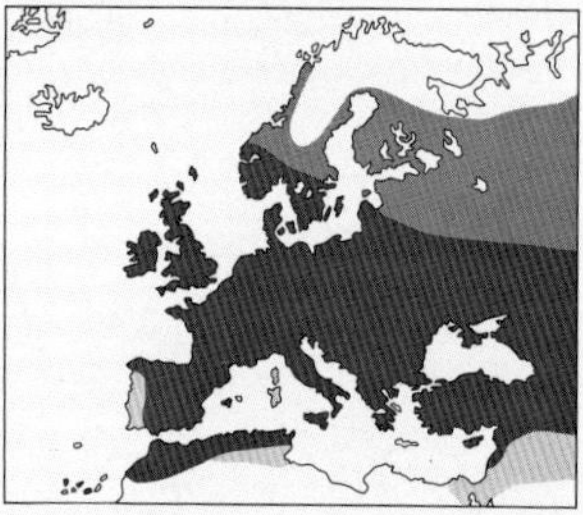

**En Europa central:** I-XII. **Características:** 36 cm/280 g. Más pequeño y más esbelto que el Cárabo común (pág. 82); largos m ños auriculares, ojos anaranj dos, disco facial conspicuamen delimitado; plumaje color parc corteza de arbol, ♀ a menuc más oscura que el ♂. En vuel llama la atención por sus largas puntiagudas alas; de activida nocturna y crepuscular; en i vierno a menudo en grupos sue tos. **Voz:** nota de alarma, «uec a veces seriada; un bufido com «fvuau». Reclamo del ♂: un so do y suave «huh». Los jóvene un gimiente «sziie». **Hábita** bosques al borde de aguas som ras, brezales; en invierno tan bien en poblados. **Alimentació** ratones de campo y otros peque ños roedores. **Cría:** III-VI, 4- huevos, T 27-28 días, N 18-25 día Las más veces nidifica en nidc abandonados de cuervo.

## 3. Autillo

*Otus scops* (Strigidae)

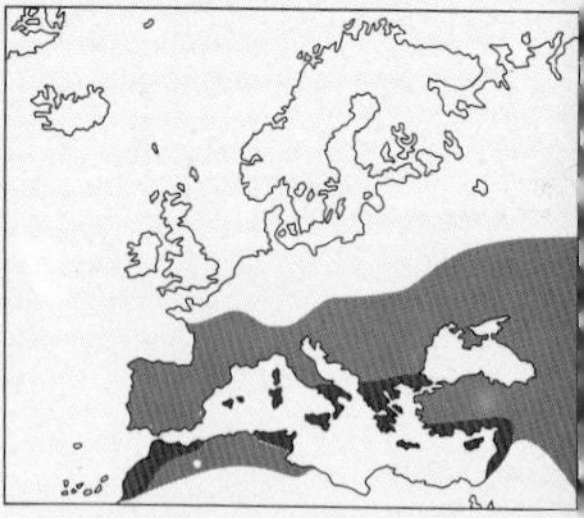

**En Europa central:** III-IX. **Ca racterísticas:** 19 cm/90 g. Peque ña rapaz nocturna con pluma color corteza de árbol y cons picuos moños auriculares, ojc amarillos y disco facial poco ap rente. ♀ = ♂. **Voz:** nota de ala ma, un chirriante y sostenid «piiee». Reclamo: un «dyu» mc nótono y repetido; la ♀ un recla mo más agudo. **Hábitat:** huertos olivares, parques, alamedas. **Ali mentación:** arañas, gusanos, rato nes, aves pequeñas. **Cría:** IV-VI 3-4 huevos, T 24-29 días, N 21-2 días. Nidifica en agujeros en lc árboles.

1

2|3

## 1/2. Lechuza campestre

*Asio flammeus* (Strigidae)

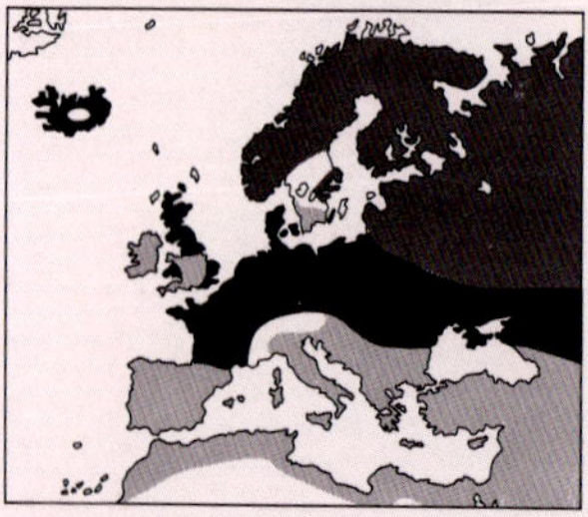

**En Europa central:** I-XII. **Características:** 38 cm/380 g. Más rechoncha y con las alas más largas que el Buho chico (pág. 76); sus «orejas» son muy pequeñas y casi siempre permanecen ocultas; disco facial pálido y aparente, ojos amarillos; pardo negruzca por encima con dibujo ocre; pardo amarillento pálido por debajo, con franjas pardo negruzcas bien marcadas en la garganta y el pecho. La ♀ en conjunto más oscura que el ♂. Nocturna y diurna. Permanece posada a menudo en alguna estaca, pero raras veces en los árboles; vuela suavemente columpiándose con lentos y amplios batidos de alas; caza oteando en vuelo bajo; se remonta con frecuencia; durante la época de cría vuela en círculo sobre su territorio (foto 2); vuelo nupcial palmeteando con las alas. **Voz:** en primavera, el ♂ emite un áspero «kveer-vec-vec» ante el peligro, la ♀ un «varr». Reclamo del ♂: un «bu-bu-bu» de 8 a 12 sílabas. **Hábitat:** terrenos abiertos pantanosos y cenagales, dunas, brezales. **Alimentación:** principalmente ratas, ratones y ratones de campo, pero también aves. **Cría:** IV-VI, 4-8 huevos, T 24-28 días, N 12-17 días. Nidifica en el suelo en vegetación baja.

## 3. Lechuza gavilana

*Surnia ulula* (Strigidae)

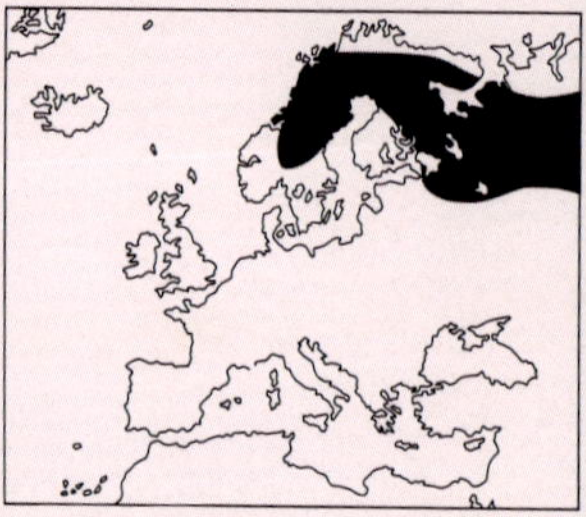

**En Europa central:** divagante. **Características:** 38 cm/300 g. Cola larga cuneiforme, disco facial circular bordeado de negro; ojos amarillo claro; pardo grisaceo oscuro por arriba con manchas blancas, barrado por debajo. ♀ = ♂. Los jóvenes, mucho más pálidos, con manchas en la parte superior. Diurna y crepuscular; se posa a menudo en el vértice de los árboles sacudiendo la cola. **Voz:** cuando es molestada emite un chirriante «kvikvikvi», «kvitt kvitt» y un ladrante «gueff gueff». El re-

clamo territorial del ♂ es un trino de 2-3 segundos de duración como un «u-u-uuuuuuu» o un «guiguiguigui-iii». La ♀ es más ronca. **Hábitat:** bosques claros de coníferas, mixtos y de abedules. **Alimentación:** principalmente pequeños roedores, ratones de campo, etc., también aves. **Cría:** IV-VI, 3-13 huevos, T 25-30 días, N 30 días. Nidifica en agujeros de los árboles o en nidos abandonados.

1

2

3

## 1. Lechuza de Tengmalm

*Aegolius funereus* (Strigidae)

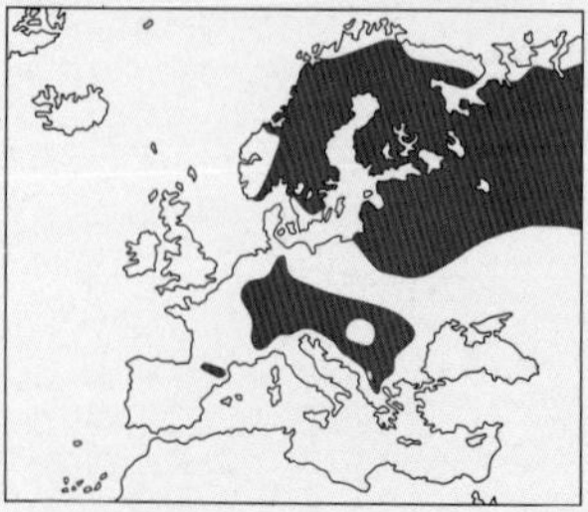

**En Europa central:** I-XII. **Características:** 25 cm/♂ 100 g. La ♀ 160 g. De mayor tamaño y con las alas más largas que el M. común, la cabeza grande y con las «cejas» muy levantadas haciendo resaltar sus ojos amarillos; pardo grisácea oscura por arriba con motas blancas; parte inferior pálida. ♀ = ♂. Los jóvenes, pardorrojizos. Nocturna y crepuscular; poco gregaria. **Voz:** nota de alarma, un chasqueante «zyuck». Reclamo territorial del ♀, una serie creciente de 5 a 9 sonidos formando como un «juuuuuuuuu» de 1 a 2 segundos de duración. **Hábitat:** pinares y bosques mixtos. **Alimentación:** pequeños roedores, ratones de campo, aves pequeñas. **Cría:** III-VI, 3-6 huevos, T 26-29 días, N 30-32 días. Nidifica en cavidades.

## 2. Mochuelo chico

*Glaucidium passerinum* (Strigidae)

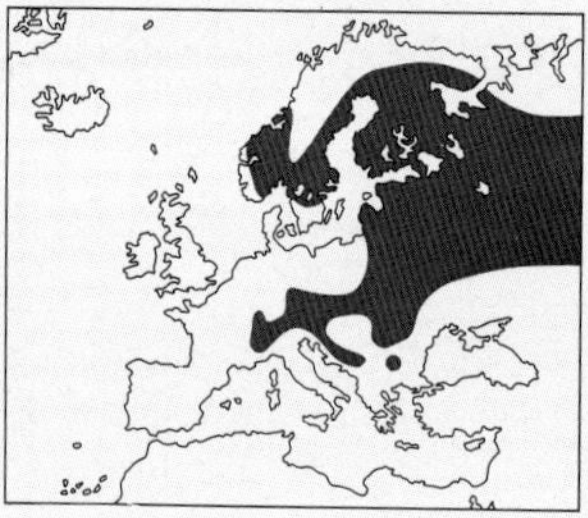

**En Europa central:** I-XII. **Características:** 16,5/♂ 60 g, la ♀ 75 g. La rapaz nocturna más pequeña de Europa; cabeza pequeña y aplanada, sin discos faciales aparentes, ojos amarillo claro. ♀ = ♂ aunque más pesada. Crepuscular y nocturna; se posa a menudo en los pinos; agita la cola. **Voz:** nota de alarma, «kiu». Reclamo territorial del ♂: un «iip iip» monótono y sibilante, un vibrante «iip iii» o una escala rápidamente ascendente. **Hábitat:** bosques de coníferas y mixtos hasta los 1 600 m de altura. **Alimentación:** pequeñas aves y mamíferos. **Cría:** IV-V, 4-6 huevos, T 28-29 días, N 30-34 días. Nidifica en cavidades.

## 3. Mochuelo común

*Athene noctua* (Strigidae)

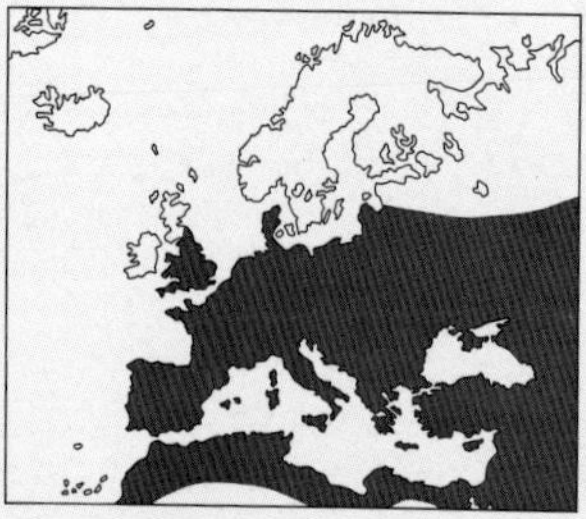

**En Europa central:** I-XII. **Características:** 22 cm/200 g. Pequeña rapaz diurna y nocturna de cabeza aplanada y corta cola; ojos grandes amarillo claro; disco facial casi imperceptible; pardo por encima con manchas blancas; blanco amarillento por debajo con franjas marrones. ♀ = ♂; se posa a menudo en los postes de telégrafo; cuando se excita da cabezadas. **Voz:** nota de alarma, un breve «uuuj». Reclamo territorial del ♂: un «uuuj» ascendente y suave repetido de 10 a 20 veces por minuto. **Hábitat:** tierras de cultivo y campo abierto; también en aldeas. **Alimentación:** grandes insectos, arañas, ratones, aves pequeñas, reptiles. **Cría:** IV-VI, 3-5 huevos, T 22-28 días, N 34 días. Nidifica en cavidades.

1

2|3

## 1. Carabo común

*Strix aluco* (Strigidae)

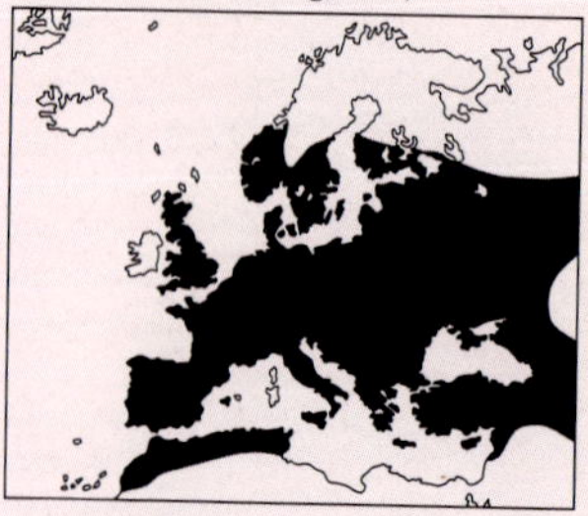

**En Europa central:** I-XII. **Características:** 38 cm/♂ 450 g, ♀ 550 g, alas y cola cortas; cabeza grande esférica con grandes ojos; plumaje castaño a gris, con listas oscuras; parte inferior con manchas alargadas. ♀ = ♂. Crepuscular y nocturno; permanece a menudo delante de su cavidad de cría o dormidero. **Voz:** un «cuvitt» (propio principalmente de los jóvenes); la nota de alarma es un «uett». **Reclamo:** un suave y tremolado «guuoo gu gurruuu». **Hábitat:** bosques de fronda y mixtos, parques. **Alimentación:** pequeños mamíferos, aves, batracios. **Cría:** II-VI, 3-5 huevos, T 28-30 días, N 29-35 días, vuelo a los 45 días. Nidifica en cavidades.

## 2. Carabo uralense

*Strix uralensis* (Strigidae)

**En Europa central:** I-XII (rara). **Características:** 61 cm/♂ 700 g, ♀ 900 g. de mayor tamaño y de cola más larga que el C. común, disco facial pálido, ojos relativamente pequeños; plumaje gris claro con marcado listado pardo negruzco. ♀ = ♂. Diurno y nocturno. **Voz:** un ladrante «uau uau»; en el otoño un chirriante «coraa» o «cuveet». Reclamo: un sordo «huu, uhuhu». La ♀ un reclamo más áspero, a veces en dúo con el ♂. **Hábitat:** viejos bosques de fronda, mixtos y de caducifolios con algunos claros. **Alimentación:** pequeños mamíferos, aves. **Cría:** III-VI, 3-4 huevos, T 28 días, N 34-35 días, vuelo a los 42 días. Nidifica en árboles o en agujeros de árboles.

## 3. Carabo lapón

*Strix nebulosa* (Strigidae)

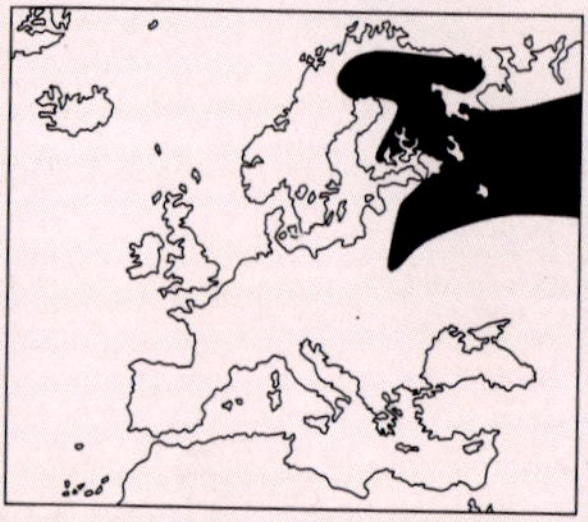

**Características:** 69 cm/ ♂850 g, ♀ 1 100 g. Casi tan grande como el Buho real, de cola larga y amplio disco facial circular, ojos pequeños de color amarillo; mentón negro, bigoteras blancas. ♀ = ♂. Crepuscular y diurna. **Voz:** Cuando es molestado en su nido emite unos chillidos amenazadores. Reclamo: el ♂ un grave y sordo «jo-jo-jo»; la ♀ un reclamo parecido, pero más ronco. **Hábitat:** espesos bosques de coníferas de la taiga con claros y terrenos pantanosos, bosques montanos. **Alimentación:** principalmente ratones; mamíferos de hasta el tamaño de una liebre; aves de hasta el tamaño de un gallo. **Cría:** IV-VI, 3-6 huevos, T 28-30 días, N 20-30 días, vuelo a los 40 días. Nidifica en árboles o agujeros de árboles.

1|2

3

# Aves limícolas

Siluetas en posición de descanso y en movimiento.

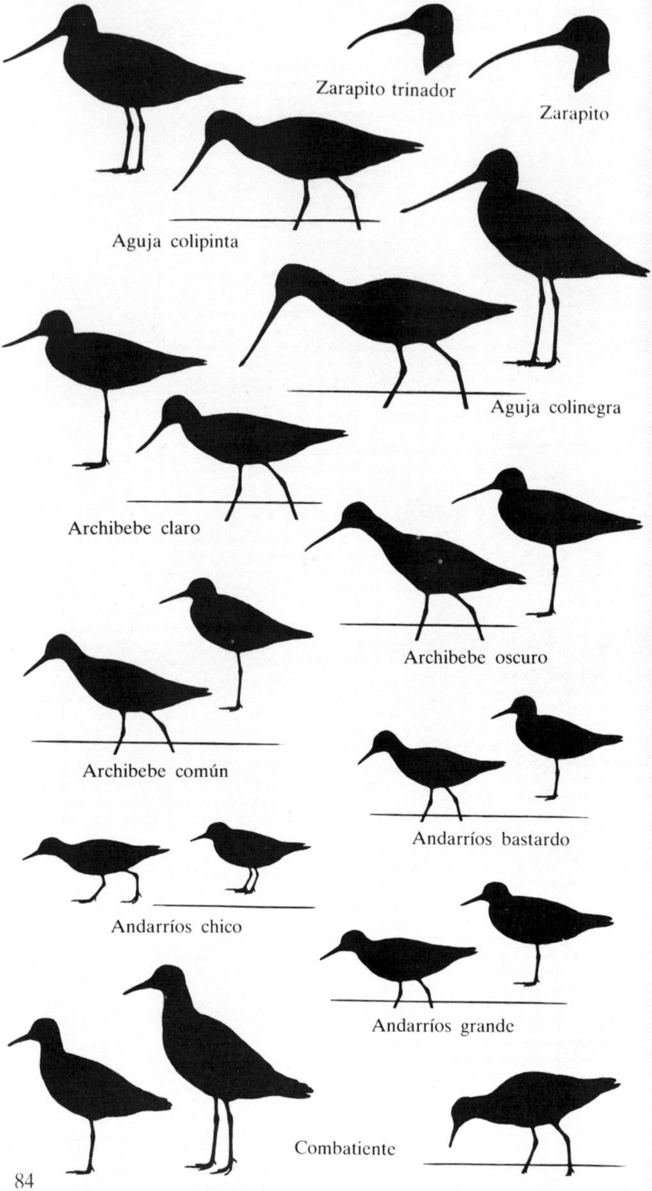

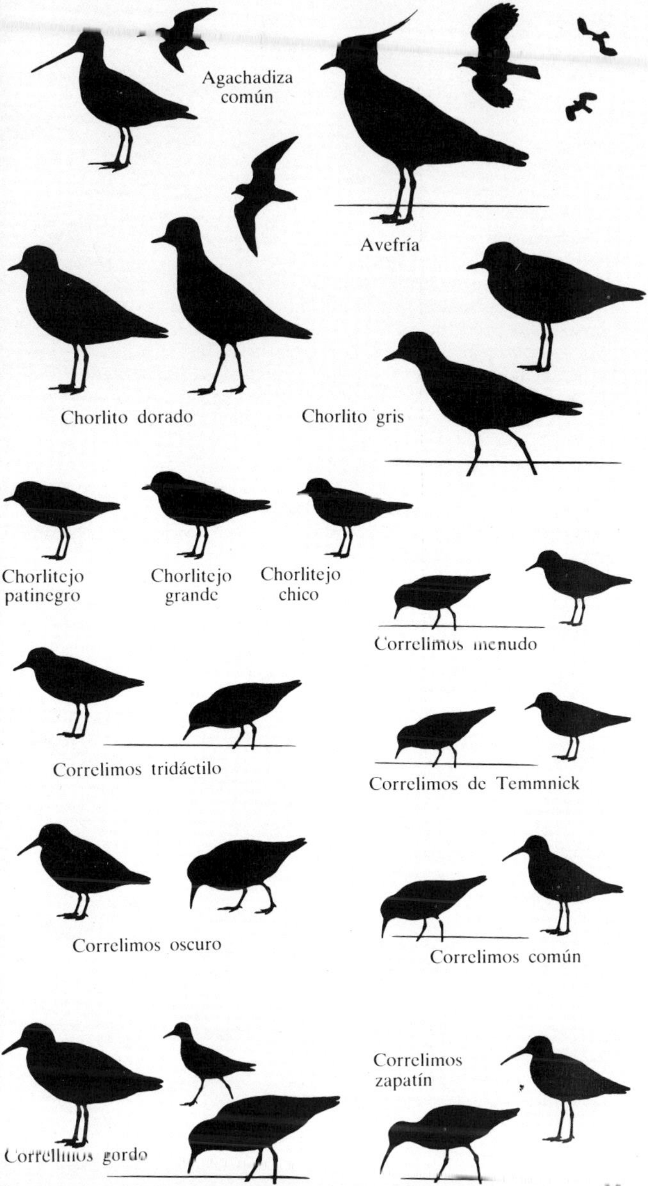
Agachadiza común
Avefría
Chorlito dorado
Chorlito gris
Chorlitejo patinegro
Chorlitejo grande
Chorlitejo chico
Correlimos menudo
Correlimos tridáctilo
Correlimos de Temmnick
Correlimos oscuro
Correlimos común
Correlimos gordo
Correlimos zapatín

## 1. Avutarda ▽

*Otis tarda* (Otididae)

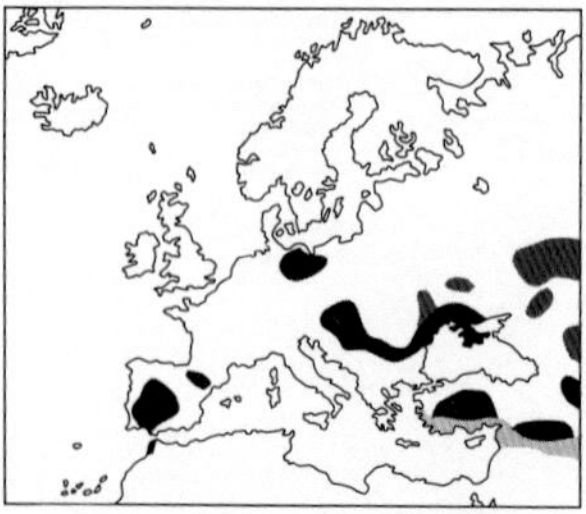

**En Europa central:** I-XII. **Características:** ♂ 102 cm/12 kg; ♀ 76 cm/ 3,8 kg. Ave terrestre, compacta y de gran tamaño de patas robustas y aspecto de pavo; castaño rojiza por encima con franjas negras, cabeza y cuello blanco grisáceo, blanca por la parte inferior. El ♂ con banda pectoral castaño rojizo, largo «bigote» blanco en la base del pico y cuello más grueso que el de la ♀. Camina con la cabeza erguida manteniendo horizontal el cuerpo; vuelo semejante al de un ganso, con lentos y vigorosos batidos de alas; el ♂ realiza durante la parada nupcial una impresionante exhibición girando parcialmente las blancas coberteras y las infracoberteras caudales hacia arriba, dobla la cola sobre la espalda, hincha el saco aéreo del cuello y repliega hacia atrás el plumaje; luego gira en círculo convertido ya en una especie de «flor blanca». **Voz:** el ♂ emite durante la parada nupcial un sordo «ump» o un «jaup»; la ♀ a veces un gimiente «veeiii». **Hábitat:** estepas; grandes extensiones de cultivo. **Alimentación:** yemas, hojas y semillas de plantas esteparias y de terrenos de cultivo; insectos, lombrices, lagartijas, ratones. **Cría:** IV-VII, 2-3 huevos, T 21-26 días, vuelos a las 5 semanas ≈. Nidifica en el suelo.

## 2. Sisón ▽

*Tetrax tetrax* (Otididae)

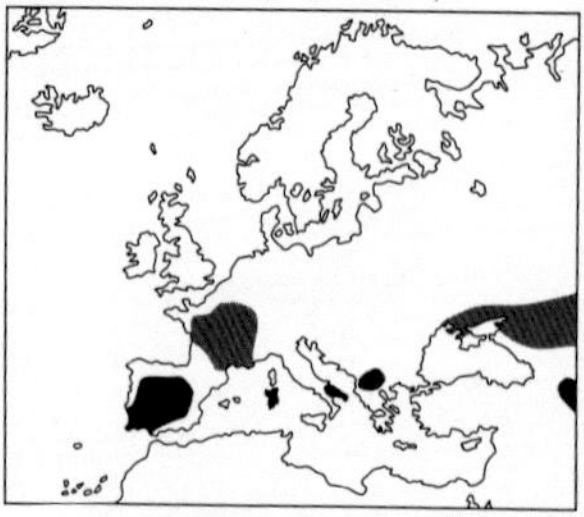

**Características:** 43 cm/ 800 g. Pequeño otídido de patas largas, cuello grueso y pico corto; el ♂ con un conspicuo diseño blanco y negro en el cuello; la ♀ barrada en el pecho y los flancos. Muy tímida, pero frecuentemente entre ganado pastando; notable parada nupcial: el ♂ emite resoplidos intermitentes, doblando hacia atrás la cabeza y el cuello, luego da un salto y dos vigorosos aletazos; el vuelo de exhibición lo realiza a poca distancia del suelo con las alas dobladas hacia abajo y haciéndolas vibrar produciendo un sonido silbante característico mientras mantiene la cabeza erguida. **Voz:** nota de cortejo del ♂: un breve y duro «ptrr» o «trrrt». **Hábitat:** llanuras herbosa abiertas y esteparias con superficies de cultivos diversos (trébol, colza, cereales). **Alimentación:** Gramíneas, herbáceas, insectos, gusanos, pequeños vertebrados. **Cría:** V-VII, 2-4 huevos, T 20-22 días, vuelo a las 4 semanas. Nidifica en el suelo.

Parada nupcial de la avutarda

1

2

## 1. Rascón

*Rallus aquaticus* (Rallidae)

**En Europa central:** I-XII. **Características:** 28 cm/120 g. Parecida a una polla de agua (pág. 92); pico largo y rojo, patas largas y rojizas; marrón oscuro por encima con manchas negras, cabeza y partes inferiores gris pizarra. Infracoberteras caudales blancas, flancos con barrado blanco y negro. ♀ = ♂. Vive muy escondida entre la vegetación alta de las márgenes; acostumbra huir corriendo. **Voz:** gárrula; un gruñido descendente como un «cruii cruii cruii» aparte de un «gip gip gip». Reclamo de exhibición: una serie de cortos «tlluc». **Hábitat:** espesos cañaverales en los márgenes de agua dulce, charcas, cenagales. **Alimentación:** insectos de agua, renacuajos, gusanos, batracios. **Cría:** IV-VI, 7-10 huevos, T 19-20 días, vuelo a las 7-8 semanas. Nidifica entre la vegetación densa de las márgenes.

## 2. Polluela pintoja

*Porzana porzana* (Rallidae)

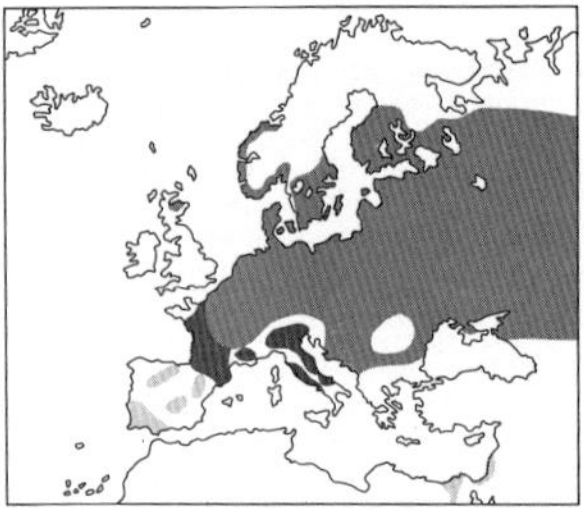

**En Europa central:** IV-IX. **Características:** 23 cm/80 g. Del tamaño de un Zorzal (pág. 210), rechoncha y de pico corto con las patas verdosas; plumaje parduzco con fino moteado; infracoberteras caudales ocre. ♀ = ♂. Raras veces visible, de actividad crepuscular y de vida más oculta que la del Rascón. **Voz:** Reclamo de exhibición del ♂: un agudo y monótono «juitt juitt»; nota de alarma, un «chic-chuc». **Hábitat:** praderas húmedas, márgenes de zanjas con densa vegetación. **Alimentación:** generalmente escarabajos, mosquitos, libélulas. **Cría:** 8-12 huevos, T 18-19 días, vuelo a los 40 días ≈. Nidifica a menudo en zonas herbosas.

## 3. Polluela bastarda

*Porzana parva* (Rallidae)

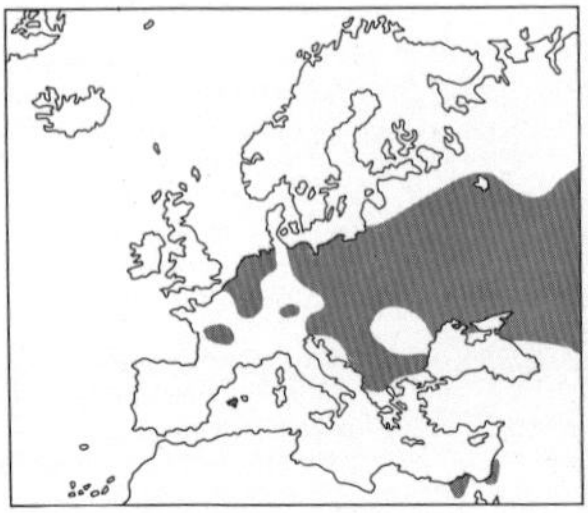

**En Europa central:** IV-IX. **Características:** 19 cm/55 g. Algo más pequeña que un Estornino (pág. 240); pico verdoso con la base roja; con manchas blancas por encima y un barrado apenas perceptible en los flancos; parte inferior color pizarra, en la ♀ ocre pálido. Tímida, buena trepadora y nadadora. **Voz:** el ♂ durante la parada nupcial emite una serie de reclamos rápidos como un «cuec cuec cuec»; la ♀ un «poc poc perr», «quicrirr». **Hábitat:** espesos cañaverales y juncales. **Alimentación:** larvas de insectos, caracoles, gusanos. **Cría:** V-VII, 4-8 huevos, T 21 días, vuelo a los 45 ó 50 días. Nidifica en cañaverales.

1

2

3

## 1. Polluela chica

*Porzana pusilla* (Rallidae)

**En Europa central:** IV-X. **Características:** Rálido pequeñito con el pico todo verde; patas verde oliváceo pálido; pardo a pardo rojiza por encima, con numerosas listas blancas y pequeñas manchas; los lados de la cabeza, la garganta y la parte inferior de color pizarra y las infracoberteras alares con barrado blanco y negro. ♀ = ♂, pero algo más pálida y con menos contraste. Muy difícil de observar. **Voz:** el ♂ durante la parada nupcial emite un «rrrrr» roncante y de gran alcance o un «yiurri» trepitante parecido al de una Cerceta carretona (pág. 38) o el de una rana, de ≈ 1-3 segundos de duración cada estrofa. **Hábitat:** márgenes de agua dulce, entre vegetación herbosa, marismas, cenagales. **Alimentación:** Insectos, gusanos, caracoles, partes blandas de vegetales. **Cría:** V-VII, 6-9 huevos, T 17-20 días, vuelo a las 5 semanas. Nidifica en zonas herbosas.

Guión de codornices en vuelo

## 2. Guión de codornices

*Crex crex* (Rallidae)

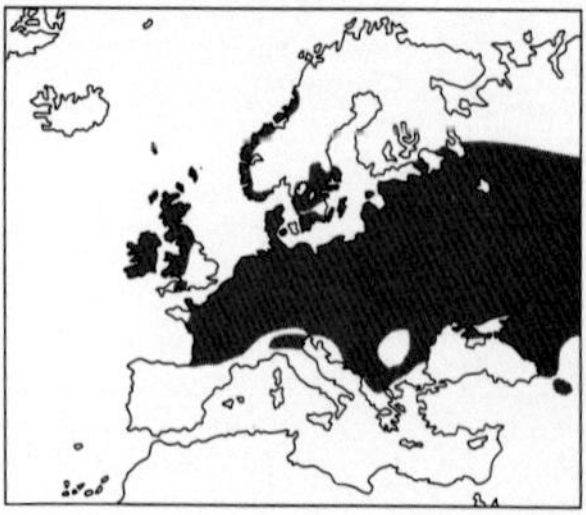

**En Europa central:** V-IX. **Características:** 27 cm/150 g. Parecida a una perdiz (pág. 146) aunque más pequeña y estrecha; pardo amarillento por encima con el centro de las plumas oscuro, coberteras castaño rojizo, pecho y lados de la cabeza grises, garganta blanca, flancos e infracoberteras caudales con ancho barrado castaño rojizo; pico amarillento, relativamente corto. ♀ = ♂. Seco batido de alas, corta carrerilla; se distingue además de la perdiz por llevar en vuelo las patas colgando, por el color castaño rojizo de las coberteras y por carecer de rojo y de negro; corre manteniendo horizontales la cabeza y el cuello por entre la vegetación sin mover las cañas. **Voz:** Reclamo nupcial del ♂: un «rerrp rerrp» gruñiente muy diferenciado y constante de día y de noche, perceptible hasta 1 km de distancia. **Hábitat:** praderas húmedas, pastizales de hierba alta, zonas herbosas silvestres o cultivadas. **Alimentación:** escarabajos, libélulas, pequeños vertebrados, caracoles. **Cría:** V-VII, 7-12 huevos, T 16-19 días, vuelo a las 5 semanas ≈. Nidifica en pequeñas hondonadas del suelo.

1

2

## 1. Focha común

*Fulica atra* (Rallidae)

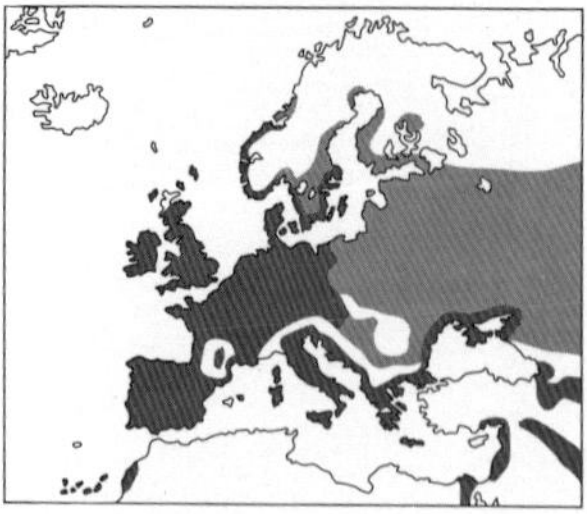

**En Europa central:** I-XII. **Características:** 38 cm/700 g. Casi del tamaño de un pato, rechoncha, negra; pico y escudete frontal blancos; dedos con membranas natatorias. ♀ = ♂. Cuando nada cabecea rítmicamente; fuera de la época de cría frecuente en los lagos en grandes bandadas. Se sumerje de un salto (salto de buceo). **Voz:** un duro «pix», «dp» «pss»; la ♀ un ladrante «quef». **Hábitat:** aguas dulces con abundante vegetación en los márgenes. **Alimentación:** brotes de caña, hierba, insectos. **Cría:** IV-VII, 5-10 huevos, T 23-24 días, vuelo a las 8 semanas. Generalmente nido flotante.

## 2. Polla de agua

*Gallinula chloropus* (Rallidae)

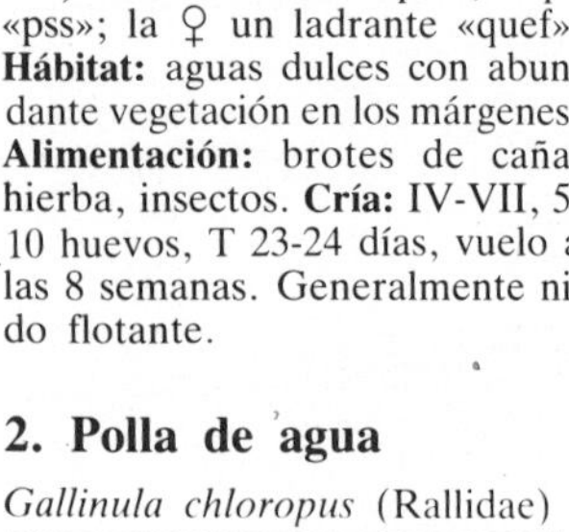

**En Europa central:** I-XII. **Características:** 33 cm/300 g. Pequeña y negruzca; patas y dedos largos y verdosos; pico rojo con la punta amarilla, escudete frontal rojo; infracoberteras caudales blancas. ♀ = ♂. Los inmaduros de color castaño grisáceo inaparente. Corre y nada moviendo rítmicamente la cabeza y sacudiendo espasmódicamente la cola. **Voz:** Nota de alarma: un agudo «kirrrc» o «kirreck». **Hábitat:** aguas dulces con abundante vegetación en los márgenes. **Alimentación:** plantas acuáticas, hierbas, insectos, renacuajos. **Cría:** IV-VII, 4-10 huevos, T 19-22 días, vuelo a los 35 días; 1-3 puestas al año. Nidifica en los márgenes, entre la vegetación densa o en nido flotante.

## 3. Grulla común

*Grus grus* (Gruidae)

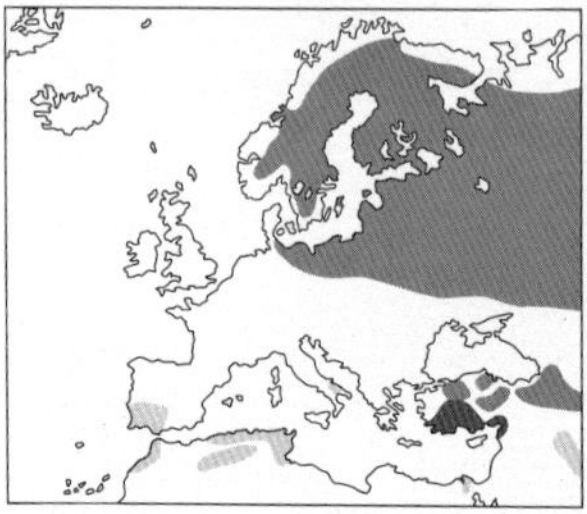

**En Europa central:** III-X. **Características:** 114 cm/5 500 g. De gran tamaño, predominando el gris pizarra en su plumaje; pico robusto, relativamente corto; mancha roja en la parte posterior del cuello. ♀ = ♂. Muy tímida y siempre vigilante; camina majestuosamente; en el área de cría y en sus habituales zonas de reposo durante la migración ejecuta vistosas danzas características; gira con las alas extendidas y da saltos al tiempo que hace profundas reverencias. **Voz:** un sonoro y trompeteante «cruu-cruu-cruu» preferentemente al amanecer y al remontar el vuelo. **Hábitat:** terrenos pantanosos extensos, marismas. **Alimentación:** semillas, trozos de plantas, patatas, insectos, caracoles, pequeños vertebrados. **Cría:** IV-VI, 2 huevos, T 29-30 días, vuelo a las 9-10 semanas. Nidifica en el suelo.

1

2

3

## 1. Ostrero

*Haematopus ostralegus*
(Haematopodidae)

**En Europa central:** I-XII. **Características:** 43 cm/600 g. Ave de playa rechoncha y de gran tamaño, con las patas vigorosas de color rojo y el pico largo rojo anaranjado. Cabeza, pecho y parte superior negras, por abajo blanco; ojos rojos. Plumaje con franja transversal blanca sobre el cuello y los flancos del cuello. ♀ = ♂. En vuelo franja alar blanca, cola también blanca con ancho extremo negro. Muy gregaria. **Voz:** un «cliip cliip» penetrante; ante el peligro un «glieee glieee». **Hábitat:** costas y playas diversas y tierra adentro cerca de ríos y lagos. **Alimentación:** moluscos, cangrejos, caracoles, gusanos. **Cría:** IV-VII, 3 huevos, T 26-28 días, vuelo a los 32 ó 35 días. Nidifica en el suelo.

## 2. Cigüeñuela

*Himantopus himantopus*
(Recurvirostridae)

**En Europa central:** IV-IX (rara). **Características:** Patas rosadas, muy largas y delgadas, y pico negro recto y fino; espalda y alas negras, el resto blanco; el ♂ negruzco con el píleo y la nuca negros, blancos en invierno. La ♀ como el macho en invierno, con la parte superior pardo negruzca. **Voz:** Nota de alarma, un chirriante «cuip»; además un «deyua», «guic». **Hábitat:** generalmente en terrenos pantanosos salados, también en marismas. **Alimentación:** insectos, pequeños cangrejos, renacuajos, peces. **Cría:** IV-VI, 3-4 huevos, T 22-24 días, vuelo a los 28-30 días. Nidos coloniales en el suelo.

## 3. Avoceta

*Recurvirostra avosetta*
(Recurvirostridae)

**En Europa central:** IV-X. **Características:** 43 cm/300 g. Limícola de gran tamaño y elegante aspecto, de color blanco y negro con las patas largas gris azuladas y el pico recurvado negro. ♀ = ♂. En vuelo, toda blanca salvo las terciarias cubitales que son negras. Cuando busca alimento oscila pendularmente la cabeza; muy gregaria. **Voz:** un suave «pluit», «plit»; nota de alarma, un «blic-blic-blic». **Hábitat:** charcas, márgenes llanos de lagos salados, ensenadas cenagosas. **Alimentación:** pequeños cangrejos, gusanos, insectos acuáticos. **Cría:** IV-VII, 4 huevos, T 24-25 días, vuelo a los 35-40 días. Nidos coloniales en depresiones del suelo.

1

2|3

## 1. Chorlitejo grande

*Charadrius hiaticula*
(Charadriidae)

**En Europa central:** III-X. **Características:** 19 cm/65 g. Pequeño limícola de aspecto rechoncho, con las patas y el pico amarillo anaranjado y la punta del pico negra; en vuelo franja alar blanca; frente blanca y conspicua gorguera negra. En invierno sin diseño negro en la cabeza ni en el cuello y una mancha blanca detrás del ojo. ♀ = ♂. Corre muy rápido, de súbito se detiene y hace una reverencia. **Voz:** un «tiit»; reclamo de vuelo: un «t'viee t'viee t'viee», «dri dri dri». **Hábitat:** costas, tundra montañosa, guijarrales. **Alimentación:** insectos, pequeños cangrejos, gusanos, caracoles. **Cría:** IV-VII, 4 huevos, T 21-28 días, vuelo a los 21-25 días. Dos puestas al año. Nidifica en depresiones del suelo.

## 2. Chorlitejo chico

*Charadrius dubius*
(Charadriidae)

**En Europa central:** IV-IX. **Características:** 15 cm/40 g. De menor tamaño que el *hiaticula;* más esbelto, pico negro, frente negra, gorgera estrecha y negra, anillo ocular amarillo limón, patas amarillo pálido, pequeña y estrecha franja alar. Corre dando rápidos saltos. **Voz:** un agudo y sibilante «piu», «diu»; trino nupcial como un «gri gri gri», «trie trie trie» cada vez más rápido. **Hábitat:** arenales y pedregales junto a ríos y lagos. **Alimentación:** escarabajos, cangrejos, caracoles, gusanos. **Cría:** IV-VII, 4 huevos, T 22-28 días, los polluelos vuelan a los 22-25 días. Nidifican en el suelo.

## 3. Chorlitejo patinegro

*Charadrius alexandrinus*
(Charadriidae)

**En Europa central:** III-VIII. **Características:** 16 cm/50 g. Pequeño limícola, de patas relativamente altas de color negro igual que el pico; con un «collar» negro y estrecho (pardo en la ♀) interrumpido en el medio. Los colores de la ♀ con menos contraste. En vuelo una franja alar visible. En el ♂, en primavera, la nuca rojo amarillenta. En invierno como la ♀. Corre largo trayecto. **Voz:** «piit», «guiguig»; trinando cuando vuela. **Hábitat:** playas de arena, márgenes de lagos salados. **Alimentación:** gusanos, insectos, cangrejos. **Cría:** IV-VII, 3 huevos, T 23-29 días, vuelo a los 30-40 días. Nidifica en el suelo.

1

2

3

## 1. Chorlito dorado común

*Pluvialis apricaria* (Pluvialis)

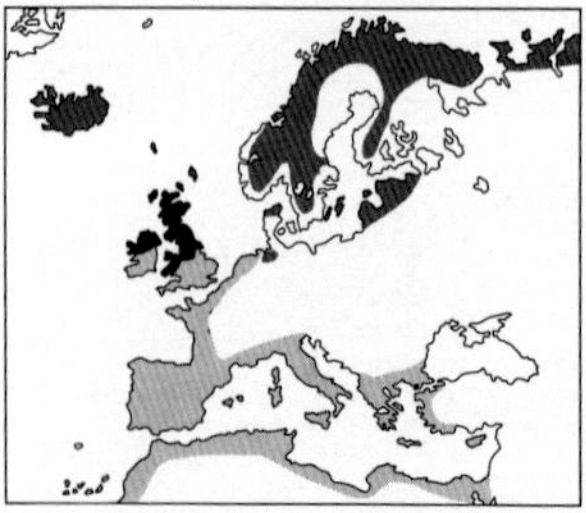

**En Europa central:** III-X. **Características:** 28 cm/190 g. Pluvial de formas redondeadas y de gran tamaño, amarillo pardo por encima con motas negras; cara y parte inferior, según la raza, de color negro más o menos extendido; en invierno, blanco sucio. ♀ = ♂. En vuelo, alas en punta y blancas por debajo. Muy gregaria, a menudo en bandada con Avefrías (pág. 100). **Voz:** suavemente sibilante como un «dii», «tli» aflautado; cuando se excita, un «tli-í». Reclamo de vuelo: «titi-tidiútidiú-tidiú». **Hábitat:** eriales y superficies pantanosas, tundra; durante la migración descansa en tierras de labor y praderas. **Alimentación:** insectos, arañas, pequeños caracoles, bayas. **Cría:** IV-VII, 3 huevos, T 27-30 días, vuelo a los 30-33 días. Nidifica en depresiones del suelo.

## 2. Chorlito gris

*Pluvialis squatarola* (Pluvialis)

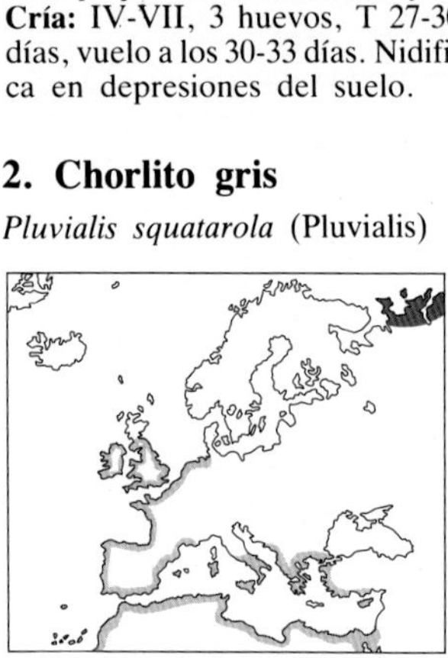

**En Europa central:** III-IX. **Características:** 29 cm/190 g. Pluvial, mayor y más rechoncho que el *P. apricaria,* de pico robusto; parte superior carente de tonos amarillos y verdes. En su plumaje de invierno (foto) más gris que amarillento por la parte superior; conspicua lista superciliar blanca. Llama la atención en vuelo por sus axilares negras; vuela también en solitario. **Voz:** las más veces un trisílabo como «tli-i-i» emitido en vuelo. **Hábitat:** tundra ártica, en la época de cría en estuarios. **Alimentación:** insectos, moluscos, caracoles, gusanos. **Cría:** V-VII, 4 huevos, T 27 días, los polluelos se independizan a las ≈4 semanas. Nidifica en depresiones del suelo.

## 3. Chorlito carambolo

*Eudromias morinellus* (Pluvialis)

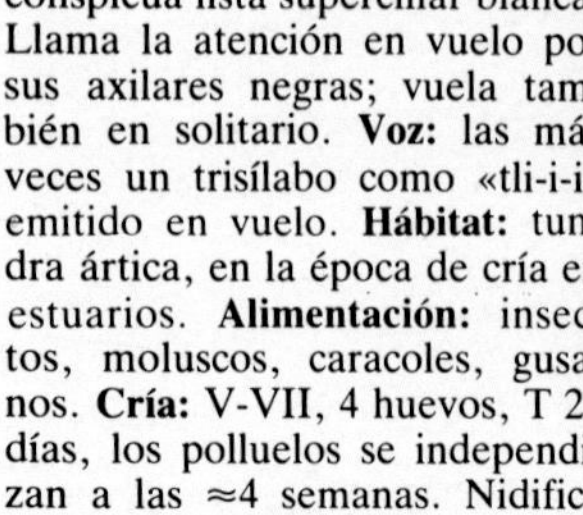

**En Europa central:** V-IX. **Características:** 20-22 cm/100-120 g. Parte superior color pizarra con diseños pálidos, listas superciliares blancas que se unen en la nuca, banda pectoral blanca. Plumaje invernal mucho más pálido. La ♀ (foto) algo mayor y con mayor contraste de colores que el ♂. A menudo muy confiado. **Voz:** Un suave «dri-drí» o un «pie pie». **Hábitat:** tundra, durante la migración en praderas y estepas salinas. **Alimentación:** insectos, arañas, caracoles, gusanos. **Cría:** V-VII, 3 huevos, T 25-27 días, los jóvenes vuelan a los 26-30 días. Nidifica en depresiones del suelo.

1|2

3

## 1. Vuelvepiedras

*Arenaria interpres* (Pluvialis)

**En Europa central:** IV-V, VIII-IX. **Características:** 23 cm/120 g. Pequeña ave costera de plumaje arlequinado, rechoncho y paticorto; pico corto y puntiagudo, a veces encurvado; patas amarillo anaranjado. Plumaje invernal pardo oscuro por la parte superior, garganta blanca, pechera oscura. La ♀ de colores menos contrastados que los del ♂. En vuelo parece blanco y negro. Al caminar mueve rítmicamente la cabeza y el cuello hacia delante y hacia atrás; cuando busca alimentos vuelve pequeños objetos (piedras); buen nadador; en la época de cría en pequeñas bandadas. **Voz:** un suave «kyig» (reclamo de contacto), emite un «kikekikekike» o un «ruirrirrirrr». **Hábitat:** costas pedregosas, islas rocosas y arenosas cerca del litoral; tundra. **Alimentación:** insectos, crustáceos, moluscos. **Cría:** V-VII, 4 huevos, T 22-23 días, los polluelos vuelan a los 24-26 días. Nidifica en el suelo.

## 2. Avefría

*Vanellus vanellus* (Vanellus)

**En Europa central:** III-XI. **Características:** 30 cm/200 g. Limícola grande, a distancia de aspecto blanco y negro con una cresta de plumas largas y puntiagudas en la nuca; parte superior pardo negruzca con irisaciones metálicas verdosas: cara, mentón, gar-

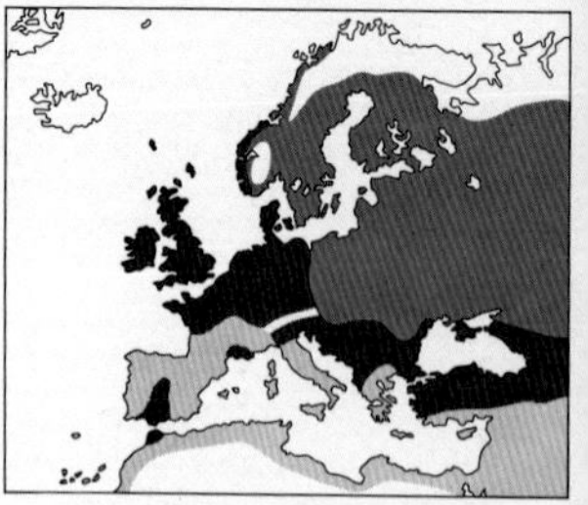

ganta y pechera semicircular de color negro; vientre blanco, infracoberteras caudales color ladrillo. La ♀ con la garganta blanca. Plumaje de invierno de colores menos contrastados con banda estrecha y negra. En vuelo anchas alas redondeadas blanquinegras, en el ♂ más anchas en la zona de las primarias; cola blanca con banda negra; gregario; vuelo a menudo oscilante y tambaleante con aleteos relativamente lentos; llamativa parada nupcial del ♂ con vuelos en picado y fases de ascenso casi vertical. **Voz:** reclamo, un «pie-vit»; el ♂ un «vit vit vit chiuvit» emitido durante el vuelo de exhibición. **Hábitat:** descargaderos, terrenos pantanosos, tierras de cultivo, prados, pastizales. **Alimentación:** insectos, gusanos, caracoles. **Cría:** III-VI, 4 huevos, T 26-29 días, los polluelos vuelan a los 26-29 días. Colonias poco numerosas. Nidifica en el suelo.

1

2

## 1. Correlimos zapatín

*Calidris ferruginea*
(Scolopacidae)

**En Europa central:** IV-V, VII-IX. **Características:** 19 cm/65 g. Del tamaño del C. común, pero con el pico más largo y ligeramente encurvado hacia abajo; patilargo; de colores pardo rojizos con manchas oscuras. Obispillo blanco, la ♀ de colores más pálidos. Plumaje de invierno (foto) parecido al del C. común, pero más claro y con lista superciliar blanca más conspicua. Se mantiene generalmente erguido. **Voz:** «tirr», «tirrit». Canto: Trino. **Hábitat:** tundra ártica, en la migración en estuarios. **Alimentación:** gusanos, sanguijuelas, pequeños caracoles y moluscos. **Cría:** VI-VII, 4 huevos. Nidifica en depresiones del suelo.

## 2/3. Correlimos común

*Calidris alpina* (Scolapacidae)

**En Europa central:** I-XII. **Características:** 17-19 cm/45-65 g. Es el limícola de pequeño tamaño que más abunda en las playas; pico largo y algo decurvado, con la punta hacia abajo. Pardonegruzco a castaño por arriba, por debajo con una gran mancha pectoral negra (foto 2). En invierno (foto 3) tiene la parte superior gris pardo y la inferior blanca. ♀ = ♂. Muy gregario; cuando busca alimento picotea incesantemente en el barro; las bandadas vuelan muy apretadas. **Voz:** un «trirr» como oprimido. Canto: trineante. **Hábitat:** tundra ártica, praderas de playas, brezales húmedos; en la época de migración en marismas. **Alimentación:** insectos, moluscos, caracoles, gusanos. **Cría:** IV-VI, 4 huevos, T 20-22 días, los polluelos vuelan a los 19-22 días. Nidifica escondido entre la vegetación.

## 4. Correlimos menudo

*Calidris minutus* (Scolopacidae)

**En Europa central:** V-XI. **Características:** 13 cm/25 g. Limícola del tamaño de un gorrión de pico corto y recto; moteado negrocastaño por encima; en invierno gris; parte inferior blanca. ♀ = ♂. Los jóvenes con una conspicua V en el dorso. Con frecuencia en compañía del C. común. **Voz:** un claro y vibrante «tirrtirrtirrit»; reclamo de vuelo, un «kip». Canto: Trinos ascendentes y descendentes. **Hábitat:** terrenos pantanosos de la tundra; en la migración superficies abiertas de lodo y barro, humedales. **Alimentación:** insectos, gusanos, pequeños caracoles y cangrejos. **Cría:** VI-VII, 4 huevos. Nidifica en depresiones del suelo.

1

2|3

4

## 1. Correlimos de Temminck

*Calidris temminckii*
(Scolopacidae)

**En Europa central:** IV-V, VII-IX. **Características:** 14 cm/25 g. Muy parecido al C. menudo (pág. 102) pero de patas cortas, estiradas, amarilloverdosas y pico esbelto; plumaje más grisáceo, menos moteado por la parte superior. El plumaje de invierno más claro que el de cría. ♀ = ♂. Cuando es levantada vuela en zigzag remontándose velozmente; poco gregaria. **Voz:** un delicado «kilililí», un trinante «tirr». Canto: sibilante y trinante. **Hábitat:** vegetación enana de la tundra; en la emigración, en superficies cenagosas a cubierto. **Alimentación:** insectos, caracoles, gusanos. **Cría:** V-VII, 4 huevos, T 19-22 días, los polluelos vuelan a los 16-18 días. Nidifica en depresiones del suelo.

## 2. Correlimos tridactilo

*Calidris alba* (Scolopacidae)

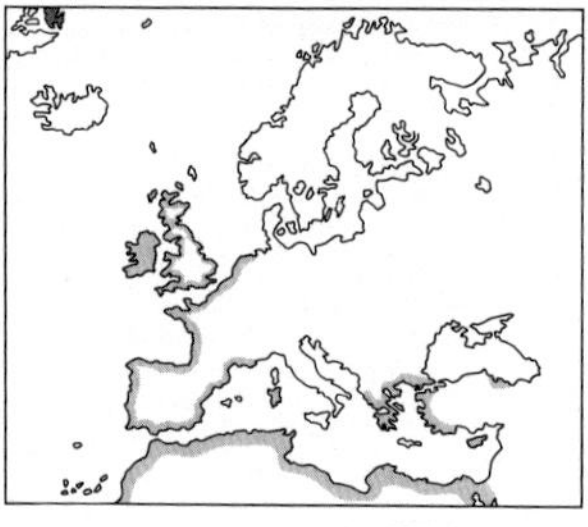

**En Europa central:** III-V, VIII-X. **Características:** 20 cm/55 g. Mayor y más rechoncho que el C. común; de pico recto y corto; en verano con manchas castaño-rrojizas por encima; en invierno (foto) gris claro con una mancha negra en los hombros, por la parte inferior siempre blanco. ♀ = ♂. En vuelo muestra una ancha banda alar blanca. Gregario; camina agachado y rápido a lo largo de las olas en retirada. **Voz:** un breve «plit» o «tuik». Canto: un trino ronroneante. **Hábitat:** tundra ártica; en la migración, en marismas y zonas arenosas. **Alimentación:** insectos, moluscos, crustáceos. **Cría:** VI-VII, 4 huevos, T 23-24 días. Nidifica en depresiones del suelo.

## 3. Correlimos gordo

*Calidris canutus* (Scolapacidae)

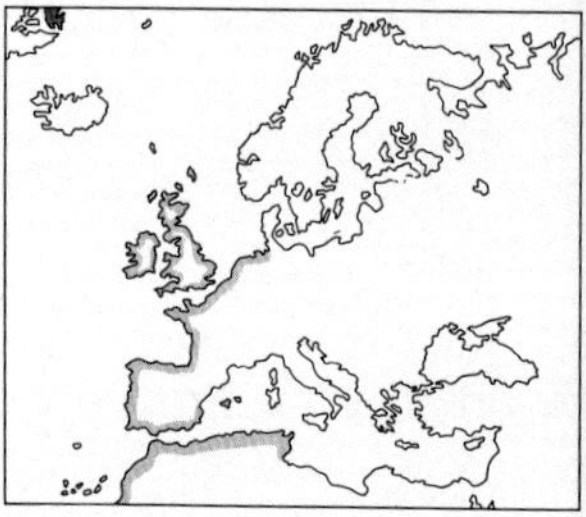

**En Europa central:** IV-IX. **Características:** 25 cm/150 g. Limícola grande y rechoncho, de cuello, pico y patas cortas; moteado por encima de color pardo rojizo, y herrumbre por la parte inferior. Gris ceniza por encima, en el plumaje invernal (foto) con las plumas bordeadas de blanco. ♀ = ♂. Muy gregario. Realiza maniobras de vuelo en compactas bandadas. **Voz:** reclamo de vuelo un «tuit-vit», «yuch». Canto: parecido al de los *Numenius* (pág. 114). **Hábitat:** en época de cría, en tundras, líquenes; en los demás casos, en estuarios. **Alimentación:** insectos, moluscos, crustáceos. **Cría:** VI-VII, 4 huevos. Nidifica en depresiones del suelo.

1

2

3

## 1. Correlimos oscuro

*Calidris maritima*
(Scolopacidae)

**En Europa central:** XI-III. **Características:** 21 cm/85 g. No tan grande como el común (pág. 102) y de aspecto rechoncho a causa de sus patas cortas. Patas, y, generalmente, también la base del pico, de color amarillento; parte superior pardo oscura, con diseño rojizo y blanco. Plumaje invernal (foto 1) predominantemente pardogrisáceo, vientre blanco. ♀ = ♂. Parece negro cuando vuela. No muy tímido; excepto en la época de cría, gregario; vuelo de canto del ♂ gorjeante y continuado, a menudo con las alas hacia abajo. **Voz:** poco gárrula fuera de su asentamiento de cría; al alzar el vuelo emite un «viet», «viet-vit», «tritt-tritt». Canto territorial sibilante y trinante. **Hábitat:** líquenes y pantanos de la tundra, marisma, islas rocosas próximas al litoral; fuera de la época de cría en rompientes y playas rocosas, escollos y bancos de arena. **Alimentación:** pequeños caracoles y cangrejos. **Cría:** VI-VII, 4 huevos, T 21-22 días, los polluelos vuelan a las 3-4 semanas. Nidifica en depresiones del suelo.

**Especies semejantes:** el Correlimos falcinello *(Limicola falcinellus)*, más bien pequeño, con el pico largo y algo decurvado hacia abajo, paticorto; parte superior con un diseño del tipo de la agachadiza. Habita zonas pantanosas de Escandinavia.

## 2/3. Falaropo picofino

*Phalaropus lobatus* (Phalaropodidae)

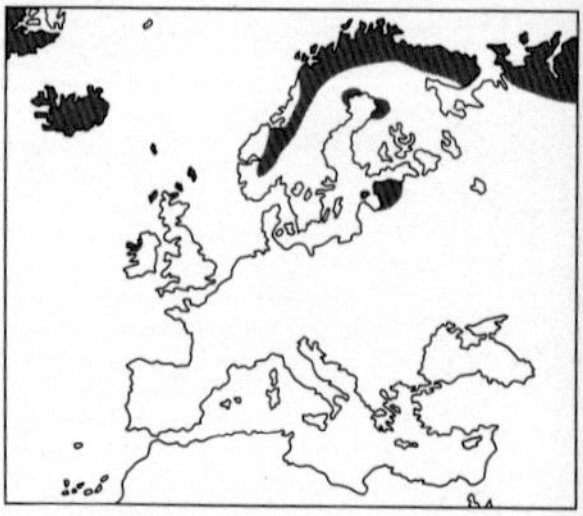

**En Europa central:** V-VII, VIII-IX. **Características:** Pico fino característico de color negro; dedos lobulados; garganta blanca; ♂ cabeza rojiza, ♀ cabeza negruzca y en general de colorido más contrastado que el ♂ (foto 2). Plumaje invernal (foto 3) del ♂ y la ♀ de color pizarra por encima, lista ocular más oscura, parte inferior blanquecina. En vuelo, conspicuo espejuelo blanco. Nada boyantemente girando a menudo sobre sí misma y moviendo incesantemente la cabeza arriba y abajo; vuela de modo parecido a un limícola, con rapidez y gran habilidad. **Voz:** en vuelo un «bitt», «vitt vitt». Reclamo de contacto como un «vedi vedi». **Hábitat:** aguas de la tundra; salvo en la época de cría, generalmente en alta mar. **Alimentación:** insectos, cangrejos, arácnidos, gusanos. **Cría:** VI-VIII, 4 huevos, T 17-19 días, los polluelos vuelan a los 18-20 días. Nidifica en el suelo.

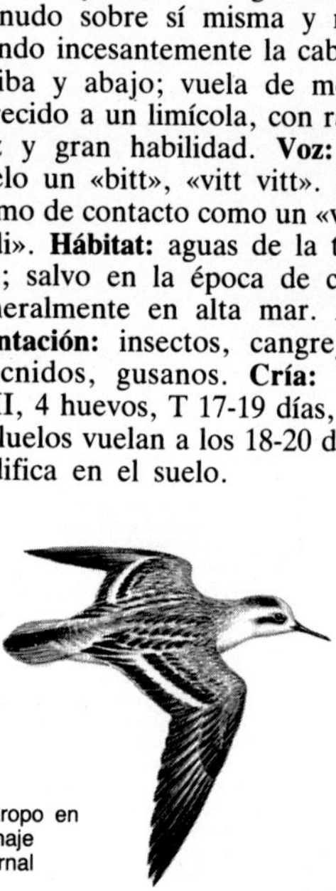

Falaropo en plumaje invernal

1

2

3

## 1. Archibebe común

*Tringa totanus* (Tringa)

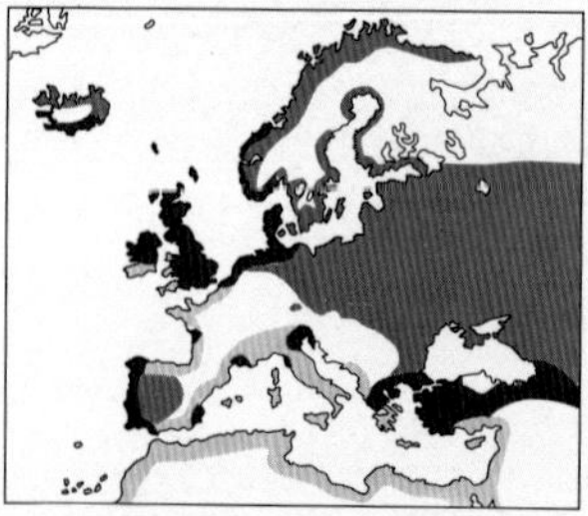

**En Europa central:** III-IX. **Características:** 28 cm/130 g. Limícola mediano, de patas largas anaranjado brillante; pico negro con la base roja; pardogrisáceo por encima, con manchas oscuras; blanco sucio por debajo, con manchas pardooscuro; cola barrada blanco y negro. Plumaje invernal más pálido y menos moteado. ♀ = ♂. En vuelo ancha franja blanca en el borde posterior del ala, obispillo y hombros blancos; se posa en vallas y perchas altas; vistoso vuelo nupcial del ♂ haciendo vibrar las alas. **Voz:** sibilante y melodiosa como un «dyi-i» o un «dyi-i-i», con un lastimero «yib yub». Canto: gorgeante. **Hábitat:** pantanos, marismas, brezales húmedos; fuera de la época de cría, en costas someras. **Alimentación:** insectos, lombrices, renacuajos. **Cría:** IV-VI, 4 huevos, T 22-25 días, los polluelos vuelan a los 25 días. Nidifica en el suelo.

**Especies semejantes:** el Andarríos del Terek *(Xerus cinereus),* más pequeño y con el pico casi el doble de largo que la cabeza y claramente decurvado hacia abajo. Nidifica en el NE de Europa. El Archibebe fino *(tringa stagnatilis):* más pequeño que el común y de plumaje mucho más pálido; tiene el pico más delgado y puntiagudo. Migrador ocasional en Europa central y meridional.

Archibebe común

Archibebe oscuro

## 2. Archibebe oscuro

*Tringa erythropus* (Tringa)

**En Europa central:** IV-V, VIII-X. **Características:** 30 cm/150 g. Algo mayor que el A. común, parece más esbelto a causa de sus patas más largas y su pico también más largo y delgado; patas rojas; plumaje gris negruzco con manchas blancas en la parte superior. Plumaje de invierno color pizarra por encima, con manchas blancas, y gris pálido por debajo; en conjunto más pálido que el del A. común (foto: plumaje inmaturo). ♀ = ♂. En vuelo no presenta zonas blancas en las alas. Se hunde en el agua hasta el pecho en busca de alimento; nada más a menudo que otros limícolas. **Voz:** un bisílabo «dyu-it»; cuando es molestado un «tyicktyicktyick». Canto: un trino melodioso. **Hábitat:** zonas pantanosas y humedales de la taiga y tundra; fuera de la época de cría, en aguas del interior, marismas. **Alimentación:** insectos del agua, cangrejos, gusanos, renacuajos, peces pequeños. **Cría:** V-VII, 4 huevos. Nidifica en depresiones del suelo.

1

2

## 1. Archibebe claro

*Tringa nebularia* (Tringa)

**En Europa central:** IV-V, VII-X. **Carácterísticas:** 30,5 cm/200 g. Limícola grande y plumaje claro, de patas largas y verdosas; pico largo, algo recurvado en la mitad delantera; pardogrisáceo por encima, con la cabeza y el cuello a rayas oscuras. Plumaje de invierno pálido. ♀ = ♂; poco gregario; tímido. **Voz:** aguda y penetrante cómo un «kyuckyuckyu»; ♂ en vuelo un sibilante «tyu-i». **Hábitat:** terrenos pantanosos, zonas de vegetación próximas al agua, en la época de migración a orillas de ríos y lagos, costas llanas, marismas. **Alimentación:** gusanos, crustáceos, insectos de agua, peces. **Cría:** V-VII, 4 huevos, T 23-25 días, los polluelos vuelan a los 28-30 días. Nidifican en depresiones del suelo.

## 2. Andarríos bastardo

*Tringa glareola* (Tringa)

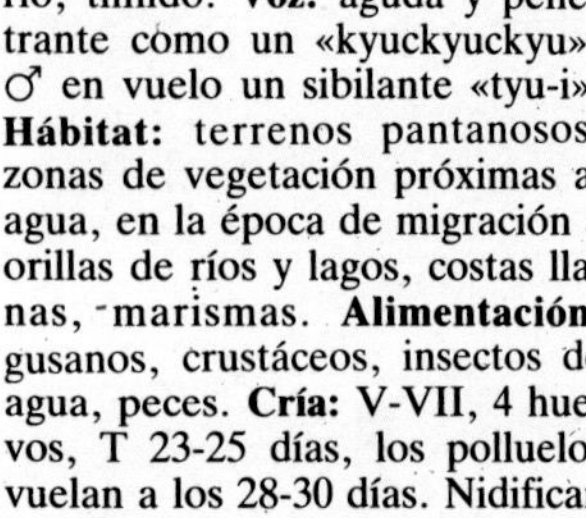

**En Europa central:** III-XI: **Características:** 20 cm/65 g. Más pequeño que el A. común (pág. 108), pico más corto, patas verdeamarillentas; parte superior pardogrisáceo oscura con pequeñas manchas blancas en gran número; lista superciliar blanca. ♀ = ♂. **Voz:** al levantar vuelo un agudo «guif guif guif». Canto de ♂ y ♀ (también en vuelo) parecido a la estrofa de una totovía *(Lullula arborea)*. **Hábitat:** zonas pantanosas, pinares encharcados; fuera de la época de cría, en cenagales. **Alimentación:** insectos, cangrejos, pequeños caracoles. **Cría:** V-VII, 4 huevos, T 22-23 días. Nidifica entre arbustos enanos o en nidos abandonados de zorzales.

## 3. Andarríos grande

*Tringa ochropus* (Tringa)

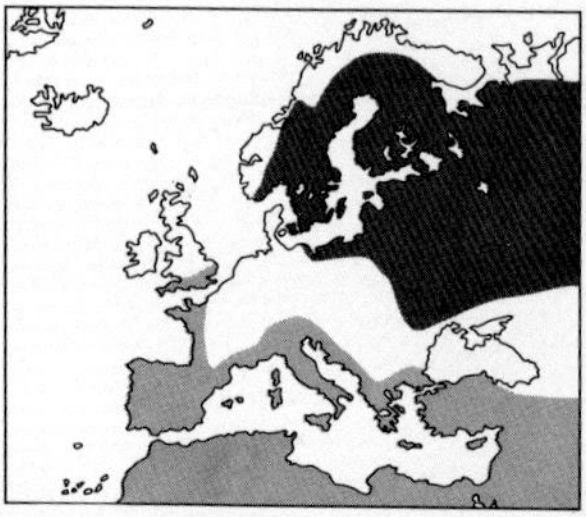

**En Europa central:** I-XII. **Características:** 23 cm/80 g. Parecida al A. bastardo, pero con la parte superior castaño oscura y un apretado moteado pálido; plumaje de invierno gris parduzco por encima, con manchas apenas aparentes; por debajo siempre blanco. En vuelo, conspicuo obispillo blanco en fuerte contraste con las partes oscuras de las alas. Poco gregaria; cuando es levantada se eleva en zig-zag emitiendo un reclamo característico. **Voz:** aguda y clara como un «tlui-titi». **Hábitat:** arboledas de terrenos pantanosos; durante la migración litorales resguardados. **Alimentación:** insectos, arañas, gusanos. **Cría:** IV-VI, 4 huevos, T 19-21. Nidifica en los nidos abandonados de zorzales.

1

2

3

## 1. Andarríos chico

*Actitis hypoleucos* (Tringa)

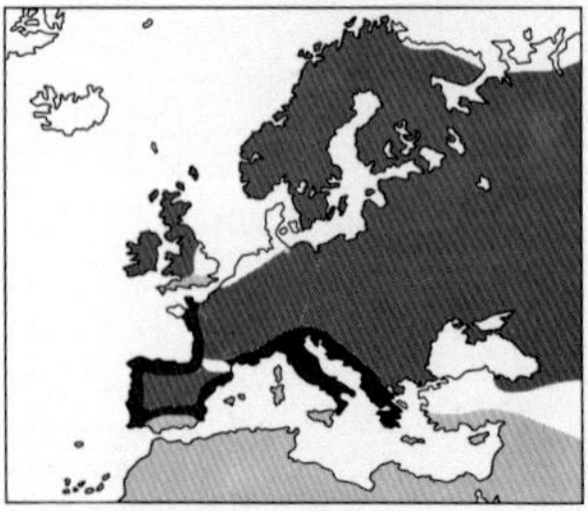

**En Europa central:** III-XI. **Características:** 20 cm/55 g. Limícola paticorto y de pico corto; pardo oliváceo por encima con un delicado dibujo, pardogrisáceo por los flancos, el cuello y la parte delantera del pecho, contrastando fuertemente con la parte inferior blanca. Patas verdosas. ♀ = ♂. En vuelo, conspicuo barrado blanco y blanca también la parte superior de la cola. Mueve casi incesantemente la parte posterior del cuerpo sacudiendo la cabeza simultáneamente; cuando es levantada no se remonta, sino que se mantiene cerca del agua aleteando y volando cortos trayectos; a menudo se posa en piedras y maderas flotantes cerca de la orilla; el vuelo de reclamo del ♂ lo realiza en zig-zag con un ruidoso batido de alas. **Voz:** un jíididijíididi» con el acento en la primera sílaba y muy penetrante; al ser levantada emite un prolongado «iiit». Canto del ♂: «titiíiií». **Hábitat:** orillas de ríos y lagos con vegetación abundante; en la migración también en instalaciones portuarias. **Alimentación:** insectos, arañas, pequeños crustáceos. **Cría:** V-VII, 4 huevos, T 21-22 días, los polluelos vuelan a los 20 días. Nidifica en el suelo, bien camuflado.

## 2/3. Combatiente

*Philomacus pugnax* (Tringa)

**En Europa central:** III-XI. **Características:** ♂ 29cm/170 g; ♀ 23 cm/100 g. ♂ en plumaje de cría (foto 2) con conspicuos penachos auriculares y una enorme gorguera; de color muy variable en cuanto a los adornos de la cabeza y el cuello, desde casi negro hasta el blanco y el castaño rojizo; cara desnuda; patas pálidas. ♀ (foto 3) más pequeña y carente de adornos en la cabeza y cuello; por la parte superior, el reborde de sus plumas, le da un aspecto escamoso pardo grisáceo. En invierno el plumaje de ♂ y ♀ son iguales. Espectacular parada nupcial de ambos con apariencia de combate. **Voz:** casi muda; raras veces emite un breve «cruí» en vuelo. **Hábitat:** praderas húmedas con hierba poco alta, terrenos pantanosos, marismas; en la migración, en cenagales y márgenes de aguas someras. **Alimentación:** insectos, cangrejos, moluscos, caracoles, gusanos. **Cría:** V-VII, 4 huevos, T 20-22 días, los polluelos vuelan a los 25 días. Nidifica en el suelo.

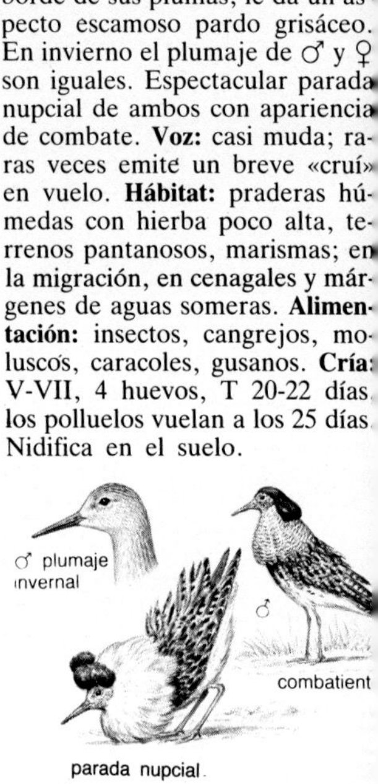

1

2

3

## 1. Zarapito real

*Numenius arquata* (Numenius)

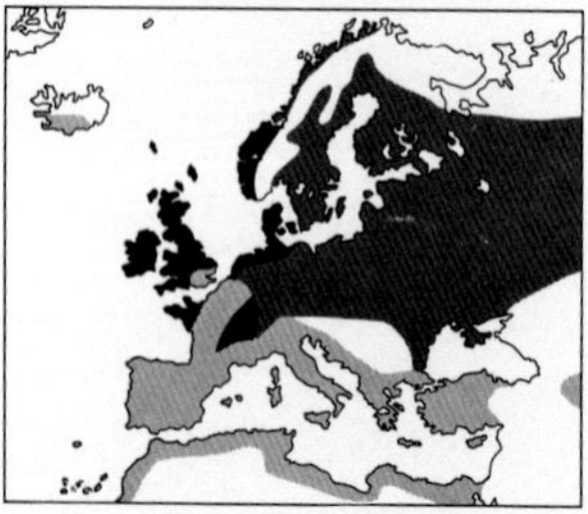

**En Europa central:** III-IX, invernando ocasionalmente. **Características:** 53-58 cm/600-900 g. Limícola de gran tamaño. Pico largo y decurvado. Parduzco a gris por encima y con apretado diseño pardo negruzco. Parte inferior pálida y con diseño menos apretado. Patas gris verdosas. ♀ con el pico más largo y algo más curvado hacia un tercio de la punta. Llama la atención en vuelo por la superficie totalmente blanca hasta el extremo de la espalda y el barrado transversal y apretado de la cola. Vuelo rápido con aleteos relativamente lentos; las bandadas vuelan con frecuencia en V o en cadeneta; tímido.

**Voz:** Muy melódica y sibilante; en vuelo un «dlií», «claeí» grave y ascendente. Canto territorial del ♂: un «guí» en serie, ascendente y cada vez más rápido, emitiendo en vuelo, con un trino final. **Hábitat:** extensas praderas húmedas y abiertas, brezales, fuera de la época de cría, generalmente en aguas someras, zonas encharcadas, cenagales. **Alimentación:** insectos y larvas de insectos, arañas, pequeños crustáceos, moluscos, gusanos, caracoles; en otoño también bayas. **Cría:** IV-VI, 4 huevos, T 27-29 días, los polluelos vuelan a las 5 semanas. Nidifica en el suelo en vegetación baja.

## 2. Zarapito trinador

*Numenius phaeopus* (Numenius)

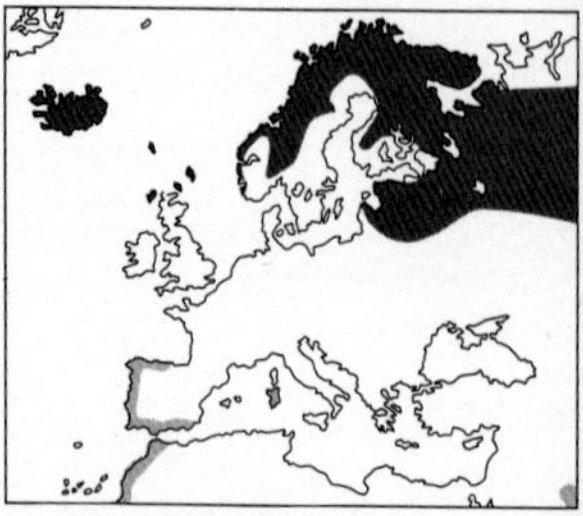

**En Europa central:** IV-V, VII-IX. **Características:** 41 cm/500 g. Más pequeño que el Z. real, con el pico más corto, algo más grueso y menos decurvado; parte superior oscura con diseño de gran contraste; tiene en la cabeza dos listas de color pardo oscuro. ♀ = ♂. Suele permanecer posado en el lugar de cría, matorrales o ramas de árboles; gregario; a menudo, en comunidad con aves limícolas de gran tamaño. **Voz:** con frecuencia, una especie de carcajada carente de melodía, como un «diyidiyidiyi», un «bibibibi» o un «ki-kiiiii». El ♂: un «uid-uid-uid» parecido al canto de un Pico. **Hábitat:** terrenos pantanosos sin cultivar, tundra; fuera de la época de cría, en costas de aguas someras, arenales, cenagales y orillas rocosas. **Alimentación:** insectos, caracoles, gusanos, crustáceos; en otoño generalmente bayas diversas. **Cría:** V-VII, 4 huevos, T 27-28 días, los polluelos vuelan a las 5-6 semanas. Nidifica en el suelo.

1

2

## 1. Aguja colinegra

*Limosa limosa* (Limosa)

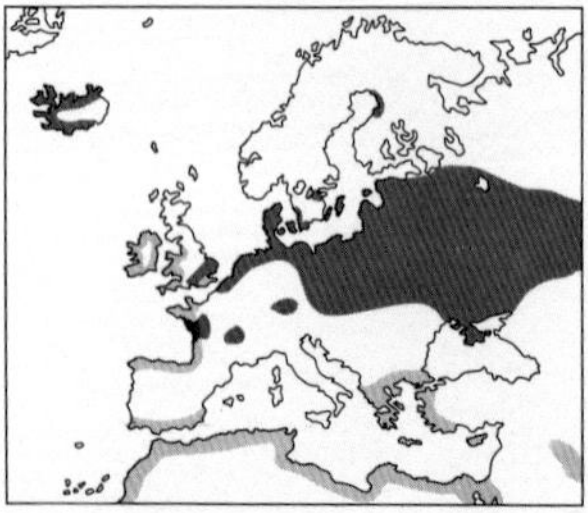

**En Europa central:** III-IX. **Características:** 41 cm/300 g. Limícola de gran tamaño, patilargo, de pico muy largo, recto o ligeramente decurvado hacia abajo, amarillo anaranjado, salvo en el tercio extremo que es negro; parte superior gris parda con moteado negro; la cabeza, el cuello y el pecho pardo rojizo; el vientre blanco con conspicuo barrado negro. ♀ de colores menos intensos, a menudo casi gris. En invierno pardo grisáceo con el vientre blanco, sin barrar.

Aguja colipinta — Aguja colinegra

En vuelo, franja alar blanca y cola blanca con una ancha banda negra en extremo; patas muy sobresalientes de la cola; muy gregaria fuera de la época de cría, a menudo en comunidad con otras limícolas y con ánades; se la ve frecuentemente buscando alimento con el agua hasta el pecho; en primavera, el ♂ ejecuta vistosas exhibiciones de vuelo, con aleteos retardados, remontándose y en picado, y balanceándose. **Voz:** un reclamo como «dididi», «deee» «krita krita krita»; en vuelo de reclamo a gran altura, emite un esterotipado «krute krute». **Hábitat:** praderas de hierba alta y húmedas, litorales someros. **Alimentación:** lombrices de tierra, saltamontes, escarabajos, caracoles, pequeños cangrejos, renacuajos. **Cría:** III-VI, 4 huevos, T 22-24 días, los polluelos vuelan a los 31-35 días. Nidifica en el suelo.

## 2. Aguja colipinta

*Limosa lapponica* (Limosa)

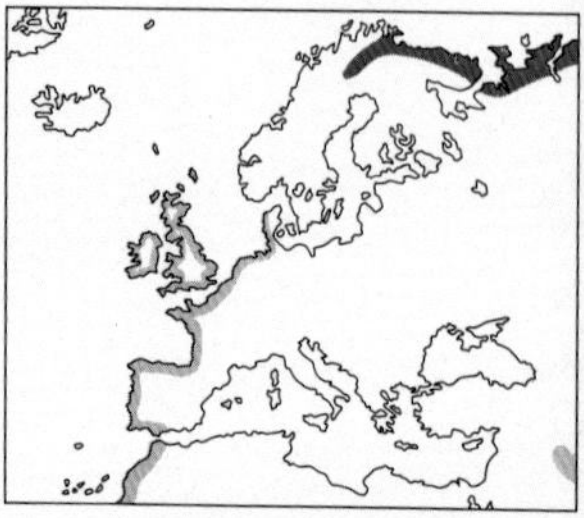

**En Europa central:** IV-VI, VIII-X. **Características:** 38 cm/300 g. Parecida a la A. colinegra, aunque más pequeña y con el pico más corto y algo decurvado hacia arriba; parte superior pardo rojiza, con motas oscuras; por debajo rojiza y no barrada. ♀ algo mayor que el ♂ con el pico más largo y de color más apagado. En invierno (foto) pardo grisácea por la parte superior y muy moteada; por debajo blanca. Sin franja alar en vuelo. Gregaria fuera de la época de cría, a menudo con chorlitos, ostreros; las bandadas vuelan en filas oblicuas. **Voz:** reclamo de vuelo como un «veed veed veed» nasal o un «gueguegue». Canto del ♂ (en vuelo): gorjeo. **Hábitat:** zonas pantanosas de la tundra; fuera de la época de cría en aguas someras de arena fina. **Alimentación:** gusanos de agua, pequeños moluscos y crustáceos, larvas de insectos, escarabajos. **Cría:** V-VI, 3 huevos, T 20-21 días. Nidifica en el suelo.

1

2

## 1. Becada

*Scololax rusticola* (Limosa)

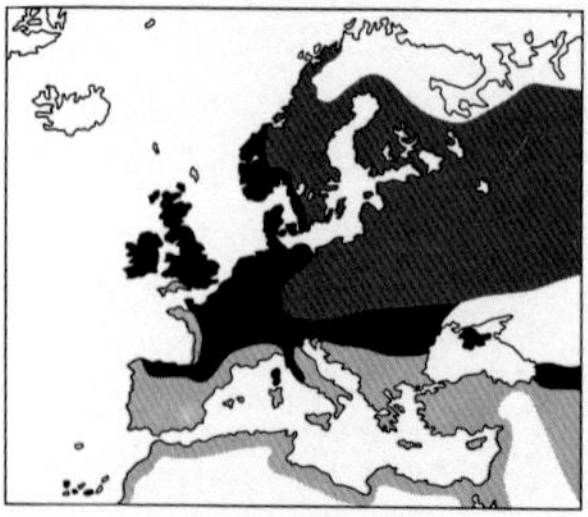

**En Europa central:** III-X. **Características:** 34 cm/300 g. Limosa grande y rechoncha, de pico largo y robusto; ojos grandes situados muy arriba; plumaje de color pardo corteza de árbol, con 3-4 bandas transversales oscuras en la cabeza. ♀ = ♂. En vuelo parece más gruesa y como carente de cuello; sus alas son anchas y redondeadas. Solitaria y nocturna; cuando es levantada, vuela zigzagueando, elevándose rápidamente para luego volver a descender; su vuelo de canto es lento. **Voz:** ♂ en vuelo un «uorrt uorrt», «psivic». **Hábitat:** bosques húmedos de fronda y mixtos. **Alimentación:** lombrices de tierra, insectos. **Cría:** III-VII, 4 huevos, T 20-22 días, los polluelos vuelan a los 20 días. Nidifica camuflada en el suelo.

## 2. Agachadiza chica

*Lymnocryptes minimus* (Gallinago)

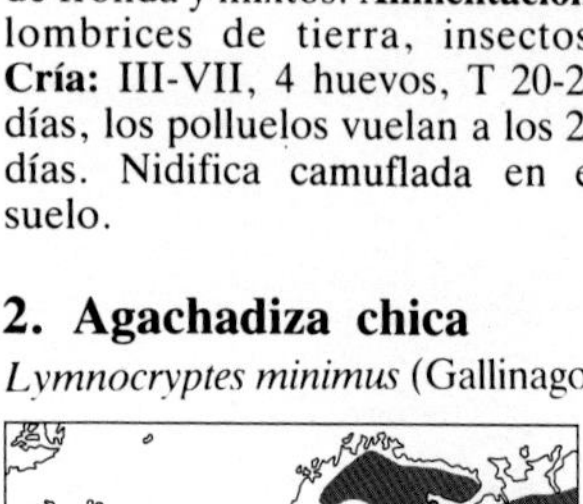

**En Europa central:** III-V, VIII-IX. **Características:** 19 cm/60 g. Limícola de tamaño muy pequeño y pico relativamente corto; con débiles irisaciones metálico verdosas por la parte superior y dos bandas longitudinales de color ocre. ♀ = ♂. Cola cuneiforme, en vuelo carente de blanco. Cuando es levantada vuelve a posarse a unos 50 m. **Voz:** poco locuaz; en vuelo de canto (♂ y ♀) emite estrofas galopantes. **Hábitat:** zonas pantanosas, praderas húmedas, terrenos encharcados. **Alimentación:** gusanos, caracoles, insectos. **Cría:** V-VII, 4 huevos, T 22-24. Nidifica en el suelo.

## 3. Agachadiza común

*Gallinago gallinago* (Gallinago)

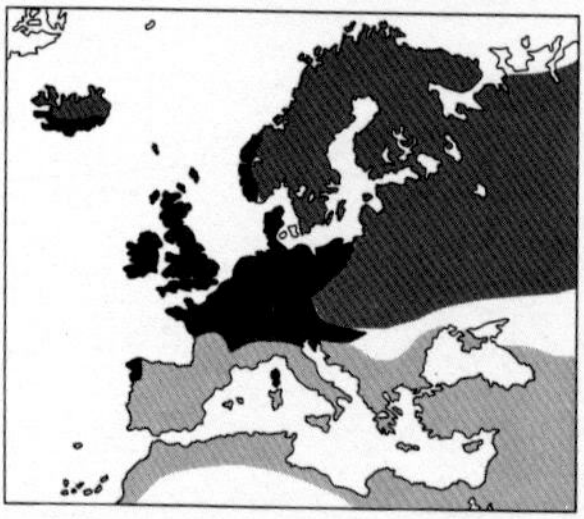

**En Europa central:** III-X. **Características:** 27 cm/110 g. Limícola paticorta de pico muy largo; plumaje parduzco por arriba, con manchas negras y barrado blanquecino, que le proporciona un excelente camuflaje. ♀ = ♂. Vuelo zigzagueante cuando es levantada, cerniéndose oblicuamente; vive muy escondida; el ♂ marca su territorio mediante una especie de balidos emitidos por vibración de las rentrices externas. **Voz:** al levantar el vuelo un prolongado «eech»; durante la parada nupcial canto conjunto de ♂ y ♀; en el suelo un «tike tike tike». **Hábitat:** terrenos pantanosos o encharcados, escombreras. **Alimentación:** gusanos, crustáceos, caracoles e insectos. **Cría:** III-VII, 4 huevos, T 18-20 días, los polluelos vuelan a los 20-25 días. Nidifica en el suelo.

1

2

3

# 1. Alcaraván

*Burhinus oedicnemus* (Gallinago)

**En Europa central:** III-X (raras veces). **Características:** 41 cm/450 g. Limícola grande y rechoncha y cabezuda, de ojos amarillos, grandes, con el pico amarillo en la mitad de la base; patas robustas, largas, amarillas; plumaje pardo claro por encima y barrado oscuro y blanco; banda alar clara en horizontal. ♀ = ♂. En vuelo dos bandas conspicuas de color blanco. Preferentemente nocturna; durante el día, en su posadero rocoso bien camuflada; muy tímida. **Voz:** perceptible a gran distancia; un «cii-li» recio parecido al de un Zapatito real (pág. 114), emitido a menudo conjuntamente por varios individuos. **Hábitat:** zonas secas y arenosas con escasa vegetación, campos rocosos, zonas desnudas en pinares secos. **Alimentación:** gusanos, saltamontes, caracoles, reptiles, aves inmaturas, pequeños mamíferos, batracios. **Cría:** IV-VIII, 2 huevos, T 25-27 días, los jóvenes vuelan a los 35-40 días; 1-2 puestas/año. Nidifica en el suelo.

# 2. Canastera

*Glareola pratincola* (Glareolidae)

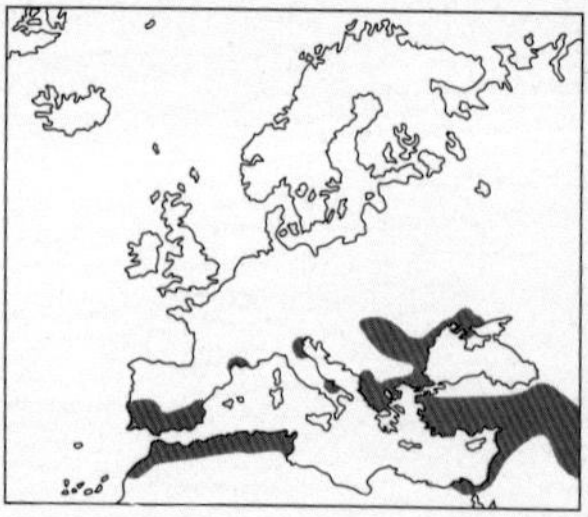

**En Europa central:** 25 cm/85 g. Limícola parecido a un charrán, paticorta, con el pico también corto, algo decurvado hacia abajo y rojo en la base; parte superior pardo olivácea; mentón y garganta amarillo rojizo con borde negro; bridas en negro; en la ♀ (foto) de color parduzco; garganta con manchas oscuras durante el invierno; plumas dorsales con festón pálido. En vuelo, alas largas y puntiagudas; cola negra profundamente ahorquillada, replegada en forma de pica; parte inferior de las alas pardo rojiza;

es gregaria; suele cazar insectos volantes, por la mañana y al atardecer; las bandadas son gárrulas. **Voz:** en la época de cría un «carya carya», «guit guit guit», «pirje pirje». **Hábitat:** lodazales sin vegetación, secanos; generalmente cerca del agua. **Alimentación:** saltamontes, escarabajos, mariposas nocturnas. **Cría:** V-VII, 3 huevos, T 17-18 días, los polluelos vuelan a los 33 días. Nidifica en colonias, en el suelo.

1

2

## 1. Págalo grande

*Stercorarius skua* (Stercoraiidae)

**Características:** 58 cm/1 400 g. Algo mayor que la G. argentea (pág. 128); cola corta, ahorquillada; pico corto, con la punta ganchuda; plumaje pardo grisáceo oscuro. ♀ algo mayor que el ♂. En vuelo, alas bastante anchas y redondeadas, cola corta y un conspicuo campo alar claro; muy agresiva, gusta de arrebatar la presa a otras aves marinas. **Voz:** un ladrante «ok ok ok», un chirriante «skirr». **Hábitat:** terrenos pantanosos cercanos a la costa, islotes con vegetación de tundra; fuera de la época de cría, mar adentro, costas. **Alimentación:** de hábitos piratas, alterna su alimentación con huevos de otras aves marinas. **Cría:** V-VII, 2 huevos, T 28-30 días, los polluelos vuelan a las 6-7 semanas. Nidifica en el suelo.

## 2. Págalo parásito

*Stercorarius parasiticus* (Stercoraiidae)

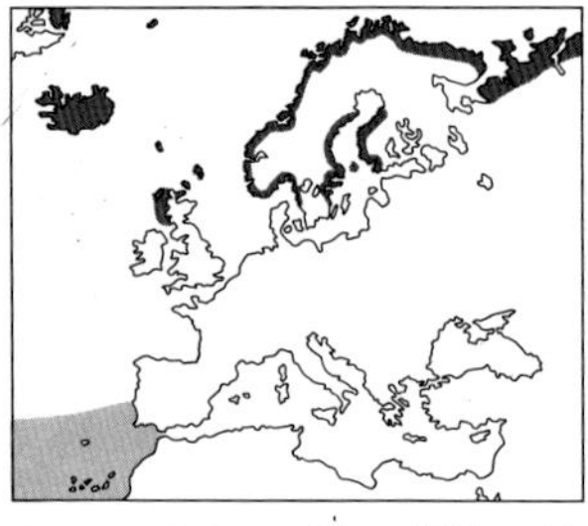

**Características:** 46 cm/400 g. Del tamaño de la G. cana (pág. 128) con dos cortos espejuelos rectrices puntiagudos; la variante oscura, generalmente parda; la variante pálida (foto) con la parte inferior blanca. Mejillas y cuello amarillentos. La ♀ algo mayor que el ♂. En vuelo parece un ave de rapiña con sus largas alas, estrechas y puntiagudas; roba la presa a otras aves. **Voz:** aguda y ronca. **Hábitat:** terrenos pantanosos cerca del litoral, tundra; fuera de la época de cría, mar adentro. **Alimentación:** presas robadas a otras aves; peces, pequeños mamíferos, huevos de aves. **Cría:** V-VI, 2 huevos, T 24-28 días, los polluelos vuelan al mes ≈. Nidifican en el suelo.

## 3. Págalo rabero

*Stercorarius longicaudus* (Stercoraiidae)

**Características:** 51-56 cm/250 g. Del tamaño de la G. reidora (pág. 124) con rectices centrales sobresaliendo 25 cm de la cola. La ♀ mayor que el ♂. En vuelo parece una golondrina de mar, con sus alas largas y estrechas y su largo espejuelo rectriz. Aletea con frecuencia. Parásita de las presas de gaviotas y golondrinas marinas. **Voz:** en el lugar de cría un chirriante «cri cri». **Hábitat:** tundra. Fuera de la época de cría, mar adentro. **Alimentación:** aves pequeñas, presas que roba a otras aves marinas. **Cría:** VI-VII, 2 huevos, T 23 días, los polluelos vuelan a las 3-4 semanas. Nidifica en el suelo.

1

2

3

# 1/2. Gaviota reidora

*Larus ridibundus* (Laridae)

**En Europa central:** I-XII. **Características:** 35-38 cm/230-260 g. Es la gaviota más frecuente tierra adentro; pico esbelto, rojo oscuro, patas rojas; en plumaje de cría (foto 1) presenta la cabeza, el mentón y la garganta de color chocolate. Parte superior gris clara, el resto del plumaje blanco. En invierno (foto 2) cabeza blanca con mancha oscura en la región auricular. La ♀ = ♂. Los

Plumaje inmaturo

inmaturos con manchas parduzcas por encima y banda rectriz negra. **Voz:** a menudo un «kveer», «krriya», «arrererr», «gueguegue» y otros reclamos chirriantes; especialmente gárrula en la época de cría. **Hábitat:** aguas con zonas de vertidos, pantanos, cenegales, bancos de arena, pedregales; fuera de la época de cría, en aguas interiores y en costas marinas. **Alimentación:** muy variada: escarabajos, libélulas, caracoles, gusanos, peces, carroña, vertidos. **Cría:** IV-VI, 3 huevos, T 22-24 días, los polluelos vuelan a las 5-6 semanas. Cría en colonias. Nidifica en acantilados o brezales.

# 3. Gaviota enana

*Larus minutus* (Laridae)

**En Europa central:** III-X. **Características:** 28 cm/120 g. Parecida a la G. reidora, pero de menor tamaño; cabeza negra (no parda); alas gris claro por la parte superior, carente de negro; patas cortas de color rojo. En invierno, mancha auricular oscura, píleo con un diseño oscuro, poco aparente. ♀ = ♂. Negruzca por la parte inferior de las alas. El plumaje de los inmaturos igual que el invernal, pero con la parte superior parduzca. Los inmaturos con una banda negra en zigzag en la parte superior de las alas y el extremo de la cola negro. En vuelo recuerda a una golondrina de mar por su agilidad y elegancia; en comunidad, frecuentemente con Gaviotas reidoras o Fumareles. **Voz:** parecida a la de una golondrina marina emitiendo un áspero «kyeck» «gyeej», «kik-ki-ki». **Hábitat:** lagos con abundante vegetación de juncales y cañales; bahías; fuera de la época de cría, cerca del litoral y en mar abierta, aunque también en lagos. **Alimentación:** insectos volantes o de agua, peces pequeños, gusanos, cangrejos. **Cría:** V-VI, T 20-21 días, los polluelos vuelan a los 21-24 días. Cría en colonias; nidifica en lugares secos de acantilados y de pantanos.

1

2

3

## 1. Gavión

*Larus marinus* (Laridae)

**En Europa central:** I-XII, pero sin criar. **Características:** 64/79 cm/1 600-1 900 g. Gaviota de gran tamaño con las patas rosadas; espalda y parte superior de las alas negro hollín, el resto del plumaje, el borde posterior y los extremos de las alas blancos; pico amarillo, muy robusto; en invierno, con manchas grises en la cabeza. ♀ más pequeña que el ♂ y con el pico más débil. Los inmaturos parecidos a los de una G. argentea (pág. 128) pero con colorido más contrastado, la cabeza y la parte inferior más clara hasta el cuarto año, que oscurecen. Vuelo majestuoso, con frecuente planeo, no tan gregaria como la G. argentea; frecuente en instalaciones elaboradoras de pescado; sigue a los botes de pesca. **Voz:** reclamo de vuelo «crau»; al ser levantada emite un grave «ga-ag-ag-ag». **Hábitat:** pequeñas islas rocosas, acantilados- fuera de la época de cría en todo tipo de costas. **Alimentación:** huevos y crías de aves de playas y marinas, carroña, vertidos. **Cría:** IV-V, 2-3 huevos, T 26-30 días, los polluelos vuelan a las 8 semanas. Nido de gran tamaño en el suelo.

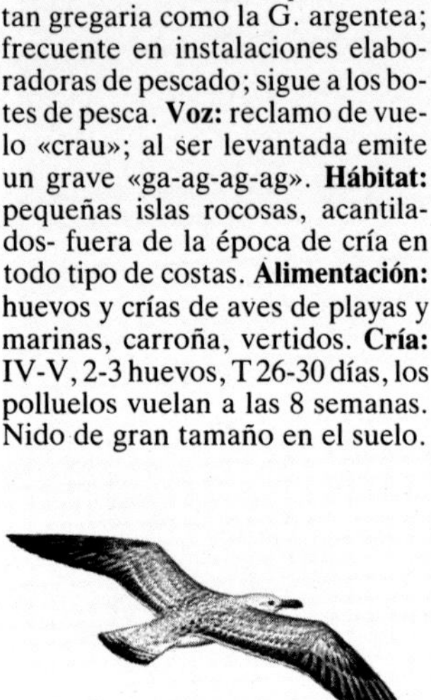

Plumaje inmaturo

**Especie semejante:** la G. hiperbórea *(Larus hiperbous)*. Muy grande. De aspecto parecido al Gavión, pero con librea blanco-grisácea. Cría en las costas árticas (Rusia Sept., Islandia). En invierno se ven con frecuencia individuos inmaturos en las costas escandinavas y en las I. Británicas.

## 2. Gaviota sombría

*Larus fuscus* (Laridae)

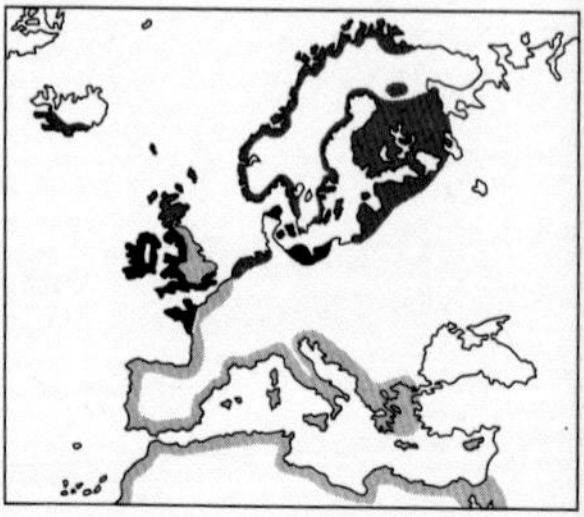

**En Europa central:** I-XII. **Características:** 52-56 cm/800-1 100 g. Parecida a la G. argentea (pág 128), pero con la parte superior de las alas y la espalda —según la raza— entre gris oscuro y casi negro, patas amarillas, en invierno a veces rosadas. ♀ de menor tamaño que el ♂. Los inmaturos apenas distinguibles de los de la G argéntea durante el primer invierno; a partir del segundo presenta la parte superior claramente más oscura. **Voz:** parecida a la del gavión, un áspero «ouk ouk»; cuando se siente en peligro emite un «ao», «gagaga» nasal. **Hábitat** playas arenosas y rocosas, terrenos pantanosos, zonas de arbustos enanos; grandes ríos, islas en aguas dulces y saladas; fuera de la época de cría, en mar adentro islas e islotes rocosos. **Alimentación:** peces, moluscos, insectos ratones, carroña, vertidos. **Crías** IV-VI, 3 huevos, T 25-27 días, los polluelos vuelan a las 5-6 semanas. Nidifica colonialmente. Su nido, construído en el suelo, es grande y desordenado.

1

2

## 1. Gaviota argentea

*Larus argentatus* (Laridae)

**En Europa central:** I-XII. **Características:** 56-66 cm/900-1 300 g. Es la gaviota más frecuente de las costas europeas; espalda y alas gris plata, plumaje blanco, excepto la punta de las alas que son negras con manchas blancas; pico amarillo con una mancha roja; ojos amarillos; las patas de la raza centroeuropea de color rosa, en otras razas, amarillas. ♀ más pequeña que el ♂. Los inmaturos con manchas pardas; muy gregaria; frecuente en muelles y puertos, sigue a los barcos; planea con frecuencia. **Voz:** reclamos maullantes como un «kyau», también un gimiente «kiaya kiaya kiaya kiayu kiayu». **Hábitat:** en costas y en aguas cercanas al litoral, lagos y ríos. **Alimentación:** peces, pequeños mamíferos, carroña, vertidos. **Cría:** IV-VI, 2-3 huevos, T 25-27 días, los polluelos vuelan a las 6-7 semanas. Nidifica en el suelo.

## 2. Gaviota cana

*Larus canus* (Laridae)

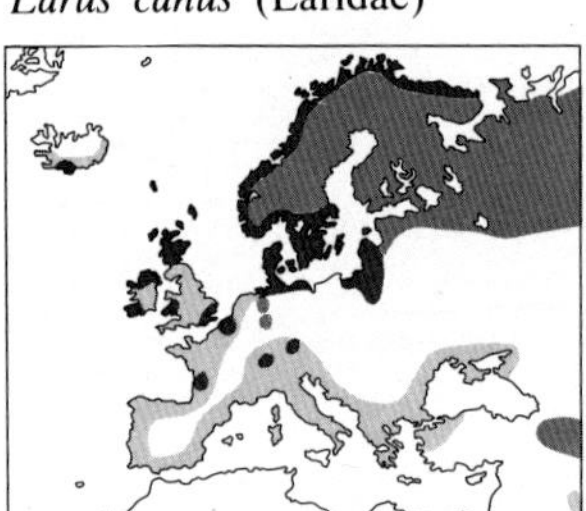

**En Europa central:** I-XII. **Carac terísticas:** 41 cm/360 g. Más pe queña que la G. argentea; cabe za redondeada, pico y patas ama rillo verdoso. Ojos oscuros. ♀ = ♂. Los inmaturos pardogrisá ceos por encima, con una anch banda negra en la cola. Present en invierno, en escaso número en las ciudades. **Voz:** más agud que la de la G. argentea, como u «gya gya»; «ee-ee-eiia-eiaa» «kyau». **Hábitat:** costas marinas lagos. **Alimentación:** insectos, pe ces, ratones, carroña, vertidos **Cría:** IV-VII, 3 huevos, T 24-2 días, los polluelos vuelan a las 4- semanas. Nidifica en el suelo.

## 3. Gaviota tridáctila

*Rissa tridactyla* (Laridae)

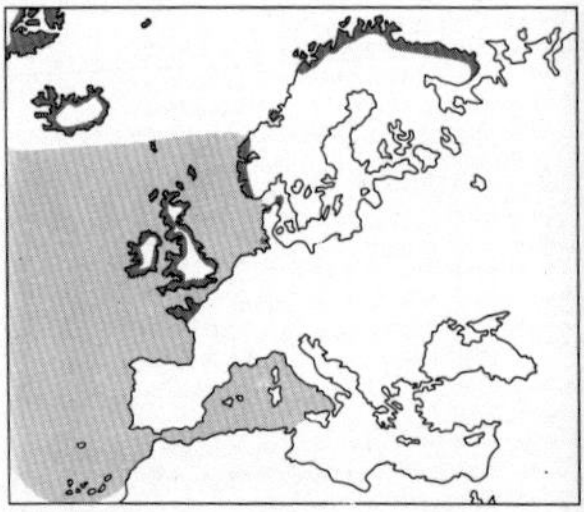

**En Europa central:** I-XII (rara) **Características:** 41 cm/440 g Blanca con librea gris, con l punta de las primarias uniforme mente negras, pico amarillo, es belto, ojos oscuros, patas negras con sólo tres dedos. ♀ = ♂. Lo inmaturos, con una banda occip tal pardonegruzca y el extrem de la cola negro. Hábil voladora realiza frecuentes buceos se mejantes a los de los charranes pazas. **Voz:** un penetrante «kit veed» emitido en el lugar de crí **Hábitat:** acantilados, en gene ral, no obstante, mar adentro **Alimentación:** peces, moluscos crustáceos, vertidos. **Cría:** V VII, 2 huevos T 24-28 días, N 5- semanas, nidificación colonia nidifica en estrechos salientes ro cosos o en edificios.

1

2

3

## 1. Charrán patinegro

*Sterna sandvicensis* (Sterninae)

**En Europa central:** IV-IX. **Características:** 41 cm/250 g, pico esbelto y negro con la punta amarilla, con una especie de cresta negra; patas negras, en invierno (foto) con la frente blanca. ♀ = ♂. Los jóvenes, con manchas escamosas pardas en la cabeza y en la parte superior del plumaje. Muy gregaria y gárrula; bucea en picado en busca de alimento. **Voz:** un agudo «kirrik», «crik» o un «frecrecre». **Hábitat:** playas de arena o guijarros, terrenos llanos del litoral. **Alimentación:** peces pequeños, crustáceos, moluscos, gusanos. **Cría:** V-VII, 2 huevos, T 22-26 días, los polluelos vuelan a los 30-35 días. Nidifica colonialmente.

## 2. Charrán común

*Sterna hirundo* (Sterninae)

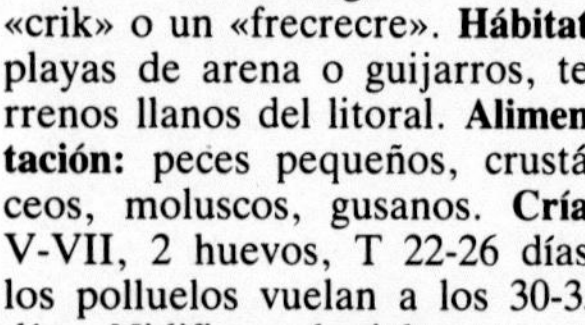

**En Europa central:** IV-IX. **Características:** 35 cm/150 g, pico esbelto, rojo anaranjado con la punta negra; patas rojas; cuando está posada, la cola no sobrepasa la longitud de las alas; en invierno no tiene la frente blanca y el pico negruzco con la base roja. ♀ = ♂. Los jóvenes tienen la frente blanca y la parte superior con manchas pardas; gárrula; vuelo muy elegante; pesca en picado. **Voz:** un agudo «crierr», «kirrikirri» y «kit kit kirr». **Hábitat:** bancos de arena y de guijarros, terrenos llanos costeros, dunas. **Alimentación:** peces pequeños, crustáceos, larvas de anfibios, insectos de agua. **Cría:** V-VII, 2-3 huevos, T 20-23 días, los polluelos vuelan a los 24-30 días. Nidifica colonialmente.

## 3. Charrán ártico

*Sterna paradisaea* (Sterninae)

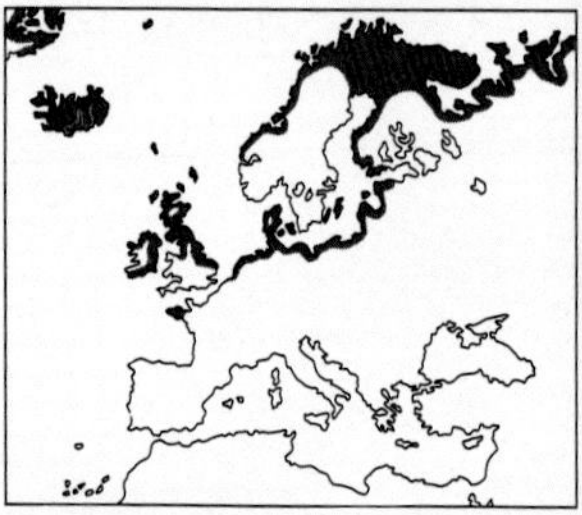

**En Europa central:** IV-X; **Características:** 35 cm/120 g. Parecida al Ch. común, pero con el pico uniformemente rojo sangre, las patas cortas y la parte inferior oscura; cuando está posada las rectrices extremas sobresalen por debajo de la punta de las alas; en invierno tiene la frente y el píleo blancos, y el pico y las patas negruzcas. ♀ = ♂. Los jóvenes se parecen a los del Ch. común. Gregaria; vuelo muy elegante; pesca en picado. **Voz:** un reclamo como «crirr», «crier» y «ki ki». **Hábitat:** playas de arena y gijarros, tundra. **Alimentación:** crustáceos, pececillos **Cría:** V-VII, 2-3 huevos, T 20-30 días, los polluelos vuelan a los 20-30 días. Nidifica colonialmente.

1

2

3

## 1. Charrancito

*Sterna albifrons* (Sterninae)

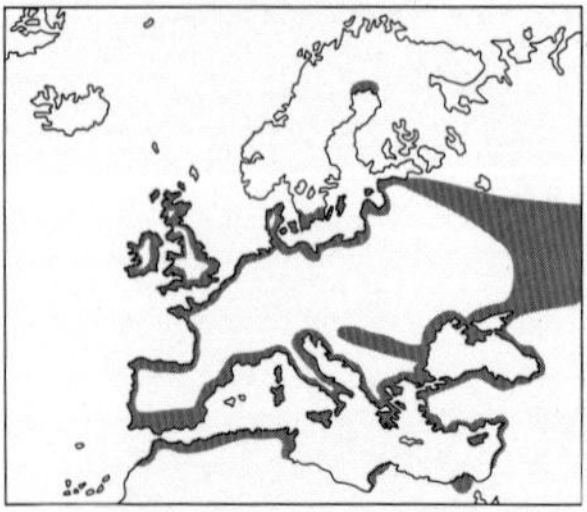

**En Europa central:** IV-IX. **Características:** 24 cm/50 gr. Muy pequeña. Pico amarillo con la punta negra, frente blanca, patas amarillo anaranjado; en invierno lista superciliar negra y nuca también negra. ♀ = ♂. En invierno jóvenes y adultos iguales, pero con manchas pardas. Poco gregaria; bate las alas con frecuencia; pesca en picado. **Voz:** un reclamo como «veed veed», «kitt kitt» o «kirrikirri». **Hábitat:** playas arenosas o de guijarros, también en aguas tierra adentro. **Alimentación:** peces pequeños, crustáceos, gusanos e insectos. **Cría:** V-VII, 2-3 huevos, T 20-22 días, los polluelos vuelan a los 17-21 días. Nidifica en colonias dispersas, o bien en solitario.

## 2. Fumarel común

*Chlidonias niger* (Chlidonias)

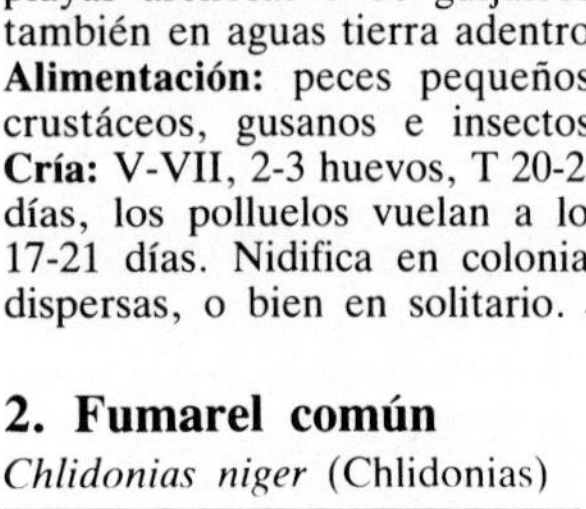

**En Europa central:** IV-IX. **Características:** 24 cm/65 g. Más pequeña que un charrán, de color negruzco, con el pico y las patas negras, las alas grises por ambos lados, la cola también gris y las coberteras rectrices blancas; en invierno tiene la frente y la parte inferior blancas, con una mancha negra a los lados del cuello. ♀ = ♂. Los jóvenes, parecidos a los adultos durante el invierno. Vuelo rasante sobre la superficie del agua. **Voz:** un reclamo como «crieerr», «crek» o «kik». **Hábitat:** aguas del interior con abundante vegetación. **Alimentación:** insectos, pequeños batracios y peces. **Cría:** V-VII, 2-3 huevos, T 14-17 días, los polluelos vuelan a los 21 días. Nidifica en colonias dispersas, sobre plantas flotantes.

## 3. Fumarel cariblanco

*Chlidonias hybrida* (Chlidonias)

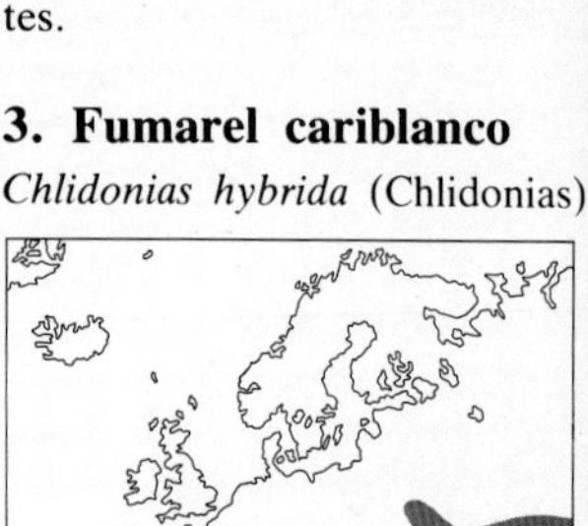

**En Europa central:** 25 cm/90 g. Clidonia gris con caperuza negra y mejillas blancas, el pico rojo oscuro, las patas también rojas y las partes inferiores de las alas y de las caudades blancas; en invierno frente y parte inferior blancas, nuca negra, lista superciliar oscura. ♀ = ♂. Los jóvenes, parecidos a los adultos durante el invierno. A veces pesca en picado. **Voz:** un gimoteante «creek» o «krrt». **Hábitat:** aguas del interior con abundante vegetación. **Alimentación:** insectos, pequeños batracios y peces. **Cría:** V-VI, 2-4 huevos, T 18-22 días, los polluelos vuelan con 21 días. Nidifica en colonias dispersas, sobre plantas flotantes.

1

2

3

## 1. Frailecillo

*Fratercula arctica* (Alcidae)

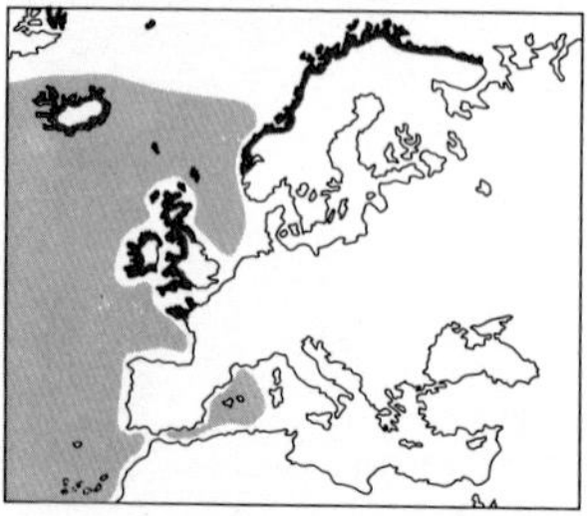

**Características:** 30 cm/400 g. Álcido de tamaño pequeño y rechoncho, cabezudo y con el pico aplanado por los lados y amarillo rojizo rayado; blanco por ambos lados de la cara, grises en invierno. ♀ = ♂. Los jóvenes, con los lados de la cabeza grises y el pico más débil. Gregaria; bucea a menudo, vuela rápido y en línea recta. **Voz:** un reclamo grave como un «arrr» o «aah». **Hábitat:** acantilados no muy escarpados y con hierba, islotes rocosos; fuera de la época de cría, mar adentro. **Alimentación:** peces (alicantes o amoditas), crustáceos. **Cría:** V-VII, 1 huevo, T 35-43 días, N 40-50 días. Nidifica en madrigueras en apretadas colonias.

## 2. Arao aliblanco

*Cepphus grylle* (Alcidae)

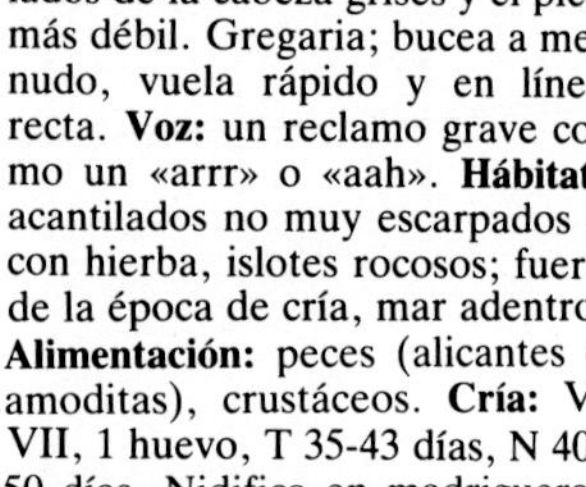

**En Europa central:** X-III. **Características:** 34 cm/500 g. Álcido negro con grandes alas blancas, pico esbelto y afilado, patas rojo brillante; en invierno con manchas grises por la parte superior y blanco por debajo. ♀ = ♂. Los jóvenes, en invierno, parecidos a los adultos. Menos gregarios que los demás del grupo; bucea a menudo. **Voz:** un reclamo agudo y siseante como un «ssie» «sideside» o un «disi-disi». **Hábitat:** acantilados no muy abruptos pero agrietados, aguas costeras, fiordos. **Alimentación:** pececillos, crustáceos, pequeños animales de los fondos. **Cría:** V-VII, 1-2 huevos, T 24-28 días, N 34-36 días. Nidifica en pequeñas colonias.

## 3. Mérgulo marino

*Plautus alle* (Alcidae)

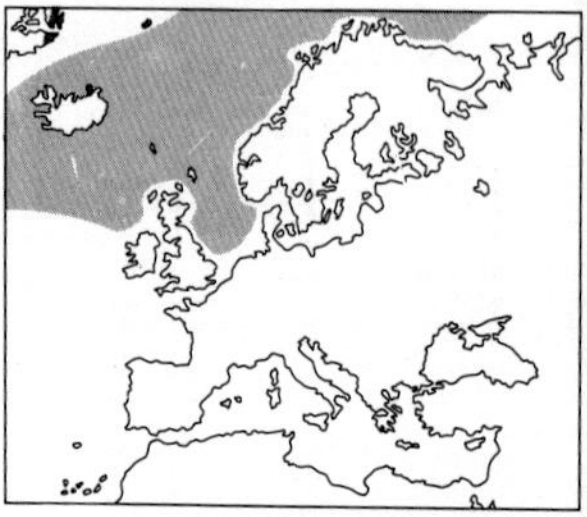

**Características:** 20 cm/140 g. Del tamaño de un estornino o tordo, cabezudo, con el pico corto y robusto y patas rojas; en invierno, mejillas y parte inferior blancas. ♀ = ♂. Los jóvenes, parecidos a los adultos durante el invierno. Gregaria; bucea a menudo y es mejor voladora que otros álcidos. **Voz:** un reclamo agudo y vibrante como un «trii», un sibilante «guiff guiff» o un graznante «ga ga gac». **Hábitat:** costas rocosas altas, montañas costeras, mar adentro. **Alimentación:** pequeños crustáceos (cangrejos). **Cría:** VI-VII, 1 huevo, T 24 días, N 28 días. Nidifica en grandes colonias en las grietas de las rocas o en madrigueras.

1

2|3

## 1. Arao común

*Uria aalge* (Alcidae)

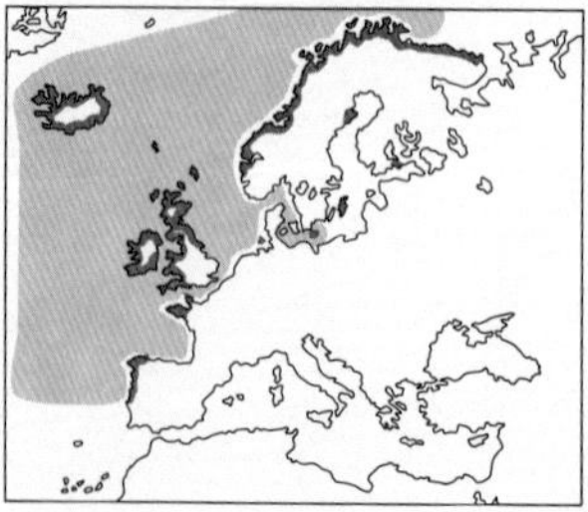

**En Europa central:** V-VII en Helgoland, el resto del tiempo ante las costas del mar del Norte y del Báltico. **Características:** 42 cm/1 000 g. Más esbelto que el Alca común, con el pico más puntiagudo y sin marcas; patas negruzcas. Existe una variante con anillo y lista ocular de color blanco; en invierno presenta también blancas las mejillas, el mentón y la parte delantera del cuello con una línea negra detras del ojo. ♀ = ♂. Los jóvenes, en plumaje invernal, igual que los adultos. Muy gregaria, gusta de posarse en grandes manadas con el cuello erguido sobre los salientes de los acantilados escarpados, donde cría, bucea a menudo y constantemente, a veces durante 2 minutos, utilizando para desplazarse —como los demás álcidos— las alas semiextendidas. **Voz:** un reclamo grave y crepitante como un «arrr», «jadada», un trinante «sirrirr» o un maullante «yiau». **Hábitat:** acantilados escarpados; fuera de la época de cría, mar adentro. **Alimentación:** peces, crustáceos, moluscos. **Cría:** V-VII, 1 huevo, T 30-36 días, N 14-20 días. Cría: en compactas colonias.

**Especie semejante:** Arao de Brünnich *(Uria lomvia)*. Muy parecido al A. común, pero con el pico más corto y finas marcas longitudinales blancas en la base. **Cría:** en Europa sólo en Noruega, y NO de Rusia.

## 2. Alca común

*Alca torda* (Alcidae)

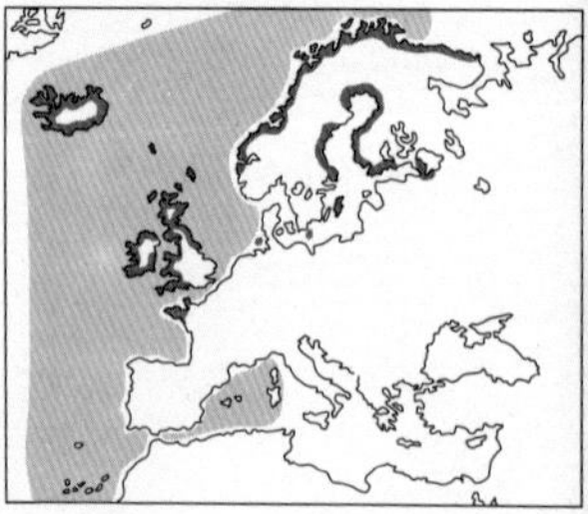

**En Europa central:** V-VII e
Helgoland, el resto del año en e
mar del Norte. **Características**
41 cm/800 g. Más pequeña y re
choncha que el A. común, con e
pico más alto y aplanado por lo
lados y una línea transversal blan
ca y otra desde la parte superio
del pico hasta el ojo; en inviern
son blancos también la gar
ganta, la parte delantera del cue
llo y ambos lados del mismo
♀ = ♂. En invierno los jóvene
son parecidos a los adultos, si
marcas en el pico. Gregaria
bucea constantemente, nada co
la cola levantada; vuelo raud
con zumbante batido de alas, so
bresaliéndole la cola más allá d
la longitud de las patas que man
tiene extendida hacia atrás. **Voz**
un grave y crujiente «orrr»
«purr-orr-orr». **Hábitat:** agua
costeras y mar adentro; en l
época de cría, en acantilados. **Ali**
**mentación:** peces, crustáceos
**Cría:** V-VII, 1 huevo, T 33-3
días, N 18-25 días. Suele criar e
pequeños grupos, en colonias d
otros álcidos.

1

2

## 1. Ganga común ▽

*Pterocles alchata* (Pteroclidae)

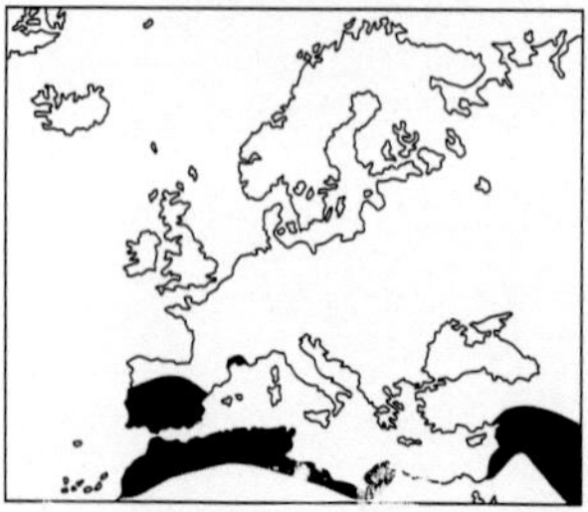

**Características:** 47 cm/250 g. Cola larga como de agujas, lista ocular negra, vientre blanco. El mentón y la garganta del ♂ blancos, 3 bandas pectorales estrechas y negras, barrado transversalmente por la parte superior formando como ondas. Llaman la atención en vuelo sus alas largas, estrechas y puntiagudas con la parte inferior blanca y las agujas de la cola. Vuelo rasante; las bandadas suelen volar hacia los bebederos en el crepúsculo. Muy tímida en el suelo, desplazándose a saltitos como una paloma. **Voz:** un reclamo nasal como un «gang-gang-gang» y un fuerte «grarr ga ga grarr». **Hábitat:** llanuras pedregosas secas, estepas arenosas, terrenos cenagosos secos. **Alimentación:** semillas, partes verdes de plantas. **Cría:** IV-V, 2-3 huevos, T 21-23 días, autófaga los polluelos vuelan a las 3-4 semanas. Nidifica en el suelo.

## 2. Ortega ▽

*Pterocles orientalis* (Pteroclidae)

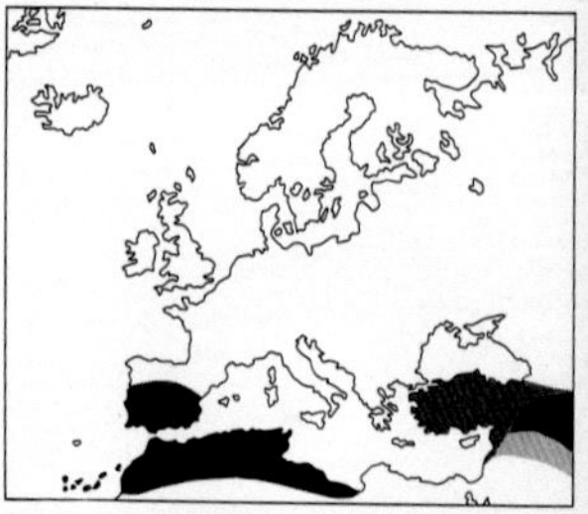

**Características:** 34 cm/400 g. De mayor tamaño y más rechoncha que la Ganga común, sin agujas en la cola y con vientre negro. El ♂ con la cabeza y la garganta gris claro; la ♀ (foto) con el píleo y el buche moteado de negro sobre fondo ocre arenoso. En vuelo, contrastando la cara inferior de las alas con las negras del vientre; vuelo rasante, con un ruido sibilante, frecuente, sobre todo, fuera de la época de cría y en grandes bandadas en busca de bebederos. Tímida en el suelo. **Voz:** un «dyirr-rirr-rirr», emitido en vuelo y alternado con un «prurrjiiu-prurrjiiu»; además un sibilante «jiyee». **Hábitat:** semidesiertos, estepas arenosas, heriales exentos de vegetación. **Alimentación:** semillas, partes verdes de plantas. **Cría:** IV-VI, 2-3 huevos, T 21-22 días, autófaga. Nidifica en el suelo. El ♂ da de beber a los polluelos como el de la Ganga común con el agua contenida entre el plumaje del vientre. Para ello vuela a menudo hasta bebederos muy alejados, con el fin de empaparse como una esponja. Una vez aprovisionada de bastante agua regresa a dar de beber a sus polluelos.

1

2

## 1. Chotacabras gris

*Caprimulgus europaeus*
(Caprimulgidae)

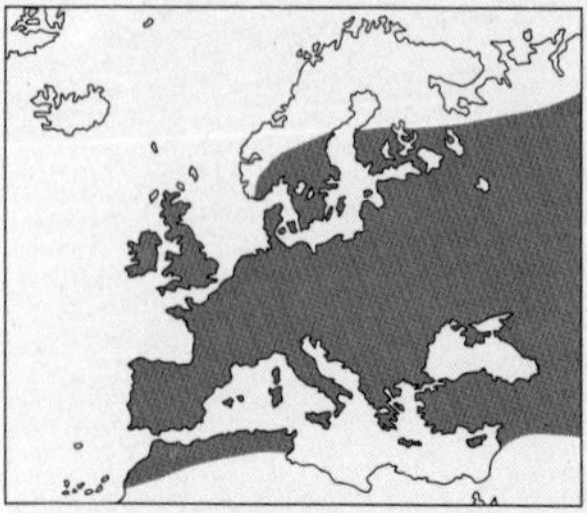

**En Europa central:** IV-X. **Características:** 27 cm/65-100 g. Alas y cola largas, pico pequeño, plumaje pardo grisáceo con abigarrado diseño color corcho; en vuelo presenta visibles manchas blancas en las alas y la cola. ♀ con marcas blancas más pequeñas; ave nocturna y crepuscular, caza insectos voladores en vuelo ágil y silencioso. **Voz:** Reclamo, un «ac», «critt-critt»; reclamo de vuelo, un «cuic». **Canto:** un «errr-errr» ronroneante. Palmotea con las alas. **Hábitat:** pinares y bosques de fronda claros, brezales. **Alimentación:** insectos voladores. **Cría:** V-VII, 2 huevos, T 16-21 días, N 16-18 días; 2 puestas/año. Nidifica en el suelo.

## 2. Vencejo común

*Apus apus* (Apodidae)

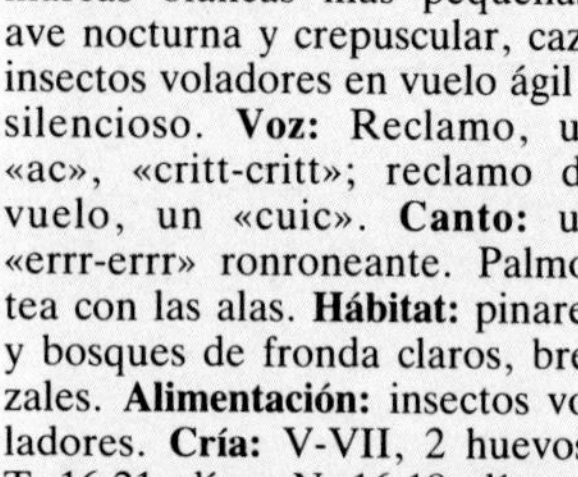

**En Europa central:** V-VIII. **Características:** 16,5 cm/43 g. Largas alas y falciformes, cola corta y ahorquillada, plumaje pardo negruzco, garganta blanca. ♀ = ♂. Los jóvenes, con orlas claras en las plumas. Gárrula, nunca en el suelo. **Vuelo:** rasante, rápido, con batido de alas extendidas alternando con fases de planeo, no pega nunca las alas al cuerpo (silueta de vuelo pág. 256). **Voz:** reclamo agudo y chirriante como un «srrii-srrii», a menudo a coro. **Hábitat:** aldeas y ciudades, regiones rocosas. **Alimentación:** exclusivamente a base de pequeños insectos voladores. **Cría:** V-VII, 2-3 huevos, T 18-20 días, N 40-50 días, los jóvenes dejan de ser cebados en cuanto vuelan. Cría colonialmente bajo los tejados y en grietas de rocas.

## 3. Vencejo real

*Apus melba* (Apodidae)

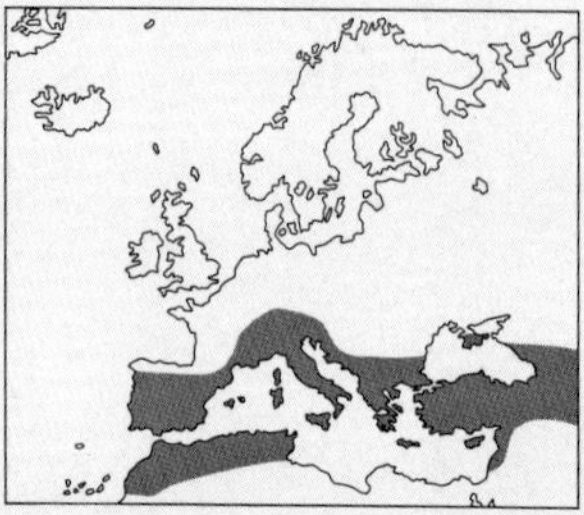

**En Europa central:** III-IX. **Características:** 22 cm/100 g. Mayor que el V. común y en general más pálido; garganta y vientre blanco, con banda pectoral parda. ♀ = ♂. Los jóvenes, con órlas pálidas en las plumas. Gárrula, nunca en el suelo; vuelo como el del V. común, con las alas a menudo dobladas hacia atrás, velocidad máxima en piruetas de vuelo de hasta 250 km/h. **Voz:** un trino prolongado, agudo y descendente al final, como un «trihihihi». **Hábitat:** roquedales; cerca de edificios altos, generalmente aislados. **Alimentación:** exclusivamente a base de insectos voladores pequeños. **Cría:** V-VIII, 2-3 huevos, T 17-23 días, N 53-66 días, cría colonialmente en escarpadas paredes rocosas.

1

2

3

## 1. Lagópodo escandinavo

*Lagopus lagopus* (Tetraonidae)

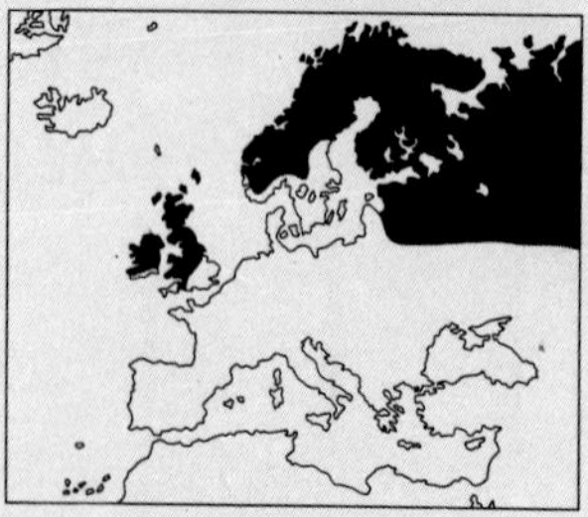

**Características:** 38-41 cm/450 hasta 700 g. Plumaje de verano color castaño con ondas transversales pardas, alas blancas, cola negra, vientre y plumaje hasta los dedos, blancos; prominente carúncula ocular; ♀ pardo amarillenta inaparente, con marcado diseño ondulado; plumaje otoñal del mismo color que el de verano pero sólo por arriba; la parte inferior hasta la cabeza (parda) es blanca; el plumaje invernal es blanco, excepto en la cola que es negro. ♀ = ♂. El **Lagódopo escocés** *(Lagopus lagopus scoticus)* de las islas Británicas, es de la misma raza y tanto en verano como en invierno su plumaje es castaño. Ante el peligro se agazapa pegada al suelo. **Voz:** reclamo en «crescendo» como un «cuac-cavac-cavac-cuarr» sordo y un breve «goc». Cuando es molestada en el nido emito un «cuacua». **Hábitat:** páramos y ciénagas. **Alimentación:** hojas, yemas, bayas; para alcanzar la planta nutricia excavan en invierno largos pasillos en la nieve. **Cría:** V-VI, 6-14 huevos, T 21-24 días, los polluelos vuelan a las 2 semanas. Nidifica en el suelo.

## 2/3. Perdiz nival

*Lagopus mutus* (Tetraonidae)

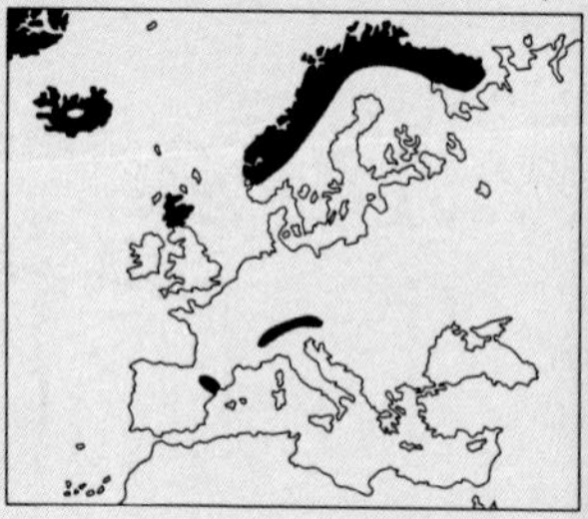

**En Europa central:** I-XII. **Características:** 35 cm/350-510 g. Más pequeña que el Lagópodo escocés y con el pico más débil. En todos sus plumajes, la parte posterior del pecho, el vientre y las patas son de color blanco con una mancha negra, en el macho, desde el pico al ojo, y carúncula ocular roja (foto C 4); plumaje de verano negro parduzco por encima, por la parte delantera del pecho y por los flancos con un fino barrado (foto 2); ♀ castaño oscuro a pardo amarillenta, incluso por el pecho y el vientre,

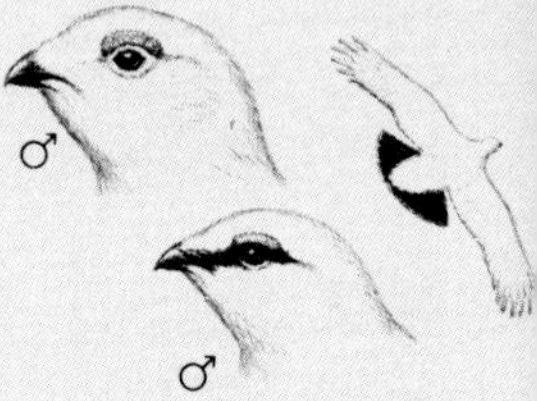


con barrado oscuro; plumaje invernal blanco con plumas rectrices negras (foto 3); ♀ = ♂, sin mancha del pico al ojo; llamativo vuelo nupcial; fuera de la época de cría, en pequeños grupos. **Voz:** un sordo «arr-aca-ga»; reclamo de contacto del ♂, un «corr», la ♀ un «kiia». **Hábitat:** zonas montañosas por encima de la región arbórea, tundra. **Alimentación:** hojas, yemas, bayas. **Cría:** VI-VII, 4-11 huevos, T 23-24 días, los polluelos vuelan a las 2 semanas. Nidifica en el suelo.

1

2

3

## 1/2. Urogallo

*Tetrao urogallus* (Tetraonidae)

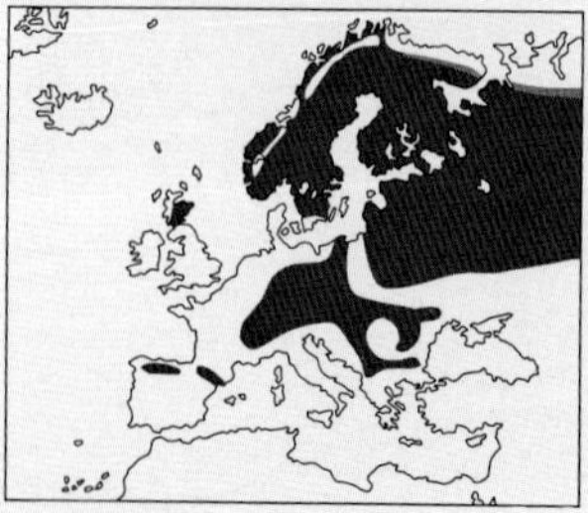

**En Europa central:** I-XII. **Características:** ♂ 86 cm/4 200 g, ♀ 62 cm/2 000 g. Marcada diferencia de sexos. ♂ (foto 1) plumaje gris azulado oscuro a negro con reflejos verdosos en el pecho, alas pardo oscuro con mancha blanca, pico blanquecino. La ♀ (foto 2) parecida a la del Gallo lira, pero de mayor tamaño, con barrado más tosco y mancha pectoral pardo rojiza de mayor contraste, cola redondeada. Vuelo típicamente ruidoso al despegar de los árboles; en invierno, posado habitualmente en los árboles. Muy asustadizo, especialmente durante la época de cría de los polluelos. **Voz:** estrofa nupcial del ♂, un «go golop golop glop gloppoppoppopp» gutural, burbujeante; la ♀ un «goc goc» parecido al de un faisán y raras veces emitido. **Hábitat:** bosques de coníferas, en las montañas del NE de España, en bosques mixtos. **Alimentación:** hierbas, bayas, insectos (larvas de hormigas, de gran importancia para la cría de los polluelos); en invierno, principalmente acículas de coníferas. **Cría:** IV-VI, 5-12 huevos, T 24-26 días, los polluelos se independizan a los 4 meses. Nidifica en el suelo.

## 3/4. Gallo lira

*Lyrurus tetrix* (Tetraonidae)

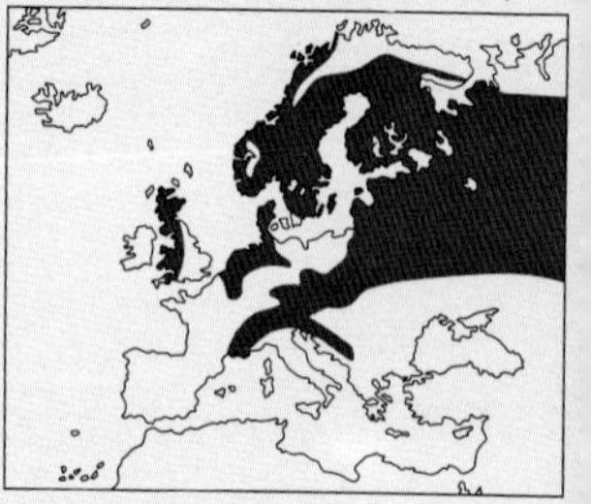

**En Europa central:** I-XII. **Características:** ♂ 53 cm/1 250 g. ♀ 41 cm/950 g. Marcada diferencia de sexos. El ♂ (foto 4) plumaje negro brillante, con prominente carúncula ocular roja; cola ahorquillada en forma de lira. ♀ (foto 3) con camuflaje pardo amarillento, barrado oscuro; parecido al del Urogallo ♀, pero visiblemente más pequeño y sin mancha pectoral pardorrojiza; la cola sólo débilmente ahorquillada, la carúncula débilmente conformada; acostumbra permanecer posada en los árboles; parada nupcial conjunta de ♂♂ en algún claro; actitud de exhibición con la cola en abanico haciendo resaltar por debajo las plumas infracoberteras caudales de color blanco brillante. **Voz:** estrofa nupcial del ♂, un «urruurruurruurruurruurru chuuich urruurruurru»; cuando se excita, un «cri criao»; la ♀, un graznido nasal. **Hábitat:** praderas abiertas y pantanosas con arbolado disperso o arbustos. **Alimentación:** yemas de caducifolios y coníferas, hojas de bayas, insectos (principalmente para la cría de los polluelos). **Cría:** V-VI, 7-10 huevos, T 26-27 días, los jóvenes se independizan a las 4 semanas. Nidifica en el suelo.

1

2|3

4

## 1. Grevol

*Bonasa bonasia* (Tetraonidae)

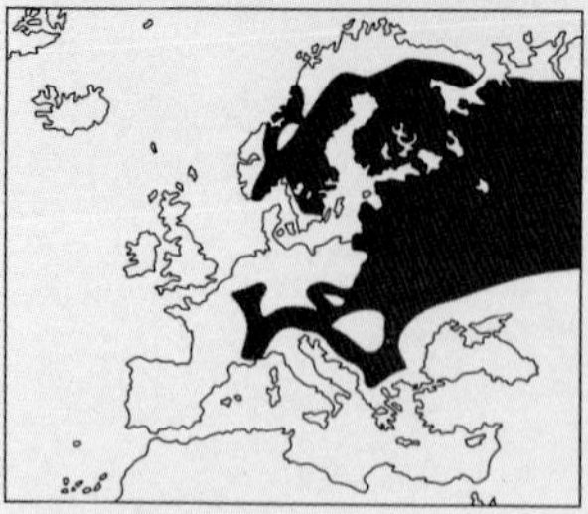

**En Europa central:** I-XII. **Características:** 36 cm/370 g. Pequeña cresta, cola relativamente larga con franja negra en la punta; parte superior pardorrojiza (la raza nórdica, gris) de apretado diseño; parte inferior blanca con manchas negras; mancha negra en la garganta bordeada de blanco, carúncula roja. La ♀ carente de mancha en la garganta. Parada nupcial en otoño. **Voz:** el canto del ♂ recuerda al de un reyezuelo con su agudo «tsie-tsissietititiut titi»; reclamo de alarma: «vitvitvit»; la ♀ «titi». **Hábitat:** bosques mixtos con sotobosque. **Alimentación:** yemas de caducifolios y arbustos, bayas, insectos. **Cría:** IV-VI, 7-11 huevos, T 22-25 días, los polluelos vuelan a las 2 semanas. Nidifica en el suelo.

## 2. Perdiz griega

*Alectoris graeca* (Alectoris)

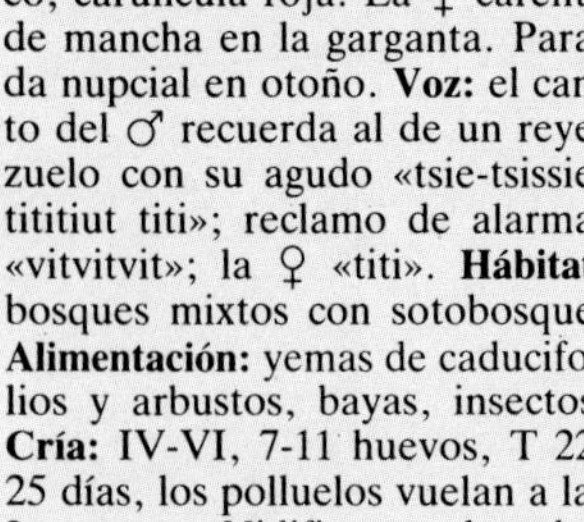

**En Europa central:** I-XII. **Características:** 33 cm/500-850 g. Flancos conspicuamente blancos con barrado castaño y negro. Mejillas y garganta blancas perfiladas por una banda regra. Bridas negras y lados del cuello y buche sin manchas, pico y patas rojizos (foto: raza *chucar*). ♀ = ♂. En otoño, en grandes bandadas. **Voz:** largas estrofas como un «cic cic cic» «chotec chotec»; cuando es levantada emite un «pichi pichi». **Hábitat:** laderas pedregosas de montañas por encima del límite arbóreo. **Alimentación:** semillas, partes verdes de plantas, acículas de coníferas, bayas, insectos. **Cría:** V-VII, 9-14 huevos, T 24-26 días, los polluelos vuelan a los 25 días. Nidifica en el suelo.

## 3. Perdiz pardilla

*Perdix perdix* (Perdix)

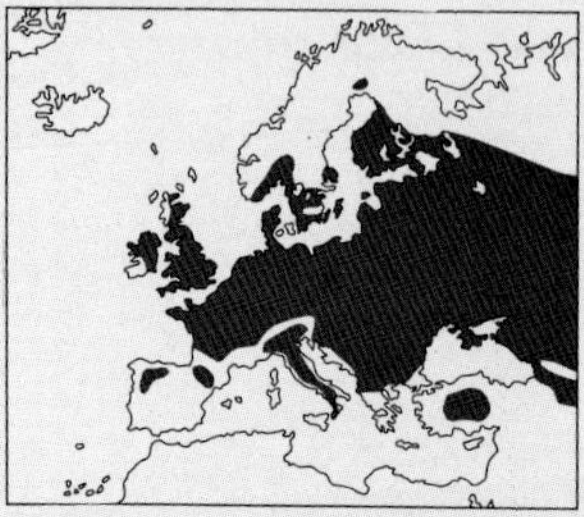

**En Europa central:** I-XII. **Características:** 30 cm/380 g. Cara y garganta rojo ladrillo. Parte superior y delantera del cuerpo de color gris claro, mancha pectoral castaño rojiza en forma de herradura, alas con moteado rojizo, cortas y redondeadas; cola corta, rojiza en vuelo. ♀ con los hombros y las coberteras superiores moteadas de amarillo, mancha pectoral más pequeña. Aleteo chasqueante; en invierno, en grandes bandadas. **Voz:** un ronco «quirrec»; cuando es levantada un «pitt pitt» o un «rep rep». **Hábitat:** labrantíos poco extensos, páramos, totalmente terrícola. **Alimentación:** gramíneas y herbáceas, semillas, insectos. **Cría:** IV-VI, 10-20 huevos, T 25 días, los polluelos vuelan a los 13-14 días. Nidifica en el suelo.

1

2

3

# 1. Codorniz

*Coturnix coturnix*
(Perdix)

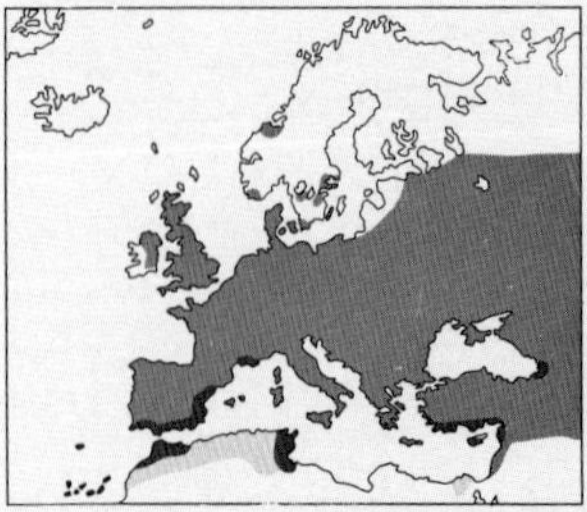

**En Europa central:** V-IX. **Características:** 18 cm/95 g. La más pequeña de las galliformes europeas, de aspecto rechoncho y cola sumamente corta, con las alas largas y puntiagudas. Parduzca por encima con franjas oscuras, lista superciliar ocre y ocre también por la parte inferior, garganta y mentón negros; ♀ (foto) pecho moteado y garganta y mentón blancos. Vive muy oculta, suele huir corriendo; es la única galliforme migradora. **Voz:** un repetido «pic-ic-ic» perceptible a larga distancia con un suave «chau-ua» soplante preliminar; la ♀ un «chi-chic» sincronizado a veces con las últimas sílabas del reclamo del ♂. **Hábitat:** estepas, labrantíos, campos de cultivo de cereales, trébol, praderas abiertas. **Alimentación:** insectos, arácnidos, gusanos, caracoles, yemas, semillas de herbáceas y cereales. **Cría:** V-VII, 7-14 huevos, T 18-19 días, los polluelos vuelan a los 11 días. Nidifica en el suelo.

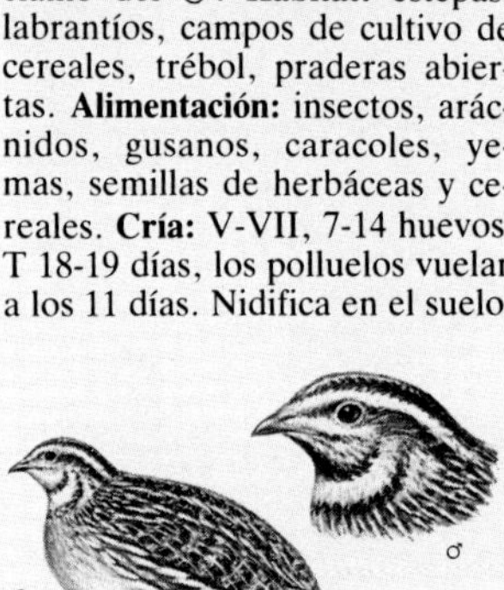


# 2/3. Faisán vulgar

*Phasianus colchichus*
(Phasianidae)

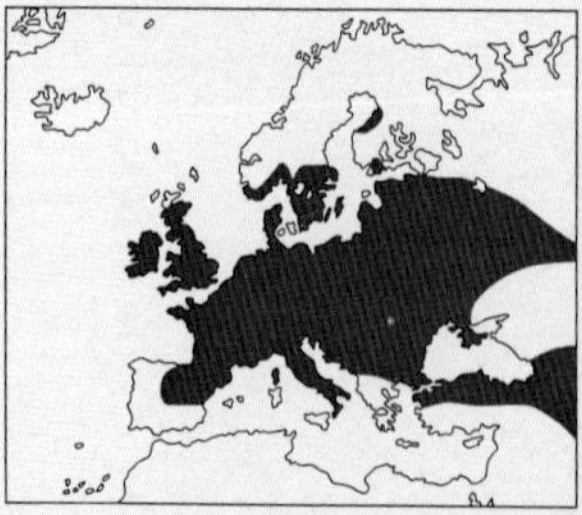

**En Europa central:** I-XII. **Características:** ♂ 66-89 cm/1 400 g. ♀ 53-63 cm/1 200 g. Galliforme de larguísima cola puntiaguda. ♂ (foto 2) con la cabeza y el cuello de color verdoso oscuro y metálico, discos cutáneos rojos en torno a los ojos, con una especie de moñito y generalmente con un collar blanco; el resto del plumaje es rojo cobrizo con diseño escamoso negro y cola con barrado negro; la ♀ (foto 3) presenta un plumaje de camuflaje pardo-amarillento con motas negras y tiene la cola más corta. Vuelo rápido y recto; en invierno, en bandadas. El faisán, gallinácea nativa de Eurasia, fue introducido en Europa para la caza. **Voz:** reclamo territorial del ♂: un «cococ» agudo y chirriante, seguido de un zumbido producido por las alas; al levantar el vuelo, emite un «gogogogoc»; la ♀ al ser levantada emite un «cic cic» con una especie de cacareo alternativo. **Hábitat:** campo abierto con inmediaciones boscosas, arboledas ribereñas, grandes cañaverales. **Alimentación:** partes verdes de diversas plantas, cereales, frutos del campo, semillas, bayas, insectos y gusanos. **Cría:** IV-VI, 8-12 huevos, T 23-24 días, los polluelos son cuidados exclusivamente por la ♀, volando a los 10-12 días. Nidifica en el suelo.

1

2

3

## 1. Tórtola común

*Streptopelia turtur* (Streptopelia)

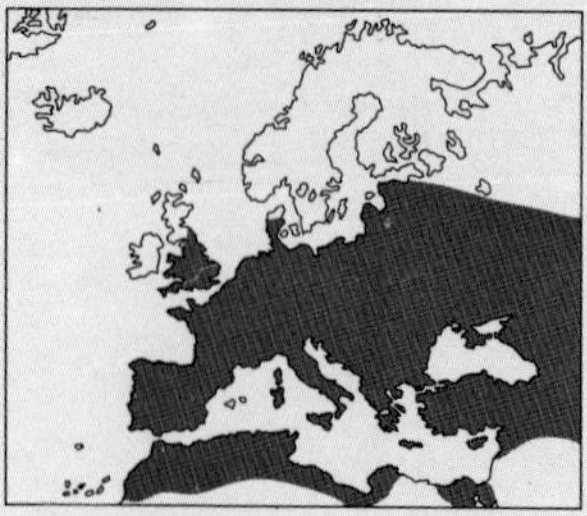

**En Europa central:** IV-IX. **Características:** 27 cm/150 g. La más pequeña de su género en Europa, muy esbelta y con mancha blanca y negra a los lados del cuello; plumas coberteras negras con festón castaño; cola con un borde blanco por debajo muy conspicuo en vuelo. ♀ = ♂ pero algo más pálida. Vuelo rápido con batido de alas espasmódicos sin ruido llamativo. Tímida. **Voz:** un «turr» ligado y ronroneante. **Hábitat:** bosques claros, palmerales, parques. **Alimentación:** generalmente semillas y partes verdes de diversas plantas. **Cría:** V-VIII, 2 huevos, T 13-16 días, N 18-23 días; 2 puestas/año. Nidifica en árboles.

## 2. Tórtola turca

*Streptopelia decaocto* (Streptopelia)

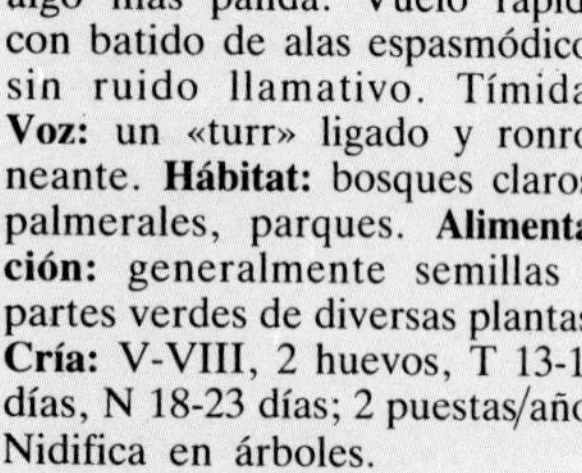

**En Europa central:** I-XII. **Características:** 28 cm/200 g. Plumaje ceniciento claro con una banda negra en la nuca, los ojos rojizos y con la mitad de la base de las rectrices de color negro. ♀ = ♂. Vuelo muy directo con un batido sonoro; llamativo vuelo territorial y nupcial, colonizadora y nada tímida. **Voz:** «guu-guu-guu» ligado y monótono. **Hábitat:** aldeas y ciudades, jardines y parques. **Alimentación:** generalmente semillas; visita los comederos invernales. **Cría:** III-IX, 2 huevos, T 13-14 días, N 16-19 días; 2-3 puestas/año. Nidifica generalmente en árboles.

## 3. Paloma zurita

*Columba oenas* (Columbidae)

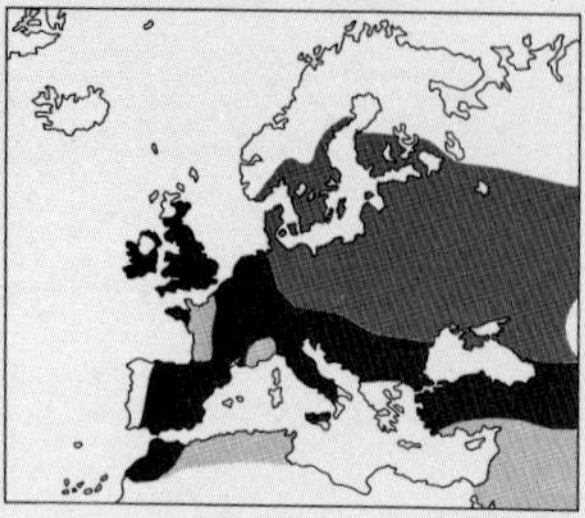

**En Europa central:** III-X. **Caracteríscas:** 33 cm/300 g. Más esbelta que la Paloma bravía (pág. 152) carente de blanco en su plumaje, ojos negros y verde metálica por ambos lados del cuello. ♀ algo parduzca por encima; vuelo sibilante; impresionante vuelo circular de cortejo; gusta de posarse en los árboles. **Voz:** el canto territorial es un repetido «bu-u-u-up», «ju-ru-u» o «huuv»; al ser levantada emite un «ruu». **Hábitat:** bosques claros con árboles viejos, parques urbanos, dunas y acantilados. **Alimentación:** principalmente semillas, bayas y partes verdes de plantas diversas. **Cría:** III-IX, 2 huevos, T 16-18 días, N 23-28 días; 2-3 puestas/año. Nidifica en cavidades en los árboles, las más veces en agujeros de picos negros (pág. 158); también acepta nidales.

1

2

3

## 1. Paloma torcaz

*Columba palumbus* (Columbidae)

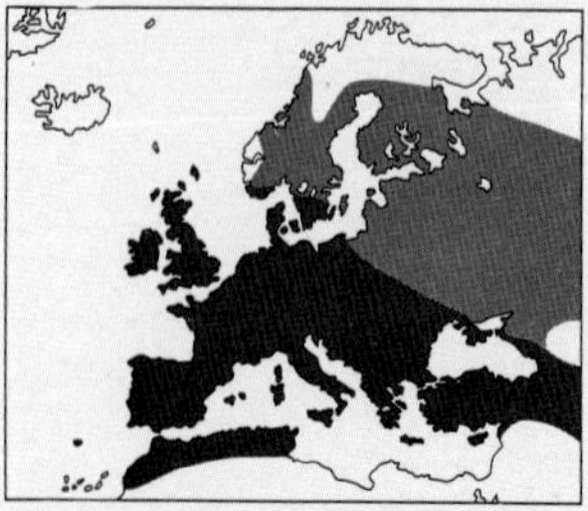

**En Europa central:** I-XII. **Características:** 41 cm/500 g. De mayor tamaño y cola más larga que la P. bravía, tiene una conspicua mancha blanca a ambos lados del cuello, un poco rojiza en el buche y el pecho; ojos amarillo claro; en vuelo se advierte claramente una mancha blanca en las alas; presente en labrantíos; hace un ruido silbante al volar; vuelo de cortejo característico. **Voz:** un «ruguugu gúgu» apagado. **Hábitat:** parques y jardines. **Alimentación:** principalmente semillas, bayas y partes verdes de plantas. **Cría:** IV-IX, 2 huevos, T 16-17 días, N 28-29 días; 2-3 puestas/año. Nidifica en los árboles.

## 2. Paloma brabía

*Columba livia* (Columbidae)

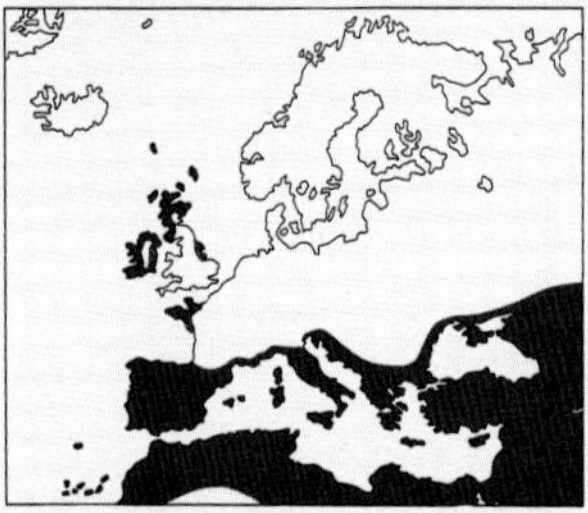

**En Europa central:** I-XII. **Características:** 33 cm/330 g. Antecesora de las palomas domésticas; cuello gris oscuro, con irisaciones verdes y violáceas por los lados; alas gris pálido con dos barras oscuras; obispillo y dorso posterior las más veces blancos, ojos pardo rojizos, ♀ = ♂. Gregaria, vuela a menudo en bandadas; rara en los árboles. **Voz:** un arrullador y sordo «uu- ı-cuu» (cortejo); o un «ruu-ruu-ruu» (reclamo). **Hábitat:** paredes rocosas con hoquedades, acantilados; cuando busca alimento, en páramos y labrantíos. **Alimentación:** semillas y retoños de plantas. **Cría:** II-IX, 2 huevos, T 17-18 días, N 23-25 días; 2-3 puestas/año. Nidifica en colonias.

## 3/4. Cuco

*Cuculus canorus* (Cuculidae)

**En Europa central:** IV-IX. **Características:** 33 cm/100 g. Parecido al gavilán (pág 56) pero con las alas más puntiagudas y la cola más larga; el ♂ tiene el diseño de la parte inferior prolongado hasta el buche (foto 3), la ♀ hasta el garganta (foto 4); existe una variante de hembra pardo rojizo (foto 4). Los jóvenes presentan un diseño escamoso por la parte superior; ave solitaria; vuela con batidos de alas horizontales; silueta de vuelo semejante a la del halcón. **Voz:** el conocido «cuccuc». **Hábitat:** frecuente en bosques. **Alimentación:** orugas, incluso las muy pilosas. **Crías:** pone los huevos en nidos de otras aves (1 huevo por nido) dejando que éstas lo encuben durante 11-12 días, N 19-24 días. El polluelo del cuco arroja del nido los demás huevos y a cualquier otro polluelo que haya en él.

1

2

3|4

## 1. Martín pescador

*Alcedo atthis* (Alcedinidae)

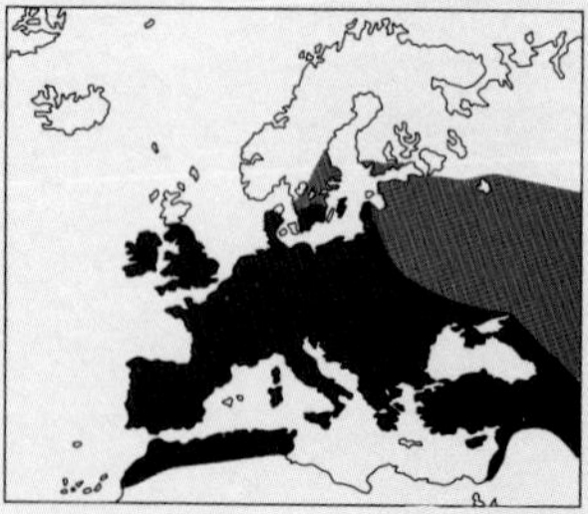

**En Europa central:** I-XII. **Características:** 16,5 cm/38 g. Cuerpo rechoncho, pico grande y oscuro; azul con irisaciones turquesa por encima; rojo castaño por debajo; ♀ con la base inferior del pico rojiza. Vuela como una flecha en línea recta; frecuente en posaderos presto a bucear para pescar. **Voz:** un penetrante «tiiiit» o un «titititi». **Hábitat:** ríos y arroyos de aguas claras, sobre todo los de orillas escarpadas. **Alimentación:** peces pequeños, larvas de insectos de agua, renacuajos. **Cría:** IV-VII, 6-8 huevos, T 19-21 días, N 25 días; 2-3 puestas/año. Nidifica en agujeros en escarpados.

## 2. Carraca

*Coracias garrulus* (Coradiidae)

**En Europa central:** IV-IX. **Características:** 31 cm/140 g. Cabeza, parte inferior, coberteras superiores e inferiores color azul turquesa; dorso y hombros pardo canela rojizo, remeras y cola negruzcas, la cola con lista terminal azul. ♀ = ♂. Vuelo de cortejo con picados y giros sobre el eje del cuerpo; a menudo exhibiéndose en posaderos (con frecuencia postes de teléfono). **Voz:** un reclamo ronco como un «rac rac», «raque-rac»; durante el vuelo de cortejo un «reereerrerr»; reclamo de intimidación como un «err» o un «craaa». **Hábitat:** campo abierto con arbolado, bosques claros de caducifolios y coníferas. **Alimentación:** insectos grandes, pequeños reptiles. **Cría:** V-VI, 4-6 huevos, T 18-19 días, N 26-28 días. Nidifica en agujeros en márgenes terrosos y en agujeros de árboles.

## 3. Abejaruco común

*Merops apiaster* (Meropidae)

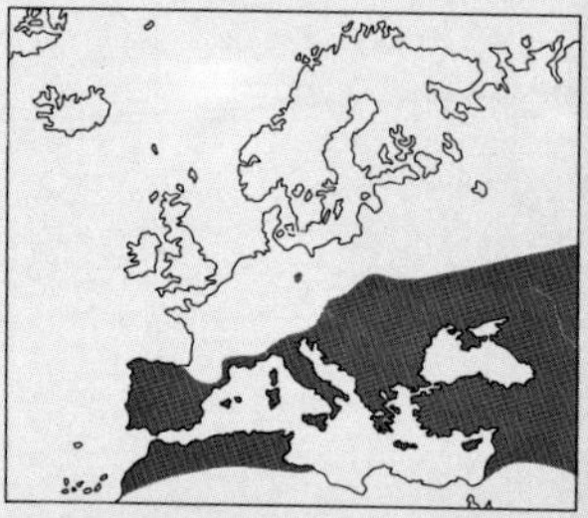

**En Europa central:** V-IX. **Características:** 28 cm/60 g. De color castaño por encima, azul gris por debajo, con el mentón y la garganta amarillo brillante y el pico largo, decurvado hacia abajo. Fina y puntiaguda rectriz conspicuamente sobresaliente. ♀ = ♂. Gregaria; vuela como una golondrina, con planos intermedios llamando la atención sus alas triangulares con el borde posterior negro. **Voz:** un sonoro «birr-birr» o un «ripp» (generalmente en vuelo). **Hábitat:** campo abierto con arboleda y arbustos aislados. **Alimentación:** grandes insectos voladores. **Cría:** V-VII, 5-7 huevos, T 20-22 días, N 31-33 días. Nidifica en colonias en agujeros excavados en paredes terrosas.

1|2

3

# 1. Abubilla

*Upupa epops* (Alcedinidae)

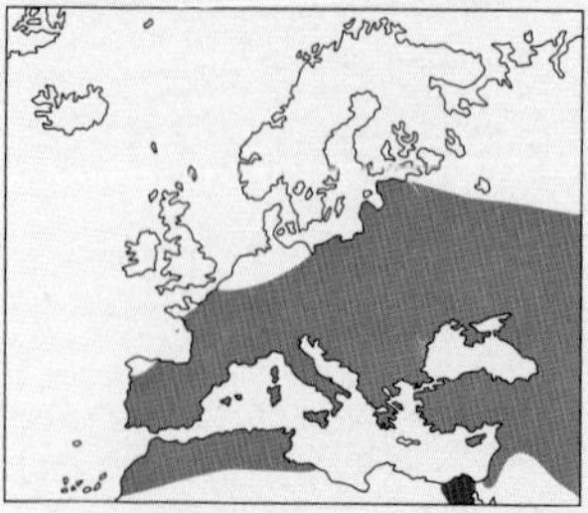

**En Europa central:** IV-IX. **Características:** 28 cm/65 g. Cresta conspicua con puntas negras que puede mantener abierta como un abanico, pico largo, esbelto y decurvado; alas y cola con un ostentoso franjeado blanco y negro, el resto del plumaje es anaranjado-rosado. ♀ = ♂. Su forma de volar, con suaves aleteos irregulares, recuerda el vuelo de una mariposa; al tomar tierra y cuando se excita levanta las plumas de la cresta; en el suelo se desplaza moviendo convulsivamente la cabeza y picoteando con frecuencia. **Voz:** un trisílabo «pup-pup-pup» perceptible a distancia; cuando es levantada emite un «jree» gimiente.

**Hábitat:** bosques de coníferas y mixtos, pastizales, parques, campo abierto; en el sur de España es sedentaria. **Alimentación:** grandes insectos voladores, gusanos, caracoles y batracios. **Cría:** IV-VII, 5-8 huevos, T 15-17 días, N 24-27 días; los polluelos salpican a los intrusos con excrementos semilíquidos al tiempo que sus glándulas secretoras emiten un olor nauseabundo. Nidifica en agujeros.

# 2. Torcecuello

*Jynx torquilla* (Picidae)

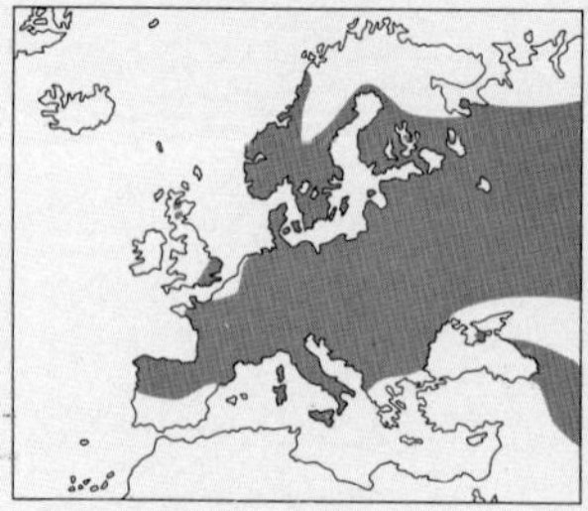

**En Europa central:** IV-IX. **Características:** 16,5 cm/35 g. Pícido de pequeño tamaño y esbelto, con aspecto de alcaudón pardo; pardo claro por debajo y con fino barrado castaño oscuro por encima; pies con 2 dedos anteriores y 2 posteriores. ♀ = ♂. Busca alimento en el suelo, no trepa; vuelo ondulante. **Voz:** ♂ = ♀ con un canto creciente y monótono de series, como un «gyegyegye»; cerca del nido emite un sonoro «tetete» de intimidación. **Hábitat:** bosques claros de caducifolios, huertas, parques, riberas. **Alimentación:** principalmente hormigas y larvas que extrae de los hormigueros con su larga lengua viscosa; pero también otros insectos. **Cría:** V-VII, 7-11 huevos, T 12-14 días, N 20-22 días; 1-2 puestas/año. Anida en agujeros. Como migrador tardío procedente de las zonas de invernada africanas, encuentra generalmente los agujeros de otras especies, procediendo a expulsar a las crías y a arrojar al suelo los huevos para luego instalarse en ellos sin más preparativos.

1

2

## 1. Pico negro

*Dryocopus martius* (Picadae)

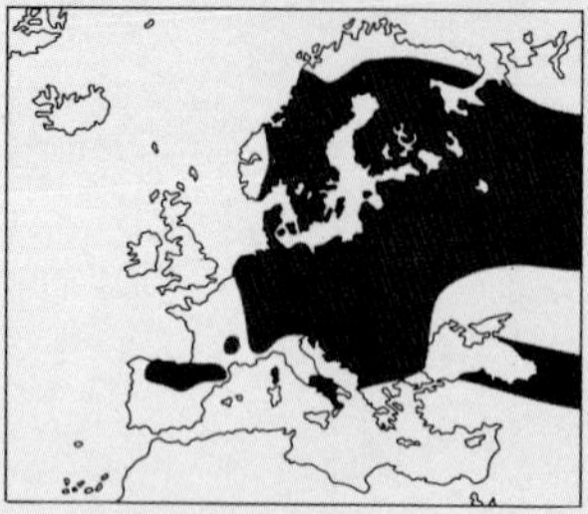

**En Europa central:** I-XII. **Características:** 46 cm/300 g. Del tamaño de una corneja, con el pico largo y esbelto; plumaje negro, con píleo y cresta rojos; pico e iris amarillo claro; ♀ sólo una mancha roja en la nuca. Los inmaturos no tan negros, con diferencia de sexos como en los adultos. **Voz:** reclamo como un «cliee»; en primavera un rápido y seriado «vicvicvic»; en vuelo «cruicruicrui»; tamborileo relativamente lento de ≈ 2,5 segundo de duración. **Hábitat:** bosques con troncos viejos. **Alimentación:** larvas de escarabajos, hormigas y larvas de hormigas que busca generalmente en troncos y tocones. **Cría:** IV-VI, T 12-14 días, N 27-28 días. Nidifica en agujeros de árboles, el orificio de entrada ovalado-vertical.

## 2. Pico cano

*Picus canus* (Picidae)

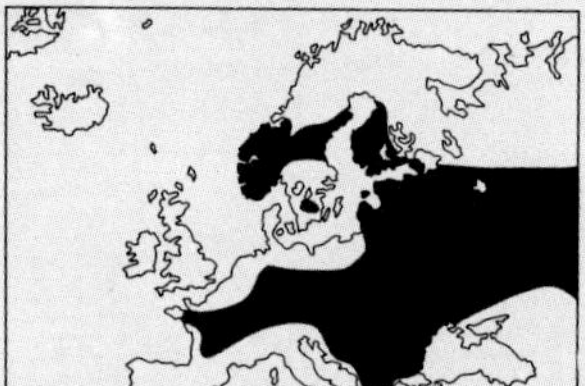

**En Europa central:** I-XII. **Características:** 26 cm/130 g. Cabeza y cuello grises, iris pardo rojizo,
bigoteras estrechas y negra
frente roja; ♀ = ♂, pero care
te de rojo; los inmaturos, s
mejantes a los adultos; suele bu
car alimento en el suelo. **Voz:** s
rie descendente de 8-12 tonos s
bilantes como un «guiguigui» r
tardando hacia el final; reclam
suave como un «glic» repetid
tamborileo de apenas 2 segu
dos de duración y unas 2
percusiones/seg. **Hábitat:** bo
ques de fronda y mixtos, pa
ques. **Alimentación:** hormigas
larvas de hormigas; otros inse
tos; en invierno incluso semilla
y frutos. **Cría:** V-VI, 7-9 huevo
T 15-17 días, N 24-25 días. Nid
fica en agujeros de árboles.

## 3. Pico real

*Picus viridis* (Picidae)

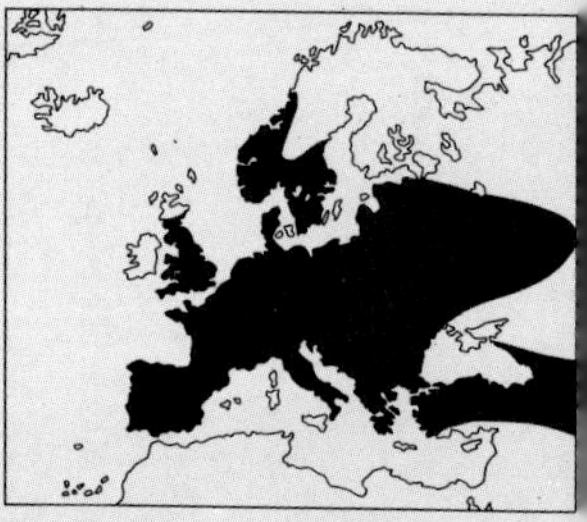

**En Europa central:** I-XII. **Carac**
**terísticas:** 32 cm/180 g. Píleo roj
extendido hasta la nuca, obispill
amarillo claro, entorno ocula
negro; ♂ con bigotera roja, ♀
negra. Los jóvenes, moteados
busca alimento exclusivamente e
el suelo. **Voz:** estrofas carcajean
tes como un «glicglicglic» ca
constante en volumen y separa
ción silábica; tamborilea raras ve
ces y por breves períodos. **Hábi**
**tat:** bosques claros de caducifo
lios, parques, huertas. **Alimenta**
**ción:** exclusivamente de hormiga
y larvas de hormigas que caza co
su larga lengua viscosa. **Cría:** IV
V, 5-8 huevos, T 15-17 días, N
23-27 días. Nidifica en agujeros d
árboles, la abertura es ovalado
transversal.

1|2

3

## 1. Pico picapinos

*Picoides major* (Picidae)

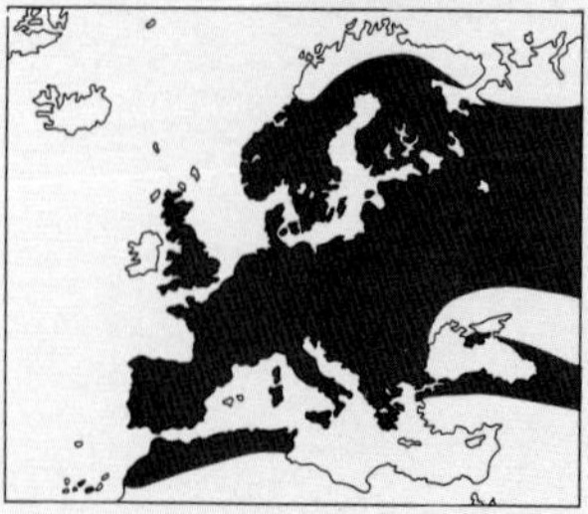

**En Europa central:** I-XII. **Características:** 23 cm/80 g. Bigoteras negras de fuerte contraste, prolongadas hasta la nuca; parte inferior blanca, infracoberteras caudales rojas, manchas blancas en los hombros y franja roja en la nuca; ♀ carente de rojo en la cabeza; los jóvenes, con lista verticilar roja. **Voz:** reclamo como un rudo «quic»; en la época de cortejo un ronco «rerrerre»; tamborileo de ≈ 0,5 seg de duración, con percusiones cada vez más rápidas. **Hábitat:** bosques, parques, jardines. **Alimentación:** insectos de la corteza y la madera y sus larvas; en invierno también nueces y semillas de coníferas, que casca sujetándolas entre horquillas de ramas o hendiduras de la corteza de los árboles; también savia. **Cría:** V-VI, 5-7 huevos, T 12 días, N 18-21 días. Nidifica en agujeros de árboles.

## 2. Pico mediano

*Picoides medius* (Picidae)

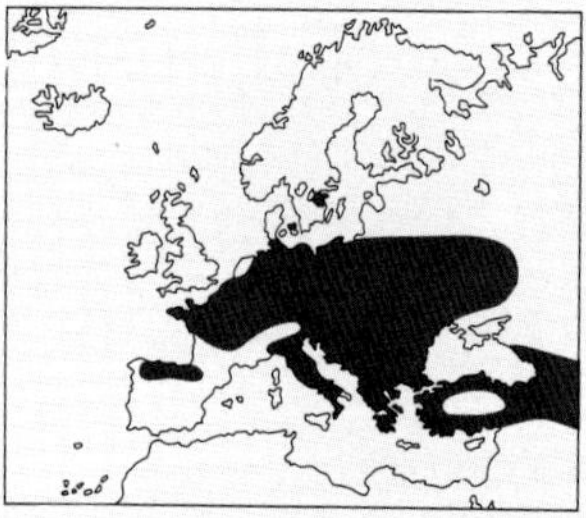

**En Europa central:** I-XII. **Características:** 22 cm/60 g. Píleo rojo vivo, sin bigoteras negras; flancos con barrado negro, infracoberteras caudales rosa, escapulares blancas; ♀ píleo rojo amarillento; los jóvenes, semejantes a los adultos. **Voz:** un reclamo como «gueguegueguegue», «cuc»; en la época de apareamiento un graznido ronco como un «cueee»; tamborilea raras veces. **Hábitat:** bosques de caducifolios y parques con viejos robles y hayas. **Alimentación:** insectos y larvas de la madera, nueces, semillas. **Cría:** IV-VI, 5-6 huevos, T 1[illegible] días, N 22-23 días. Nidifica en agujeros de árboles.

## 3. Pico menor

*Picoides minor* (Picidae)

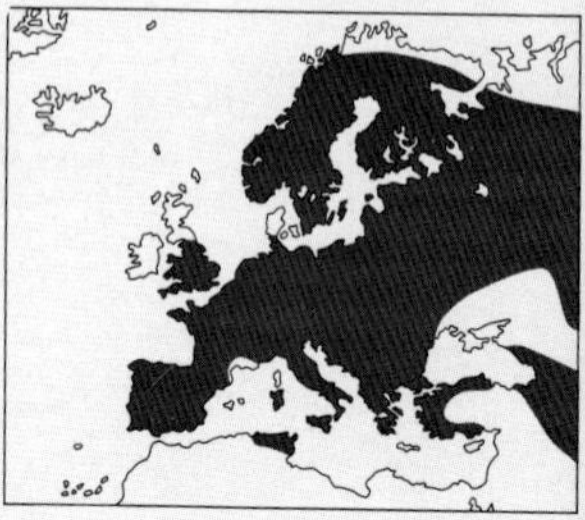

**En Europa central:** I-XII. **Características:** 14,5 cm/22 g. Es el más pequeño de Europa; parte superior negra con prolongado barrado blanco, parte inferior blanca, con franjas negras, píleo rojo; ♀ píleo blanco; los jóvenes con el píleo blanquecino sucio. **Voz:** un agudo «kikikiki»; martillea a menudo y con insistencia con períodos de 1-2 segundos a ritmo regular relativamente lento. **Hábitat:** bosques de caducifolios y mixtos, parques. **Alimentación:** insectos de las ramas y hojas de los árboles, larvas del interior de la madera. **Cría:** IV-VI, 4-6 huevos, T 11 días, N 19-21 días. Nidifica en agujeros de árboles.

1

2|3

## 1. Pico dorsiblanco

*Picoides leucotos* (Picidae)

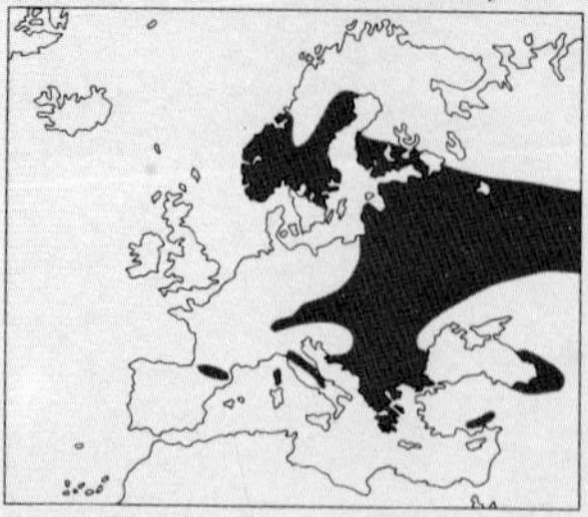

**En Europa central:** I-XII. **Características:** 25 cm/90 g. Mayor y más esbelto que el P. picapinos (pág. 160). Dorso anterior negro, dorso medio blanco, hasta el obispillo (sólo visible en vuelo), sin manchas blancas en las alas; blanco por debajo enrojeciendo gradualmente hacia la infracoberteras caudales, flancos con barrado negro; píleo rojo carmín mate; ♀ píleo negro; los jóvenes, rojo. **Voz:** el reclamo es más suave que el del P. picapinos, además emite un «ki-ki-ki» seriado y su martilleo de ≈ 1,5 seg de duración es de golpes simples y de frecuencia acelerada. **Hábitat:** bosques mixtos semiselváticos con abundantes tocones de caducifolios y árboles muertos; en la parte septentrional del área de distribución, especialmente en bosques de abedules y álamos. **Alimentación:** principalmente larvas de insectos de madera en descomposición, pero también bayas y nueces, buscando alimento junto a troncos putrefactos. **Cría:** IV-VI, 3-5 huevos, T 14-16 días, N 27-28 días. Nidifica en agujeros de árboles.

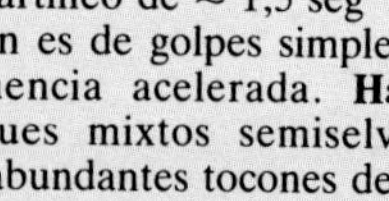

## 2. Pico tridáctilo

*Picoides tridactylus* (Picidae)

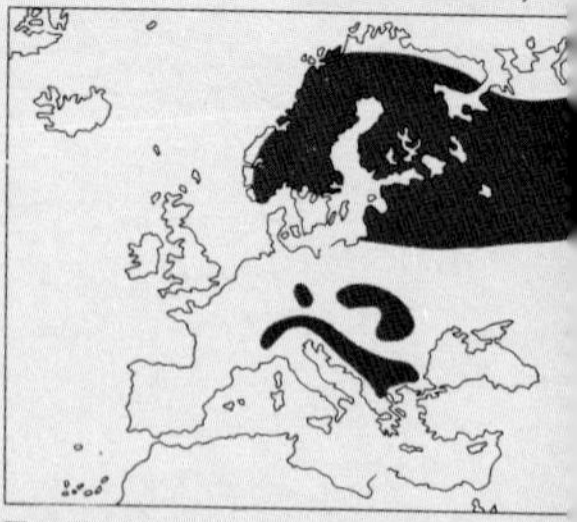

**En Europa central:** I-XII. **Cara** **terísticas:** 22 cm/65 g. Apenas d tamaño del P. picapinos, cc plumaje blanco y negro muy co trastado, carente de rojo, con p leo amarillo e iris blanquiazu negro por encima con manch blancas desde la nuca hasta obispillo; blanquecino por d bajo con los flancos barrados e negro; pies de tres dedos, 2 ant riores y uno posterior, ♀ con píleo finamente moteado e blanco y negro; los jóvenes, s mejantes a los adultos macho pero grises por debajo y con iris pardo **Voz:** un «igg» más su ve y grave que la del P. picapinc y reclamos seriados como u «gregrege»; tamborileo de ≈ 1, seg de duración a ritmo más len to que el del P. picapinos (pág 160) y acrecentando la frecuenci en los últimos golpes. **Hábita** bosques de coníferas (pinares) sobre todo en montañas de 800 1 700 m de altitud; en el N tam bién en bosques de abedules **Alimentación:** insectos y larva que viven en la madera, savia d los árboles, para alcanzar la cu perfora una serie de orificios e la corteza acudiendo luego ellos regularmente. **Cría:** V-VII 3-4 huevos, T 11 días, N 20-2 días. Nidifica en agujeros de ár boles.

1

2

# Colúmbidos y pícidos

Siluetas en vuelo y en reposo.

# Córvidos

Siluetas en vuelo y en reposo.

## 1. Cogujada común

*Galerida cristata* (Alaudidae)

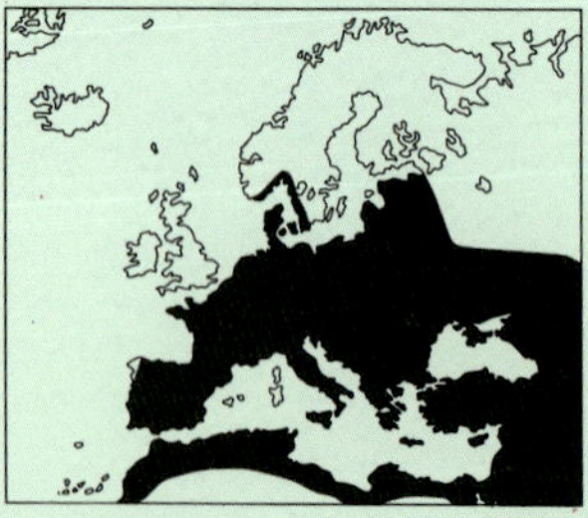

**En Europa central:** I-XII. **Características:** 17 cm/45 g. Más rechoncha que la A. común y de cola muy corta, cresta conspicua, casi siempre erecta, pico relativamente largo. ♀ = ♂. Suele cantar desde el suelo, a veces, sin embargo, lo hace volando en círculo; poco asustadiza. **Voz:** un melódico «tititrii» y «di di dir di». El canto contiene numerosos elementos sibilantes y miméticos con pausas que le hacen parecer como entrecortado. **Hábitat:** terrenos yermos, páramos, semidesiertos, taludes de ferrocarril. **Alimentación:** semillas, retoños de plantas, insectos. **Cría:** IV-VI, 3-5 huevos, T 13 días, N 9-10 días; 2 puestas/año. Nidifica en el suelo.

## 2. Alondra común

*Alauda arvensis* (Alaudidae)

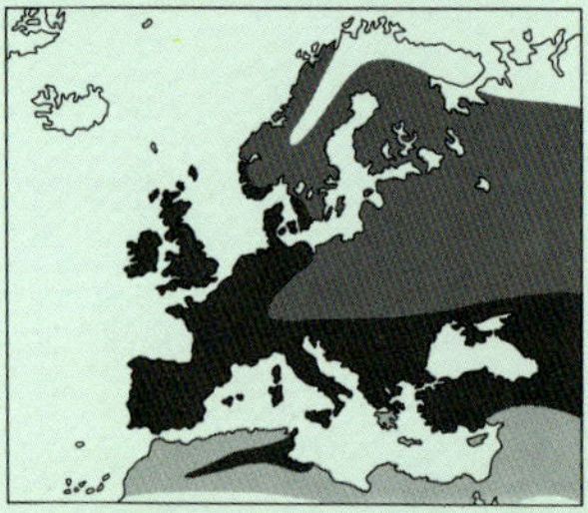

**En Europa central:** I-XII. **Características:** 18 cm/40 g. Moteada por encima, de color pardo en tonos claros y oscuros; blanca por debajo y con manchas parduzcas en el pecho; cola relativament[e] larga con los bordes blancos; pe[-]queña cresta erecta; ♀ = ♂ Vuelo ascendente y descendent[e] casi en vertical. **Voz:** un «tirr» [o] un «chirl»; al cernirse un «cici» Canto de vuelo de hasta 15 se[-]gundos de duración trinando [y] gorjeando sin interrupción, co[n] sonidos imitados de otras aves **Hábitat:** campo abierto y exten[-]so; en el sur también en las mon[-]tañas. **Alimentación:** semillas, re[-]toños de plantas, insectos, ara[-]ñas. **Cría:** IV-VII, 3-4 huevos, T 12-14 días, N 9-10 días; [2] puestas/año. Nidifica en el suelo

## 3. Totovía

*Lulula arborea* (Alaudidae)

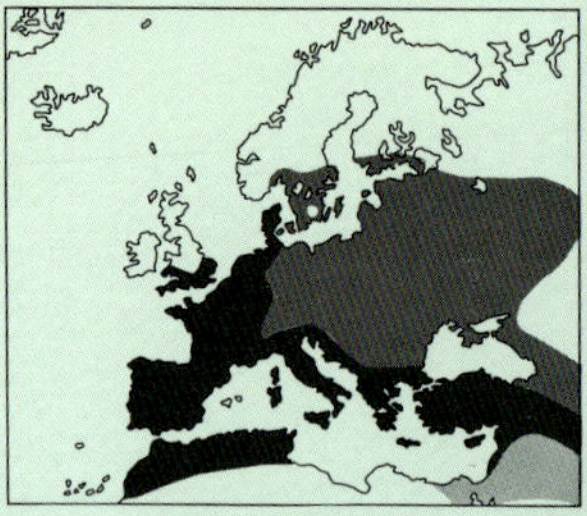

**En Europa central:** II-X. **Carac[-]terísticas:** 15 cm/26 g. Cola cort[a] y pico débil, lista supercilia[r] blanca uniéndose en la nuca, co[n] mancha blanco y negra en el bor[-]de de las alas. ♀ = ♂. Cant[a] desde los árboles o en vuelo, on[-]dulado y circular, a gran altura **Voz:** un reclamo como un «ti[-]troit», «dadiloi». El canto e[s] muy melodioso y tierno, aflauta[-]do y con variadas estrofas corta[s] muy seguidas pero bien diferen[-]ciadas. **Hábitat:** claros secos d[e] los bosques, bosques de conífe[-]ras, eriales. **Alimentación:** insec[-]tos, arañas, semillas, retoños d[e] plantas. **Cría:** III-VI, 3-5 huevos T 12-15 días, N 12-15 días; 2-[3] puestas/año. Nidifica en el suelo

1

2

3

## 1. Alondra cornuda

*Eremophila alpestris* (Aludidae)

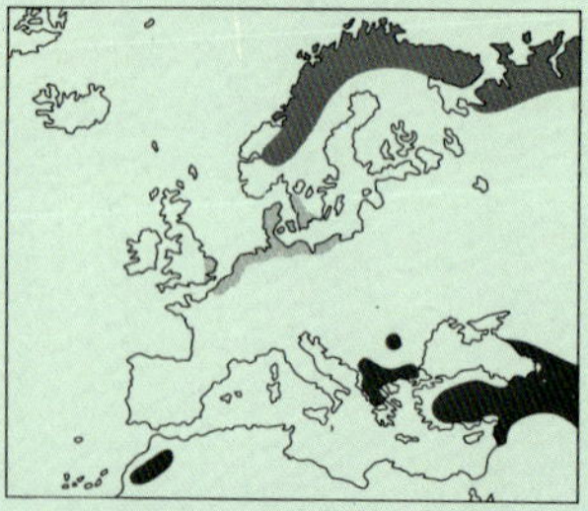

**En Europa central:** X-III, en las costas del mar del Norte y del Báltico. **Características:** 16,5 cm/36 g. Diseño conspicuo y amarillo pálido en la cara y unos pequeños «cuernos»; la cola es relativamente larga con los bordes blancos. ♀ = ♂. En invierno apenas se perciben sus «cuernecillos» y sus colores presenta mucho menos contraste. Canta posado en piedras y en vuelo de altura trazando círculos. En invierno, en pequeñas bandadas. **Voz:** el reclamo es una especie de «tsip»; en vuelo un «tsi-di-di». **Canto:** estrofas cortas de rápidos gorjeos contínuos. **Hábitat:** tundra pedregosa, montañas por encima del límite de los bosques, terrenos altos y rocosos. **Alimentación:** insectos, arañas, semillas. **Cría:** V-VII, 3-4 huevos, T 11-12 días, N 9-12 días; 1-2 puestas/año. Nidifica en el suelo.

## 2. Avión zapador

*Riparia riparia* (Hirundinidae)

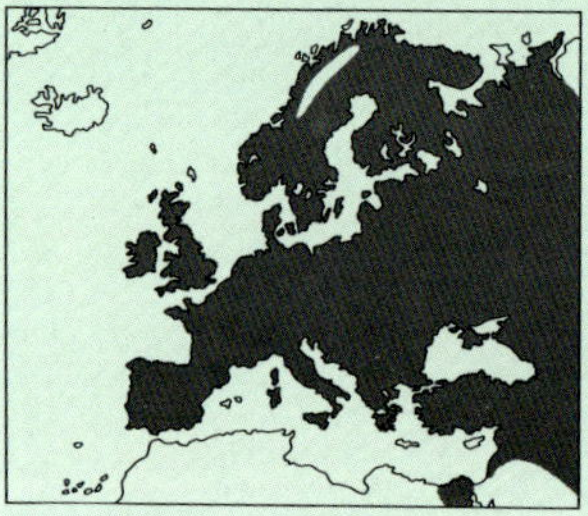

**En Europa central:** IV-X. **Características:** 12 cm/14 g, de color castaño por encima, blanco p
debajo con franja pectoral m
rrón, cola sin diseño y débilme
te ahorquillada. ♀ = ♂. Greg
ria, pernocta después de la cr
en grandes manadas en los car
zales. **Voz:** el reclamo es u
«chiriip» y un «brrbrrbrr» segu
do y rápido; ante un peligro u
agudo «ciir». **Canto:** un trir
suave. **Hábitat:** campo abier
con acantilados y orificios en p
redes arenosas, las más vec
cerca del agua. **Alimentación:** p
queños insectos. **Cría:** V-VIII,
5 huevos, T 12-16 días, N 16-
días; 2 puestas/año. Nidifica e
colonias; excava agujeros en p
redes arenosas.

## 3. Avión roquero

*Hirundo rupestris* (Hirundinida

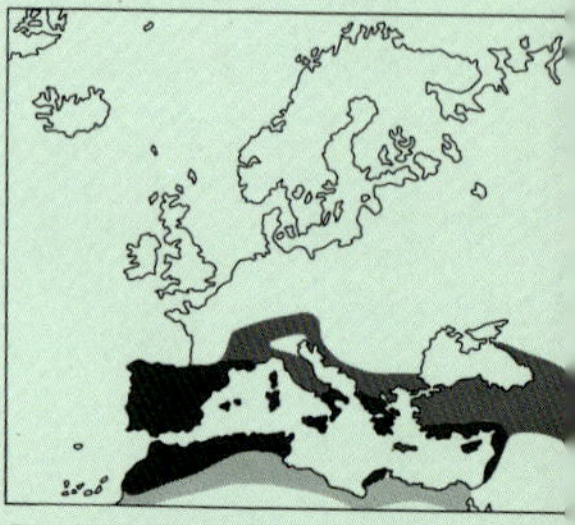

**En Europa central:** III-X. **Cara
terísticas:** 15 cm/20 g. De may
tamaño que el A. zapador, par
por encima, ocre parduzco p
debajo, sin franja pectoral; c
rayitas finas en el mentón, co
con barrado de motas blancas r
ahorquillada. ♀ = ♂. No t
gregario como el A. zapador. **Vo**
el reclamo es como un «tittit
«pritit» o un «cirr». El canto, u
apresurado gorjeo. **Hábitat:** r
giones montañosas con pared
rocosas y cañadas, acantilado
**Alimentación:** pequeños insect
voladores. **Cría:** V-VIII, 4-5 hu
vos, T 14 días, N 25 días;
puestas/año. Nidifica en pequ
ñas colonias en agujeros excav
dos en acantilados.

1

2

3

## 1. Avión común

*Delichon urbica* (Hirundinidae)

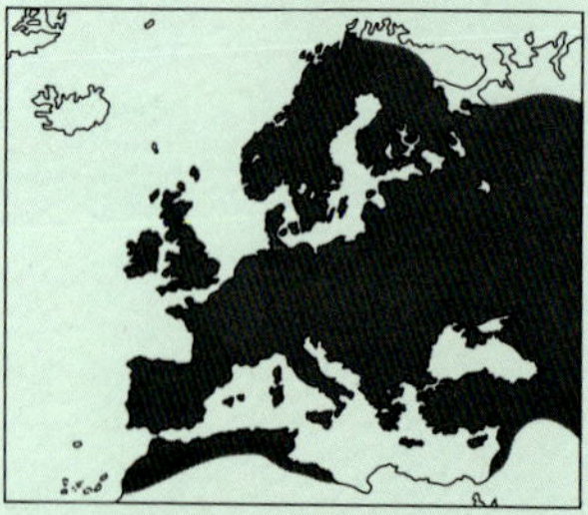

**En Europa central:** IV-X. **Características:** 13 cm/20 g. Parece tan grande como la G. común, cola ahorquillada pero sin las plumas largas y estrechas, negro por encima con irisaciones azuladas, obispillo blanco visible a distancia; blancos también el mentón, la garganta y la parte inferior; pies con delicadas plumas blancas. ♀ = ♂. Los jóvenes, negroparduzcos por encima. Gregario. Vuela con menos elegancia que la G. común. **Voz:** el reclamo es un «trr trr», «chereb» o un «briid». **Canto:** gorjeante sin cadencia ronroneante, menos notorio y vocálico que el de la G. común. **Hábitat:** aldeas, campos de cultivo, acantilados, canteras. **Alimentación:** pequeños insectos voladores. **Cría:** V-IX, 4-5 huevos, T 12-13 días, N 16-23 días; 2-3 puestas/año. Nidifica en colonias en aleros de edificios, el nido tiene forma de cuarto de esfera construida con mortero y con un orificio de entrada; originariamente nidificaba en las rocas.

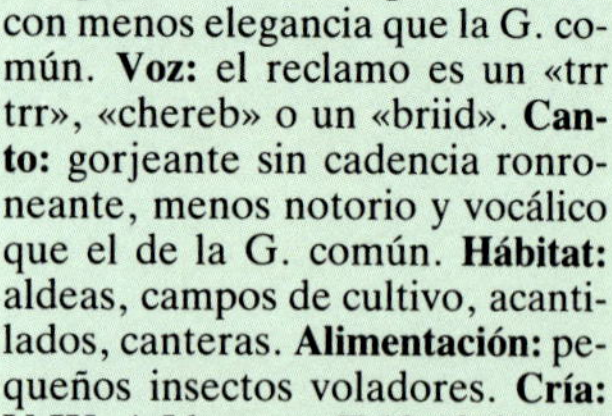

Avión común

Golondrina común

## 2. Golondrina común

*Hirundo rústica* (Hirundinidae)

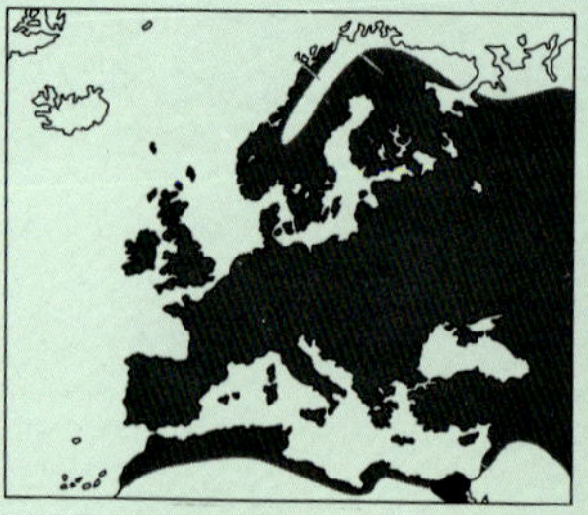

**En Europa central:** IV-X. **Características;** 19 cm/20 g. Es la única golondrina centroeuropea con la cola ahorquillada y con dos extremos sobresalientes a modo de agujas; tiene las alas esbeltas y puntiagudas; la frente, el mentón y la garganta son de color rojizo; por encima y en el buche luce un color negro con irisaciones azuladas; el vientre, el pecho y las infracoberteras son de color blanco, la cola es negra con barrado de manchas blancas. ♀ = ♂ pero con las agujas de la cola más cortas. Los jóvenes carecen de agujas. Gregaria. Vuelo agilísimo y elegante con potentes y rápidos aleteos, cazando fácilmente al vuelo toda clase de pequeños insectos voladores, incluso caza sobre la superficie del agua y es capaz de beber en picado. **Voz:** «vitt-vitt» o «ched-ched». Reclamo de intimidación: un agudo «civit-civit» **Canto:** estrofas gorgojeantes, apresuradas y parloteos cadenciales. **Hábitat:** poblaciones urbanas, campos de cultivo, superficies de agua. **Alimentación;** pequeños insectos voladores. **Cría:** V-IX, 4-6 huevos, T 13-18 días, N 20-22 días; 2-3 puestas/año. Cría en colonias poco densas en establos con pajares y, generalmente, en edificios, buscando material terroso para construir el nido, a menudo junto con el Avión común. El nido está abierto por encima y muestra pajas colgantes por entre la mezcla de mortero.

1

2

## 1. Bisbita ribereño

*Anthus spinoletta* (Motacillidae)

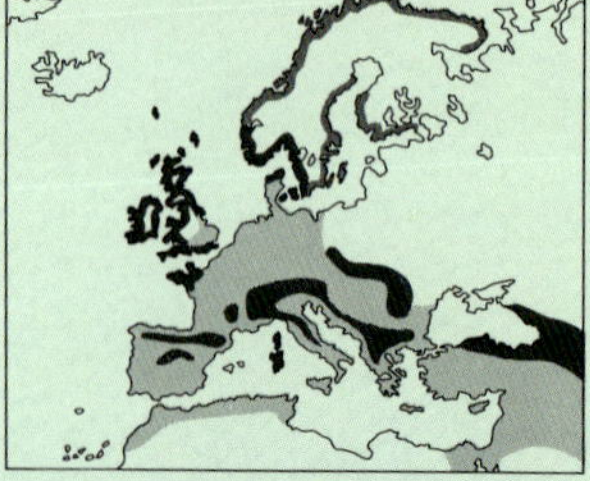

**En Europa central:** I-XII. **Características:** 16,5 cm/24 g. Gris claro por encima, lista superciliar blanca; blanco también por debajo, mancha ocular, pecho rosado; en invierno con el pecho con manchas oscuras. En el Mar del Norte y en el Báltico existe una raza que tiene el pecho castaño en verano. ♀ = ♂. Tímida. Vuelo de canto. **Voz:** un reclamo como un «jisst», «pisit», canto de alarma como un repetido «citt». **Canto:** largas series en crescendo como un «zvi zvi zvi» agudo y fino. **Hábitat:** praderas de montañas, cumbres; en invierno, cerca de las aguas. **Alimentación:** generalmente insectos. **Cría:** IV-VII, 4-5 huevos, T 14-16 días, N 15 días; 1-2 puestas/año. Nidifica en el suelo.

## 2. Bisbita arbóreo

*Anthus trivialis* (Motacillidae)

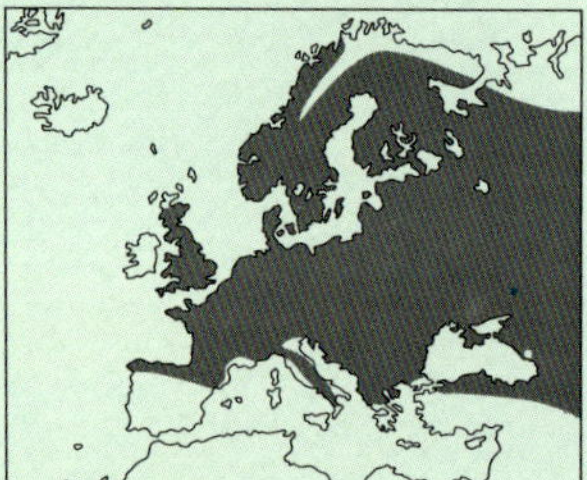

**En Europa central:** IV-IX, **Características:** 15 cm/23 g. Castaño oscuro, por encima con débiles manchas; ocre claro por debajo. Pecho pardoamarillento con ma chas oscuras. ♀ = ♂. Canta de de la copa de los árboles y vuelo de canto, volviendo por general al mismo posadero canto. **Voz:** reclamo agudo bronco como un «psii»; canto alarma como un «cipp-cipp». **Ca to:** un trino insistente y gorjean con modulaciones sibilantes c mo un «ciacia-cia-cia», «uiuiu ui». **Hábitat:** campo abierto c arbolado, bordes de bosques claros. **Alimentación:** gener mente insectos. **Cría:** V-VII, 5 huevos, T 12-13 días, N 10- días; 2 puestas/año. Nidifica el suelo.

## 3. Bisbita común

*Anthus pratensis* (Motacillidae

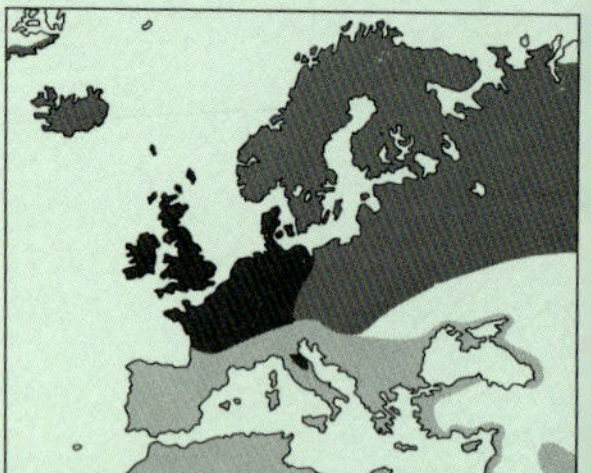

**En Europa central:** I-XII. **Cara terísticas:** 14,5 cm/20 g. Diseñ del plumaje igual que el del B arbóreo, pero en conjunto má gris. Las garras de los dedos pos teriores muy prolongadas. ♀ = ♂. Se cierne partiendo del suel para realizar largos vuelos d canto y no suele volver al punt de partida. En invierno, en ban dadas. **Voz:** reclamo agudo com un «ist-ist». **Canto:** estrofas la gas y monótonas de varios perío dos, agudas y finas, un tanto ron cas y con una introducción d crecientes «dip-dip». **Hábita** praderas húmedas, terrenos pan tanosos, eriales, dunas. **Alimen tación:** generalmente insecto **Cría:** IV-VII, 4-6 huevos, T 1 días, N 12-14 días; 2 puestas/año Nidifica en el suelo.

1

2

3

## 1. Bisbita campestre

*Anthus campestris* (Motacillidae)

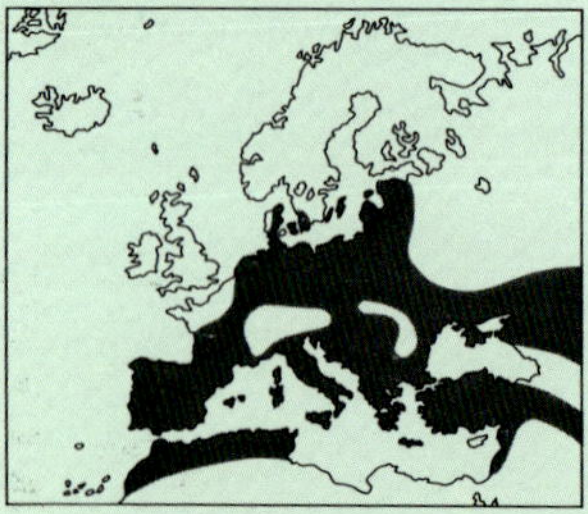

**En Europa central:** IV-IX. **Características:** 17 cm/23 g. Más esbelto, con la cola más larga y de plumaje más claro que el Bisbita arbóreo (pág. 172); de color arena por encima; blanquecino por debajo y sin manchas; conspicua lista superciliar ocre-blanquecina. ♀ = ♂. Ave apegada al suelo, se desplaza como a zancadas moviendo a veces la cola. Canta desde pequeñas elevaciones del terreno o en vuelo de canto ascendente y ondulante. **Voz:** diversos reclamos como un «ciip», «sslipp» o «ciee». **Canto:** un «ciurli» repetido incesante. **Hábitat:** eriales secos, estepas, praderas abiertas, orillas arenosas, brezales. **Alimentación:** generalmente insectos. **Cría:** IV-VII, 4-5 huevos, T 14-16 días, N 15 días; 1-2 puestas/año. Nidifica en el suelo.

## 2/3. Lavandera bollera

*Motacilla flava* (Motacilla)

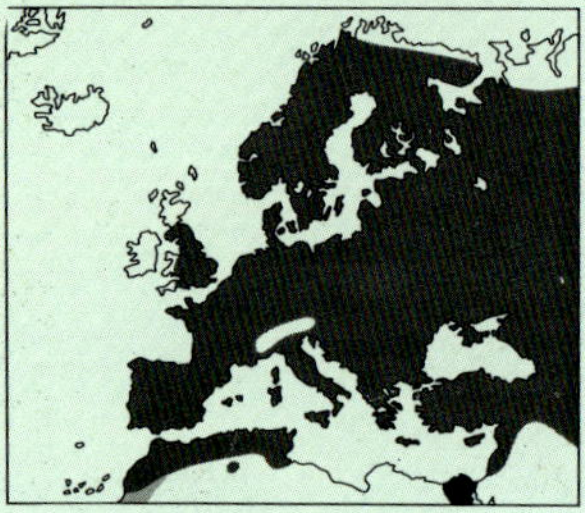

**En Europa central:** III-IX. **Características:** 16,5 cm/18 g. De cola más corta que el B. campestre, garganta clara, cabeza gris, verde oliváceo por encima, amarillo azufre por debajo (foto 2; foto 3 raza inglesa). La ♀ y plumaje invernal pálido, ave apegada al suelo, mueve intermitentemente la cola, canta ocasionalmente en vuelo de canto ondulante. **Voz:** reclamo como un «pssip». **Canto:** un «cier cier» seriado. **Hábitat:** pastizales, terrenos de cultivo, cenagales, terrenos pantanosos. Alimentación: pequeños insectos. **Cría:** V-VII, 5-6 huevos, T 13 días, N 11-13 días; 1-2 puestas/año. Nidifica en el suelo.

## 4. Lavandera cascadeña

*Motacilla cinerea* (Motacilla)

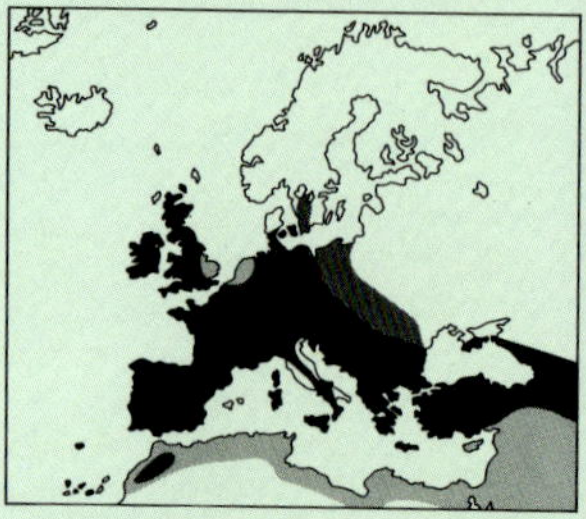

**En Europa central:** I-XII. **Características:** 18 cm/20 g. Notoriamente distinta de la L. bollera en cuanto a tener la cola mucho más larga; la cabeza y la parte superior son de color gris, la parte inferior amarillo clara. En la ♀ el mentón y la garganta en el plumaje invernal son blancos (foto); vuelo ondulante, a menudo al ras del agua. Canta en posadero o en vuelo. **Voz:** reclamo más agudo que el del Bisbita campestre como un «cikik», reclamo de alarma como un agudo «zuii». **Canto:** diversos tipos de estrofas, gorjeos con tono sibilantes y trinos. **Hábitat:** arroyos y ríos montanos y de los llanos. **Alimentación:** insectos, **Cría:** III-VII, 4-6 huevos, T 12-14 días, N 12-13 días; 2 puestas/año. Nidifica en semiagujeros.

1

2|3

4

## 1. Lavandera blanca

*Motacilla alba* (Motacilla)

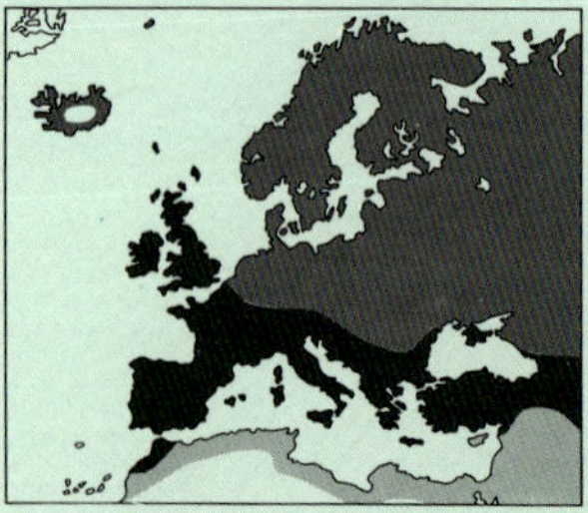

**En Europa central:** I-XII. **Características:** 18 cm/23 g. Cola larga, cabeza y cuello blanco y negro, gris por encima, blanco por debajo; la ♀ algo más pálida. En invierno con el mentón y la garganta blancos y un babero negro. Los jóvenes, pálidos, sin cola. Corre con movimientos espasmódicos de la cabeza moviendo incesantemente la cola; vuelo ondulante. **Voz:** reclamo como un «citt», «ciflitt» o «cipp-cipp-cilipp». **Canto:** gorjeante y parloteante con motivos de reclamo. **Hábitat:** campo abierto, aldeas o en sus inmediaciones cerca del agua. **Alimentación:** insectos. **Cría:** del IV al VIII, 5-6 huevos, T 12-14 días; 2 puestas/año. Nidifica en agujeros.

## 2. Ampelis europeo

*Bombycilla garrulus* (Motacillidae)

**En Europa central:** XI-III. **Características:** 18 cm/60 g. Plumaje rojizo y sedoso; crestado, con el mentón y la gargantas negros, las alas variopintas con escamillas rojas, y la cola con la punta amarilla. La ♀ más pálida. Los jóvenes, barrado por la parte inferior. Paseriforme gregario nada tímido, algunos inviernos migra invadiendo el sur de Europa. **Voz:** reclamo agudo como un «sirr». **Canto:** a base de elementos del reclamo con trinos repetidos. **Hábitat:** bosques de coníferas y abedules; en invierno, en parques y jardines con arbustos de bayas. **Alimentación:** insectos, bayas, fruta. **Cría:** V-VI, 4-5 huevos, T 12-15 días, N 14-16 días. Nidifica en árboles en colinas poco numerosas.

## 3. Alcaudón chico

*Lanius minor* (Laniidae)

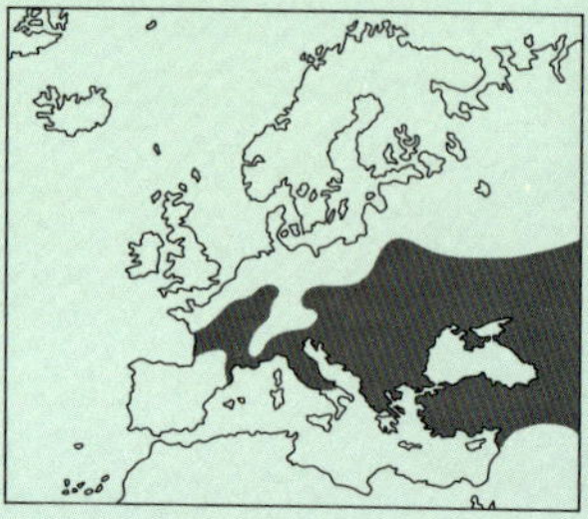

**En Europa central:** XI-III. **Características:** 20 cm/50 g. Parecido al A. real (pág. 178), pero más pequeño. Gris claro por encima; lista ocular ancha extendida sobre la frente; blanco por la parte inferior, con un ligero matiz rojizo. ♀ = ♂. **Voz:** durante el vuelo de exhibición, una serie de reclamos como «querrip-querrip» o «chilipp». **Canto:** un suave parloteo con imitaciones de otras aves. **Hábitat:** huertos frutales, campo abierto, viñedos. **Alimentación:** principalmente grandes insectos (escarabajos, saltamontes, grillos). **Cría:** V-VII, 4-5 huevos, T 15 días, N 16 días. Nidifica en árboles.

1

2

3

## 1. Alcaudón real

*Lanius excubitor* (Laniidae)

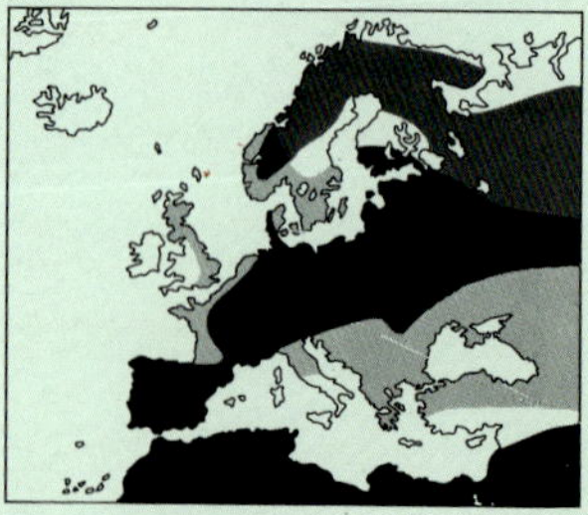

**En Europa central:** I-XII. **Características:** 24 cm/65 g. Es el laniido de mayor tamaño, casi como un tórdido; cabeza y dorso gris claro, lista ocular negra; blanco por debajo y franjas alares también blancas. ♀ = ♂. **Voz:** al ser levantado emite un agudo «veed» de 2 o 3 sílabas, a veces también un «chac-chac». **Canto:** una melodía sostenida y áspera, con sonido sibilantes y mezclada miméticamente con otros cantos. **Hábitat:** campo abierto, zonas con arbolado disperso, terrenos pantanosos; huertos, brezales. **Alimentación:** insectos grandes, ratones, pequeños pájaros. **Cría:** IV-VI, 5-6 huevos, T 15 días, N 20 días. Nidifica en árboles.

## 2. Alcaudón dorsirrojo

*Lanius collurio* (Laniidae)

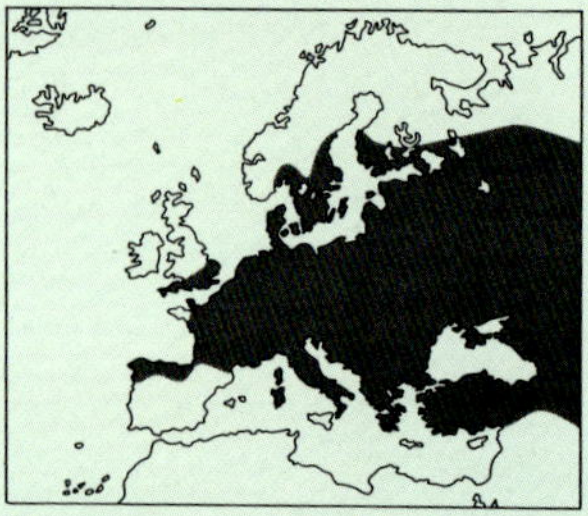

**En Europa central:** V-IX. **Características:** 17 cm/30 g. Cabeza gris ceniza con espesa y ancha franja ocular, dorso castaño rojizo, blanco rojizo por la parte inferior; ♀ sin franja ocular, parduzca por encima y con franj onduladas por debajo. Clava s presas en espinos de ramas. **Vo** reclamo como un «cree» o u «trrt-trrt» agitado, cuando molestado en el nido emite u duro «tekk» o un «cherree **Canto:** un gorjeo áspero con mo vos miméticos de otras aves; escucha raras veces. **Hábitat:** ca po abierto con matorrales y pla tas espinosas; terrenos pantan sos y olivares. **Alimentación:** i sectos grandes, pequeños batr cios y lagartijas, pájaros jóvene pequeños mamíferos. **Cría:** V VII, 4-6 huevos, T 14-16 días, N días. Nidifica en matorrales esp nosos.

## 3. Alcaudón común

*Lanius senator* (Laniidae)

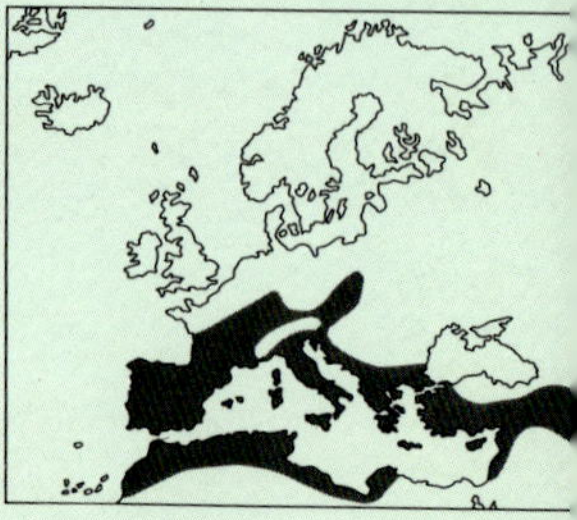

**En Europa central:** IV-IX. **Ca racterísticas:** 17 cm/40 g. Del t maño del A. dorsirrojo, aunqu parece más rechoncho y más c bezudo; el ♂ tiene el obispillo y nuca de color rojo herrumbre y frente negra; el dorso y las al negros y la parte inferior. ♀ = ♂ pero más pálido. **Voz:** al ser leva tado emite un reclamo áspero chillón un «tchet-tchet» o u «chet-chet», o un agresivo «criic **Canto:** un parloteo continuado melodioso con sonidos ásperos miméticos de otros pájaros. **Háb tat:** campos abiertos con arbol do, plantaciones frutales. **Alime tación:** insectos grandes. **Cría:** V VII, 4-6 huevos. T 15 días, N 14- días. Nidifica en árboles.

1

2|3

# 1. Acentor común

*Prunella modularis* (Pruneliidae)

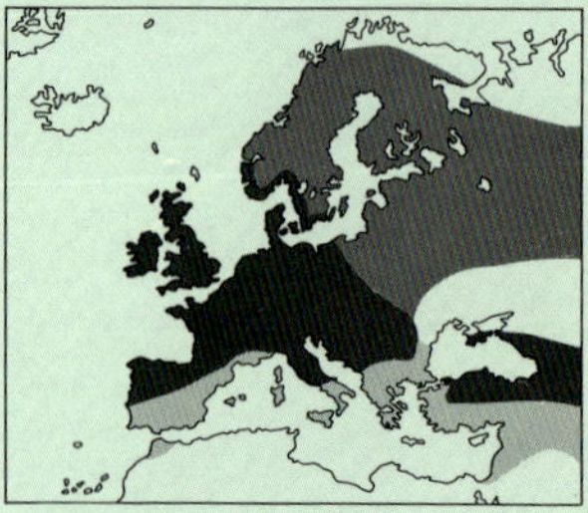

**En Europa central:** III-X. **Características:** 14,5 cm/20 g. Mayor que el Gorrión común (pág. 238), aunque más esbelto y con el pico delgado; plumaje pardo grisáceo, cabeza y pecho gris plomo. ♀ = ♂. Brinca agachado por el suelo; vuelo deslizante. **Voz:** reclamo agudo como un «ciie»; en vuelo un «dididi». **Canto:** un remolino de gorjeos que recuerdan al Verdecillo (pág. 234) o al Chochín (pág. 220) pero sin estrofas trinadas; se le oye cantar ya en marzo desde el posadero de exhibición (copa de los pinos). **Hábitat:** bosques mixtos y de coníferas, viveros de pinares, parques, jardines y cementerios. **Alimentación:** insec-

tos de piel blanda y arañas; en otoño e invierno, principalmente semillas pequeñas en el comedero invernal, prefiriendo las de adormidera. **Cría:** IV-VII, 4-5 huevos, T 13 días, N 13-14 días; 2 puestas/año. Nidifica en pinos espesos.

# 2. Acentor alpino

*Prunella collaris* (Prunellidae)

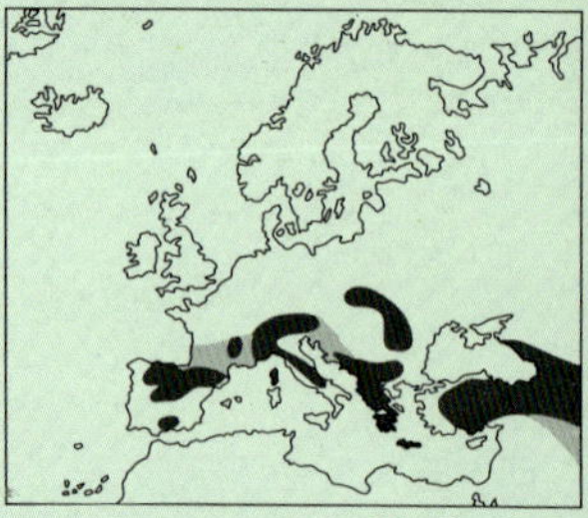

**En Europa central:** I-XII. **Características:** 18 cm/40 g. Notablemente mayor y más rechoncho que el A. común; con aspecto de Totovía en cuanto al plumaje; cabeza gris, mentón y garganta blancos, con moteado negruzco; dorso pardo grisáceo, flancos castaño rojizo con manchas longitudinales. ♀ = ♂. Los jóvenes, sin escamas en la garganta. Da saltitos rápidos y con gran soluta; cuando se excita hace como reverencias y mueve la cola nerviosamente. **Voz:** reclamo claro («diriirr») a menudo en secuencias seriadas; también emite un «zakzak», «trii» y, en vuelo, un «schirr» agudo. **Canto:** parecido al de una alondra, pero más lento, a base de trinos ásperos y graves formando un parloteo. **Hábitat:** laderas de montañas hasta una altitud de 1 500 a 2 300 m; terrenos rocosos poco frecuentados, zonas pedregosas; en invierno, en valles. **Alimentación:** insectos, en otoño e invierno también semillas y bayas. **Cría:** V-VI, 4-5 huevos, T 13-15 días, N 16 días. Nidifica en el suelo.

1

2

## 1. Buscarla pintoja

*Locustella naevia* (Sylviidae)

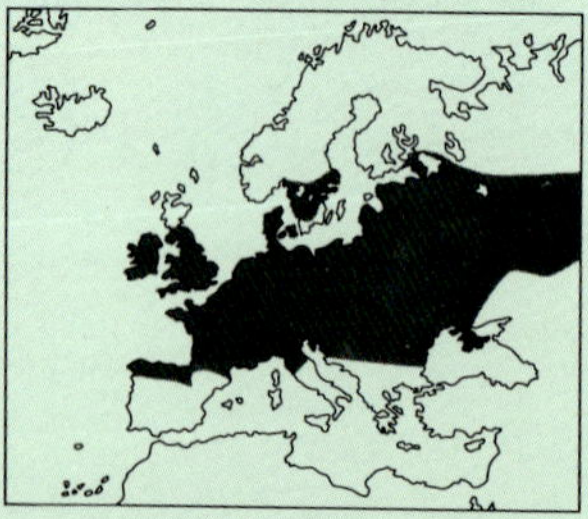

**En Europa central:** IV-IX. **Características:** 13 cm/14 g. Del tamaño de un carricero (pág. 184); pardo olivaceo por encima, con barrado oscuro, gris sucio por debajo. ♀ = ♂. Apegado al suelo, acostumbra mantenerse en la hierba alta, husmeando como un ratón, o caminando. **Voz:** un reclamo agudo como un «tze tze» o un «chik». **Canto:** un gorjeo sostenido y sordo como un «sirrr». **Hábitat:** praderas húmedas con arbustos dispersos, matorrales, juncales. **Alimentación:** insectos y arañas. **Cría:** V-VII, 4-6 huevos, T 13 días, N 11 días; 1-2 puestas/año. Nidifica en el suelo.

## 2. Buscarla unicolor

*Locustella luscinoides* (Sylviidae)

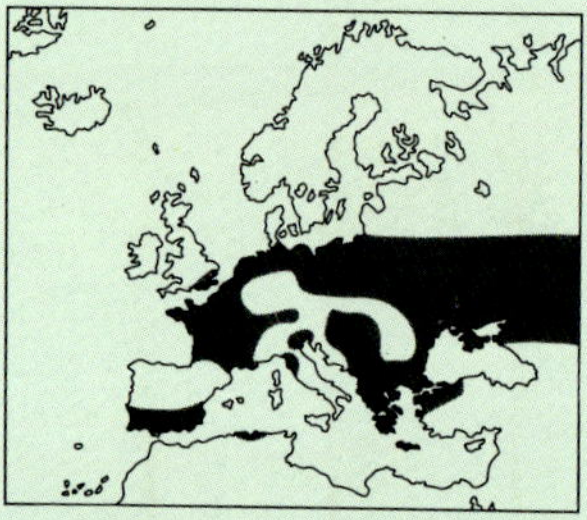

**En Europa central:** IV-IX. **Características:** 14 cm/16 g. Mayor que la B. pintoja. Castaño rojiza (como el Ruiseñor, pág. 204), sin manchas por encima ni por debajo. ♀ = ♂. **Voz:** un agudo reclamo como un «cick»; cuando es molestado en el nido, un «pi pit». **Canto:** parecido al de la B pintoja, pero menos prolongado y no netamente consonántico sino con un marcado timbre vocálico como un «errrr». **Hábitat** márgenes de aguas dulces con carrizales, juncales y espadañales, con mayor dependencia del agua que la B. pintoja. **Alimentación** insectos, arañas. **Cría:** V-VIII, 3-5 huevos, T 12 días, N 12-14 días; 2 puestas/año. Nidifica entre las cañas.

## 3. Buscarla fluvial

*Locustella fluviatilis* (Sylviidae)

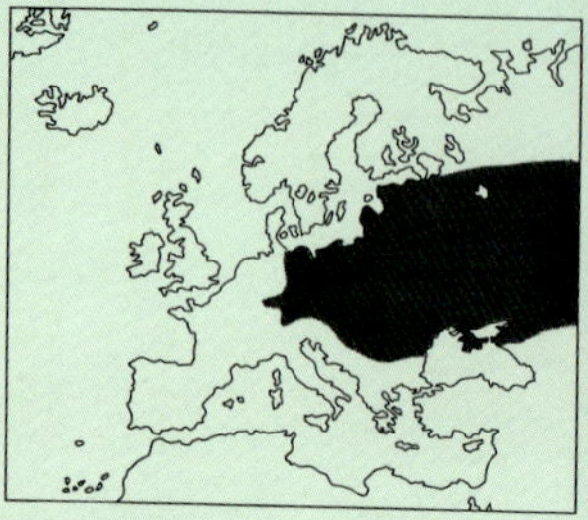

**En Europa central:** IV-IX. **Características:** 13 cm/19 g. Parecida a la B. unicolor, pero algo más pequeña; sin barrado por la parte superior, pero con la garganta y el pecho moteado de oscuro. ♀ = ♂. **Voz:** un reclamo como un «cherrr» áspero. **Canto:** un rítmico y prolongado «tec tec tec» generalmente durante el crepúsculo y la noche. **Hábitat:** claros y zonas pantanosas, cenagales y bosques con suelos cubiertos de herbáceas. **Alimentación:** insectos, arañas. **Cría:** V-VII, 4-6 huevos, T 12-13 días, N 12 días. Nidifica en el suelo.

1

2

3

## 1. Carricero común

*Acrocephalus scirpaceus*
(Acrocephalus)

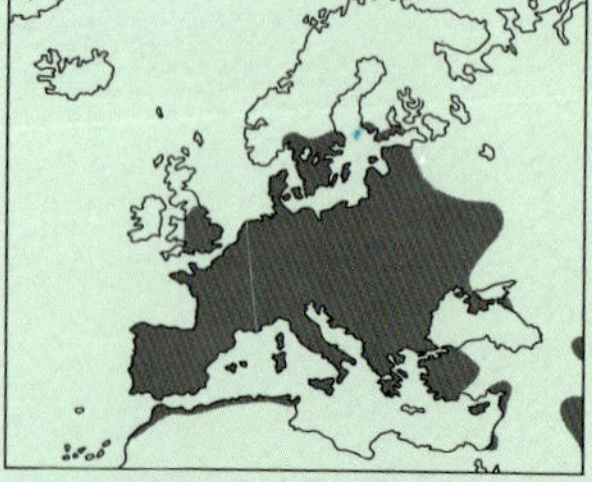

**En Europa central:** V-IX. **Características:** 13 cm/13 g. Apenas diferenciable de los sílvidos de igual tamaño; el plumaje pardo rojizo, no oliváceo. ♀ = ♂. **Voz:** cuando es levantado emite un duro «veed». **Canto:** parecido al del C. tordal, pero más prolongado, más suave y apresurado, a base de motivos ligados repetidos cada vez de 2 a 3 veces. **Hábitat:** márgenes de aguas dulces con cañizales. **Alimentación:** insectos, arañas. **Cría:** V-VIII, 3-5 huevos, T 13 días, N 12 días. Cría en nidos colgados entre las cañas.

## 2. Carricero poliglota

*Acrocephalus palustris*
(Acrocephalus)

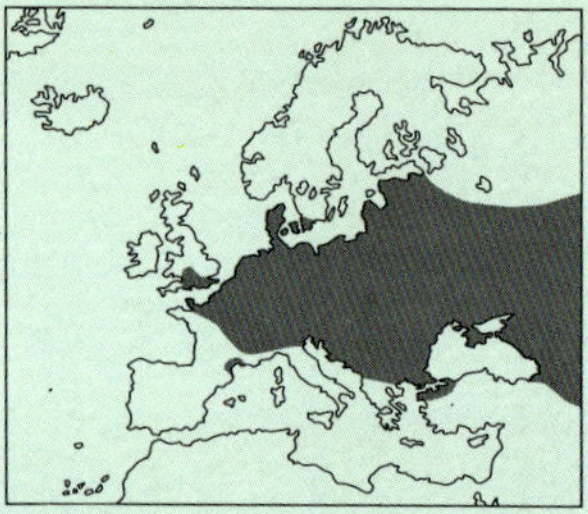

**En Europa central:** V-IX. **Características:** 13 cm/12 g. De tamaño y figura como el C. común, pero con el plumaje pardo oliváceo, no pardo rojizo. Las patas generalmente pálidas (color carne). ♀ = ♂. **Voz:** reclamo de alarma: un «tak» o «veed» duro. **Canto:** muy variado y melódico, no dividido en estrofas y a base de sonidos vibrantes con muchos motivos miméticos de otros pájaros, especialmente de herrerillos, golondrinas y pechiazules. **Hábitat:** arbustos de praderas y pastizales, márgenes fluviales con vegetación densa, cunetas con ortigas, trigales. **Alimentación:** insectos, arañas. **Cría:** V-VII. 4-5 huevos, T 13 días, N 12 días. Cría en nido colgante entre matas espesas.

## 3. Carricero tordal

*Acrocephalus arundinaceus*
(Acrocephalus)

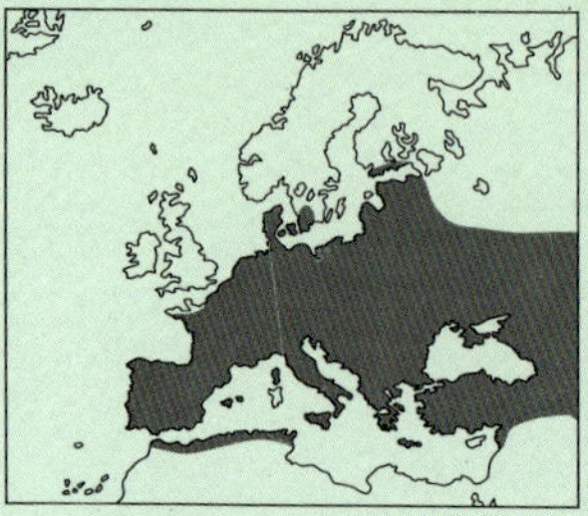

**En Europa central:** IV-IX. **Características:** 19 cm/30 g. Es el acrocéfalo de mayor tamaño de Europa; garganta pardo rojiza, parte inferior más clara. ♀ = ♂. **Voz:** cuando se excita emite un «carr» grave. **Canto:** perceptible a distancia, con notas croantes muy diferenciadas y estrofas cortas como un «carre carre carre kiet kiet dorre dorre». **Hábitat:** carrizos, cañizales extensos junto a lagos y charcas. **Alimentación:** insectos, arácnidos, batracios diminutos. **Cría:** V-VII, 4-6 huevos, T 13-15 días, N 12 días; 1-2 puestas/año. Cuelga el nido entre las cañas.

1|2

3

## 1. Carricerín común

*Acrocephalus schoenobaenus* (Acrocephalus)

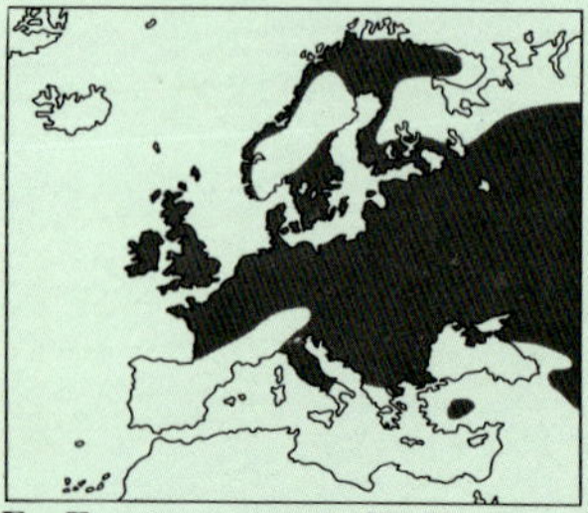

**En Europa central:** IV-X. **Características:** 13 cm/12 g. Parte superior listada, lista superciliar blancuzca, obispillo pardo rojizo claro. ♀ = ♂. **Voz:** reclamo de alarma, un duro «tesrrr» o «carr». *Canto:* parecido al del C. común (pág. 184), pero no tan uniforme, con más variaciones y repeticiones y con imitaciones del canto de otros pájaros; característica es también una estrofa como un «void-void-void»; vuelo de canto breve, pero frecuente. **Hábitat:** carrizos y márgenes con espesa vegetación. **Alimentación:** insectos, arácnidos. **Cría:** V-VII, 5-6 huevos, T 13 días, N 12 días; 2 puestas/año. Nidifica en el suelo entre las cañas.

## 2. Buitrón

*Cisticola juncidis* (Acrocephalus)

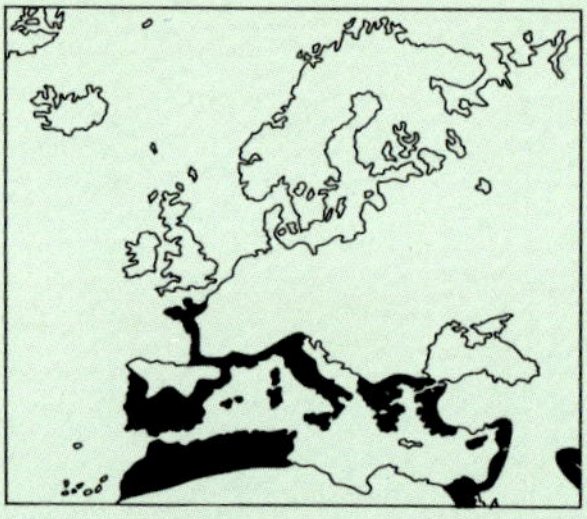

**Características:** 10 cm/8 g. De tamaño muy pequeño y plumaje parecido al del C. común, pero sin lista superciliar clara; parte superior pardoamarillenta con marc do listado, cola corta y escalon da. ♀ = ♂. **Voz:** cuando es leva tado emite un «pt-pt-pt» breve sordo; a veces un suave «dyii **Canto:** un penetrante y repetid «cip-cip-cip», casi siempre en vu lo de canto. **Hábitat:** llanuras co teras húmedas, pastizales co hierba alta, pantanos. **Aliment ción:** insectos, arácnidos. **Crí** IV-VII, 3-5 huevos, T 12 días; puestas/año. Nido colgante en v getación baja.

## 3. Zarcero icterino

*Hippolais icterina* (Hippolais)

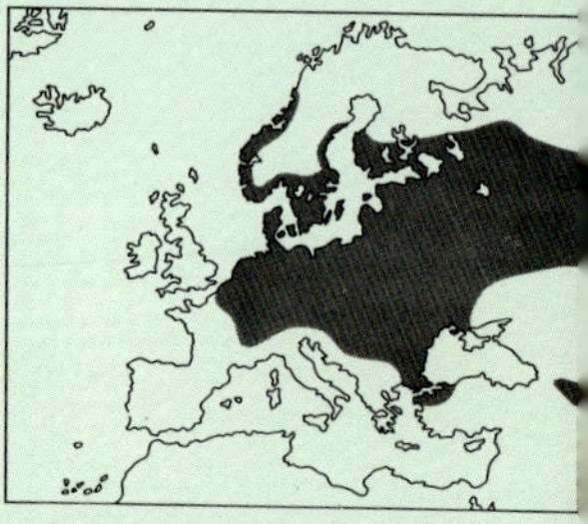

**En Europa central:** V-VIII. **Ca racterísticas:** 13,5 cm/13 g. Pare cido a un mosquitero grande, ve deamarillento, aunque más ro busto y con el pico largo, anch y anaranjado. ♀ = ♂. **Voz:** e reclamo es un «dederoi» cuand se excita, y el de alarma un «tz tze tze» sacude. El canto es un repetición de varias estrofas aglu tinadas y ásperas, mezcladas co motivos melódicos y miméticos **Hábitat:** bosques claros de fronda dehesas, parques. **Alimentación** insectos, arañas; en otoño, baya **Cría:** V-VII, 4-6 huevos, T 12-1 días, N 13 días. Nidifica en arbus tos y árboles jóvenes.

**Especie semejante:** el **Zarcer común** *(Hippolais polyglota)* Muy parecido al anterior, aunqu con la parte inferior de color va riable, desde el amarillo mate has ta diferentes gamas ocres. Cría e la Península Ibérica, Francia, Ita lia y S. de Suiza.

1

2

3

## 1. Curruca zarcera

*Sylvia communis* (Sylvia)

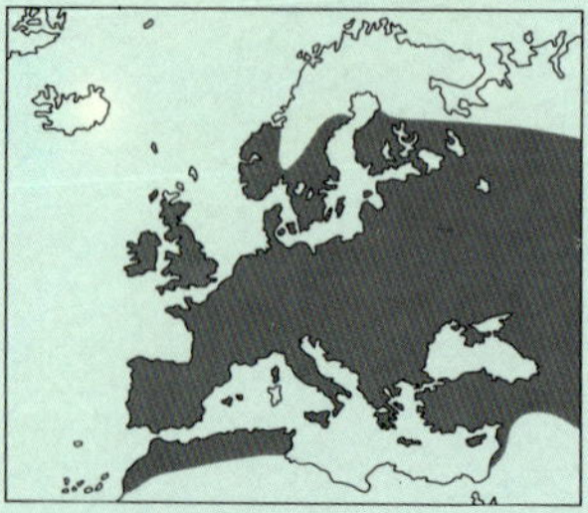

**En Europa central:** IV-IX. **Características:** 14 cm/15 g. ♂: cabeza y mejillas gris claro, garganta muy blanca; pardo grisáceo por encima, alas rojizas; por debajo blanco con un ligerísimo matiz rojizo. ♀: cabeza parduzca, y no rojiza por la parte inferior. **Voz:** reclamo como un «tek», «void-void» y und «charp». **Canto:** un parloteo breve y áspero de timbre arrastrado como si se frotasen dos piedras; breve vuelo de canto. **Hábitat:** matorrales y arbustos espinosos al borde de las tierras de cultivo. **Alimentación:** insectos, arañas, bayas. **Cría:** V-VII, 4-6 huevos, T 12 días, N 12 días; 2 puestas/año. Nidifica entre matorrales casi en el suelo. **Especie semejante:** la **Curruca carrasqueña** *(Sylvia cantillans)* con la garganta y el pecho pardo rojizos y conspicuas bigoteras blancas; anillo ocular rojo, rectrices externas blancas; sacude con frecuencia la cola. Cría en los países mediterráneos.

## 2. Curruca zarcerilla

*Sylvia curruca* (Sylvia)

**En Europa central:** IV-X. **Características:** 13,5 cm/12 g. Como una pequeña Curruca zarcera, muy parecida en cuanto al color del plumaje, pero con las mejillas grises y la parte inferior no rojiza, sino con un matiz pardo; las alas son pardo rojizas. ♀ =

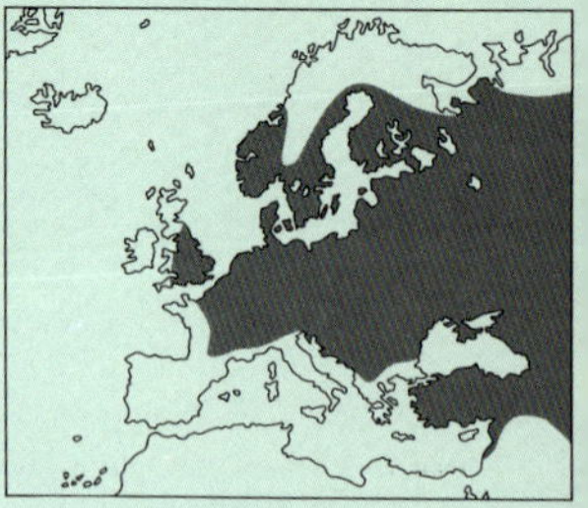

♂. **Voz:** reclamo como un «tek» chasqueante; nota de alarma como un aleteo, un breve «ved». **Canto:** un gorjeo bajo, pero áspero, seguido de un matraqueo monótono y breve. **Hábitat:** jardines, parques, matorrales, bordes de bosques claros. **Alimentación:** insectos; en otoño también bayas. **Cría:** V-VII, 4-6 huevos, T 12 días, N 12 días. Nidifica en arbustos bajos.

## 3. Curruca mosquitera

*Sylvia borin* (Sylvia)

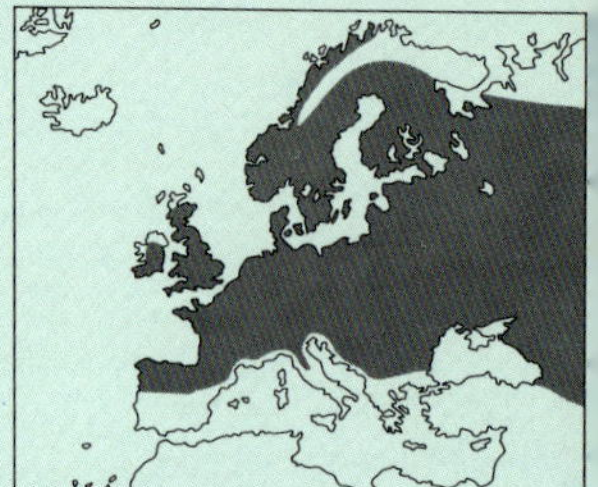

**En Europa central:** V-IX. **Características:** 14 cm/20 g. Algo mayor que la Curruca capirotada (pág. 190); toda ella de un color pardo oliváceo con la parte inferior más clara. ♀ = ♂. **Voz:** nota de alarma como un «vet vet» o un «zek zek». **Canto:** estrofas prolongadas gorgojeantes con predominio de tonos sibilantes sonoros y graves. **Hábitat:** bosques claros de fronda y mixtos, jardines, parques. **Alimentación:** insectos, arañas y bayas. **Cría:** V-VII, 4-5 huevos, T 13-14 días, N 12 días. Nidifica cerca del suelo entre ortigas o zarzales.

1

2

3

## 1. Curruca capirotada

*Sylvia atricapilla* (Sylvia)

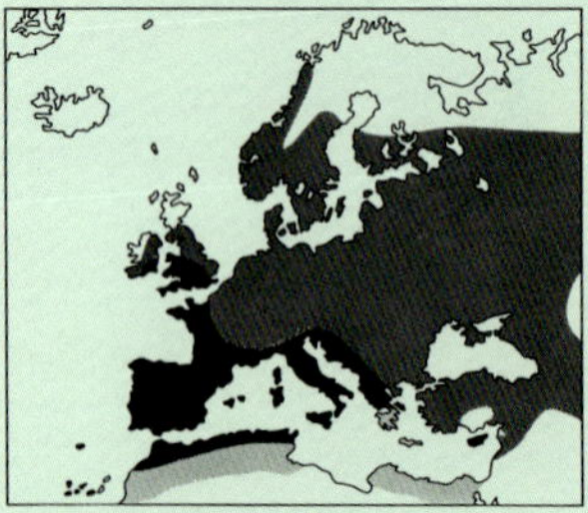

**En Europa central:** IV-X. **Características:** 14 cm/20 g. ♂. Parte superior pardo grisácea, gris ceniza por debajo, píleo negro. ♀: parduzca por debajo; el obispillo pardo rojizo. **Voz:** nota de alarma en el nido, un rudo «tak» o un «zeck», en los demás casos un «ved». **Canto:** comienza con tonos apresurados gorgojeantes y termina con una estrofa aguda y sonora. **Hábitat:** viveros de pinares, parques, jardines, bordes de bosque. **Alimentación:** insectos, arácnidos; en otoño, bayas de saúco. **Cría:** V-VII, 4-6 huevos, T 12 días, N 12 días; 2 puestas/año. Nidifica entre matorrales bajos. **Especie semejante:** la **Curruca cabecinegra** (Silvia melanocephala) algo más pequeña que la C. capirotada, con la cabeza negro azabache y curúncula ocular roja. En los países mediterráneos del I-XII.

## 2. Curruca gavilana

*Sylvia nisoria* (Sylvia)

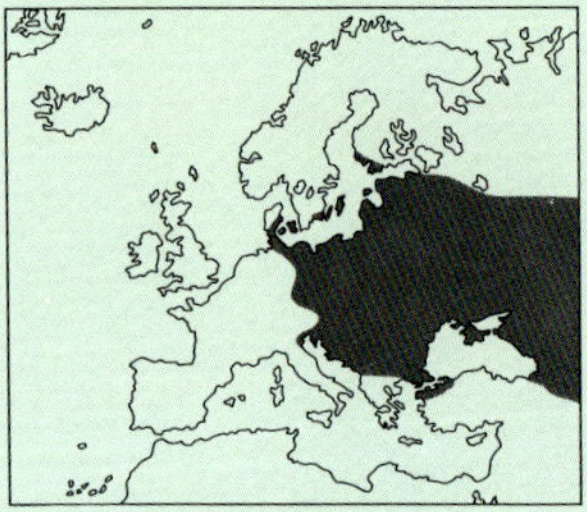

**En Europa central:** V-IX. **Características:** 15 cm/30 g. Mayor que la C. capirotada; parte superior gris parda, parte inferior blancuzca con barrado gris; los ojos conspicuamente amarillos. ♀ = ♂ pero más parduzca y más pálida. **Voz:** nota de alarma como un «tr tr» o un «dedede». **Canto:** melodioso y parecido al de la C. mosquitera, pero con estrofas más cortas y sonido guturales («errr») y tonos aflautados graves. **Hábitat:** bordes de bosques con zarzales y matas y arbustos espinosos, setos. **Alimentación:** insectos, arañas, bayas. **Cría:** V-VII, 5-6 huevos, T 14 días, N 14-16 días. Nidifica entre matorrales espinosos.

## 3. Curruca rabilarga

*Sylvia undata* (Sylvia)

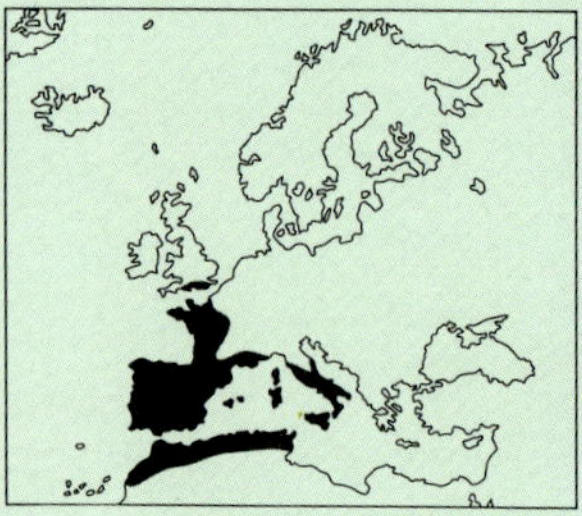

**Características:** 12,5 cm/8,5 g. De tamaño muy pequeño, plumaje oscuro, generalmente con la cola erguida; la garganta finamente moteada en blanco; curúncula ocular roja. ♀ = ♂, pero de tonos más pálidos. **Voz:** un prolongado y nasal «nyer» o un regañante «trtrtr». **Canto:** estrofas cortas y apresuradas, sibilantes, parecidas a las de la C. zarcera. **Hábitat:** zonas de matorrales y de bosques claro con maleza, en la Península Ibérica, S.O. de Francia, Italia. **Alimentación:** insectos, arácnidos, bayas. **Cría:** IV-VII, 3-6 huevos, T 12-13 días, N 12 días. Nidifica entre matorrales densos.

1

2

3

## 1. Mosquitero musical

*Phylloscopus trochilus*
(Phylloscopus)

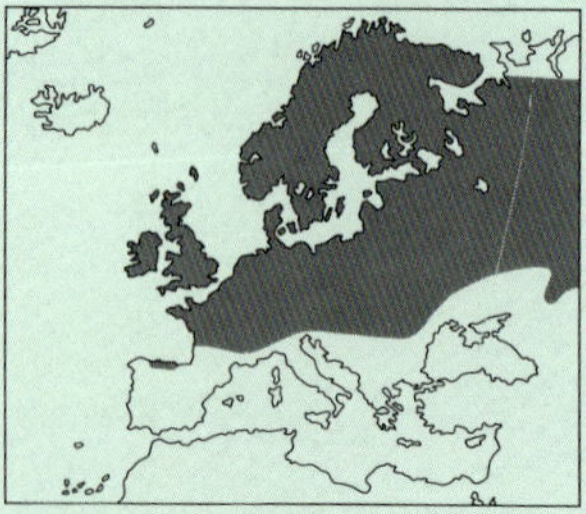

**En Europa central:** IV-X **Características:** 11 cm/9 g. De tamaño y figura como el M. común, pero con el plumaje más amarillento, con lista superciliar conspicuamente clara y lista ocular oscura; las patas generalmente de color carne pálido. ♀ = ♂. **Voz:** reclamo bisílabo como un «ji-id». **Canto:** estrofa suave y descendente de tonos puros y melancólicos. **Hábitat:** bosques claros, terrenos pantanosos con abedules dispersos, jardines. **Alimentación:** insectos, arácnidos. **Cría:** V-VI, 4-7 huevos, T 13 días, N 13 días. Nido esférico en el suelo.

## 2. Mosquitero común

*Phylloscopus collybita*
(Phyloscopus)

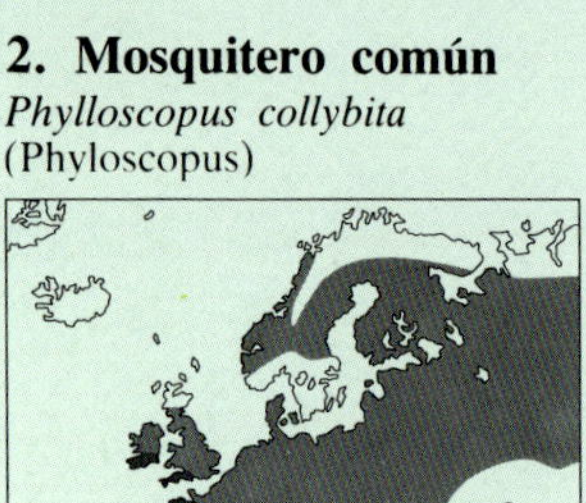

**En Europa central:** III-XI. **Características:** 11 cm/9 g. Pariente muy cercano del M. musical y muy parecido a él, aunque no tan amarillento sino más tirando a pardo oliváceo; las piernas siempre oscuras. ♀ = ♂. **Voz:** reclamo monosílabo y delicado como un «hiid» aspirado. **Canto:** una estrofa de dos elementos alternos como un «zilp-zalp-zelp-zilp-zalp». **Hábitat:** bosques claros de fronda y mixtos, jardines y parques. **Alimentación:** insectos, arañas. **Cría:** IV-VI, 5-6 huevos, T 14 días, N 13 días; 1-2 puestas/año. Nido esférico cerca del suelo.

## 3. Mosquitero silbador

*Phylloscopus sibilatrix*
(Phyloscopus)

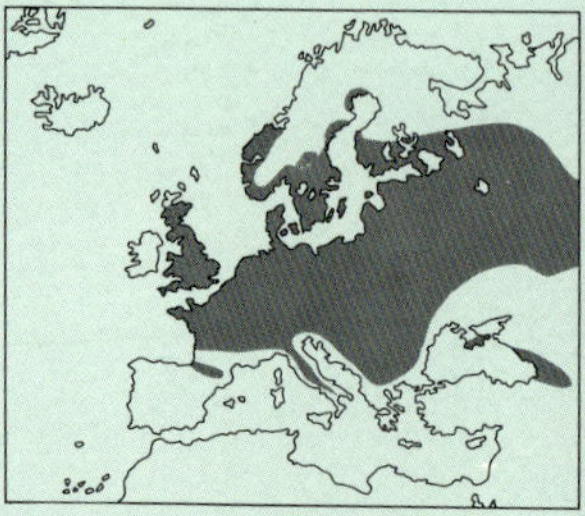

**En Europa central:** IV-IX. **Características:** 13 cm/10 g. Es el mayor mosquitero de Europa. Tiene la parte superior verde amarillenta; lista superciliar conspicuamente amarilla, la garganta y el pecho amarillo azufre, el vientre blanco. ♀ = ♂. **Voz:** nota de alarma un «dii» suave. **Canto:** estrofas iniciadas con un «sip sip sip» cada vez más rápido para terminar con un gorjeo monónoto; suele emitirlo en vuelo de canto a baja altura; a veces emite tembién estrofas sibilantes o aflautadas como un «dyi-dyi-dyi». **Hábitat:** preferentemente en hayedos. **Alimentación:** insectos, arácnidos. **Cría:** V-VI, 6-7 huevos, T 13 días, N 12-13 días. Nido esférico junto al suelo.

1

2

3

## 1. Mosquitero papialbo

*Phylloscopus bonelli*
(Phylloscopus)

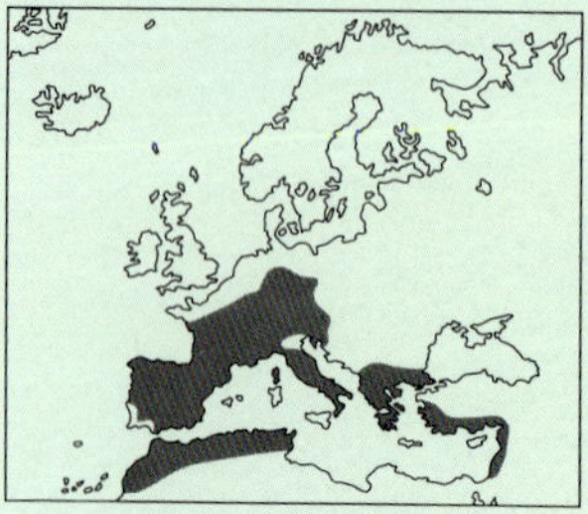

**En Europa central:** IV-IX. **Características:** 11,5 cm/8 g. De tamaño y complexión como el M. común, pero con el plumaje un poco más amarillento, con una conspicua lista superciliar clara y una lista ocular oscura; las patas suelen ser de color carne pálido. ♀ = ♂. **Voz:** reclamo bisílabo como un «hi-i» aspirado. **Canto:** un trino breve de 7 a 13 elementos sonoros, en el mismo tono, que recuerda al del M. silbador (pág. 192), pero algo más lento y sin ninguna introducción. **Hábitat:** pinares y bosques mixtos hasta el límite de altura de la región arbórea. **Alimentación:** insectos, arañas. **Cría:** V-VI, 5-6 huevos, T 13 días, N 12 días. Nidifica en el suelo.

## 2. Reyezuelo sencillo

*Regulus regulus* (Phylloscopus)

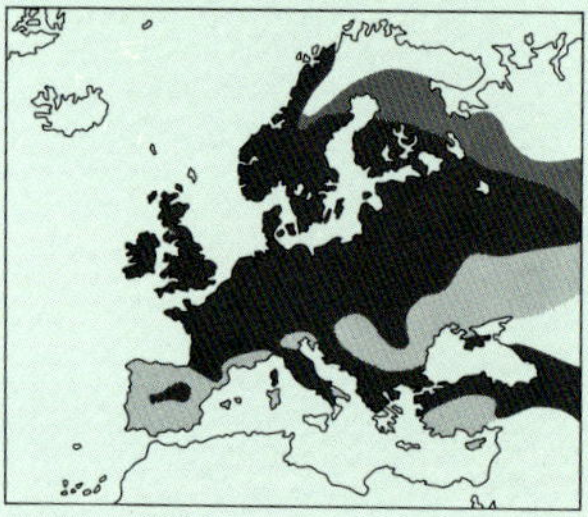

**En Europa central:** I-XII. **Características:** 9 cm/5 g. Junto con el R. listado es el pájaro de menor tamaño de Europa. El ♂ tien una pequeña cresta rojo ana ranjada y bordeada de negro. L ♀ la tiene amarilla, también bor deada de negro. **Voz:** reclamo agudos y finos como un «sii-sii sii». **Canto:** una estrofa corta d tonos agudos con claras modula ciones hacia arriba y hacia abaj y que termina con un enérgic tono final **Hábitat:** bosques d coníferas, sobre todo pinares bosques mixtos y parques. **Ali mentación:** insectos, arañas **Cría:** IV-VI, 8-10 huevos, T 14 15 días, N 15-16 días; puestas/año. Nido colgante en pi nos o abetos.

## 3. Reyezuelo listado

*Regulus ignicapillus*
(Phylloscopus)

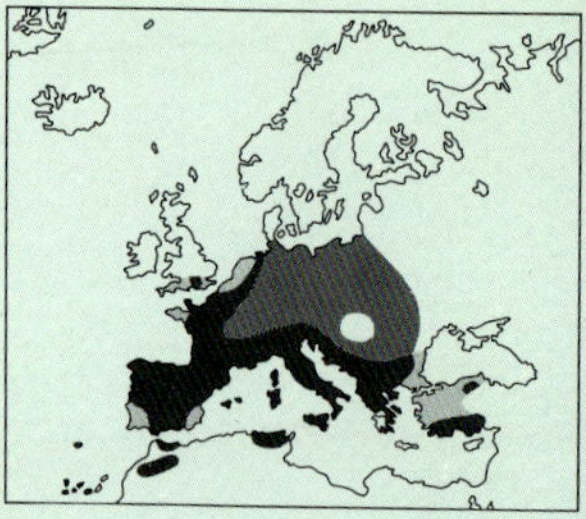

**En Europa central:** III-X. **Carac terísticas:** 9 cm/5 g. Muy pareci do al R. sencillo —que es má frecuente— pero de colores má vivos; lista ocular negra y list superciliar blanca, cresta del ♂ rojo anaranjada, amarilla en l ♀, ambas bordeadas de negro lados del cuello amarillo oro. **Voz:** reclamo agudo como u «sisis» (más agudo que el del R. sencillo). **Canto:** estrofas cortas y crecientes, de tonos agudos iguales, con un acentuado trino final. **Hábitat:** bosques. **Alimentación:** insectos, arañas. **Cría:** V-VII, 7-12 huevos, T 14-15 días, N 15-16 días; 2 puestas/año. Nido colgante en coníferas.

1

2

3

## 1. Papamoscas gris

*Muscicapa striata* (Muscicapidae)

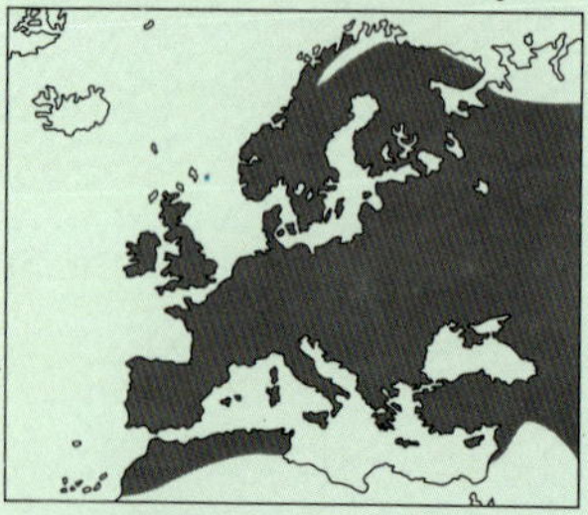

**En Europa central:** IV-IX. **Características:** 14 cm/18 g. Papamoscas gris e insignificante con la frente y el pecho listados. ♀ = ♂. Muy esbelto, permanece posado en posición erguida y caza desde el posadero los insectos que pasan volando ante él; cada vez que se posa sacude las alas. **Voz:** un reclamo como reprimido («zie» o «pst»). **Canto:** entrecortado y de tonos agudos sibilantes como un «zizi sir zri tzri». **Hábitat:** bosques claros de fronda, parques, cementerios. **Alimentación:** insectos voladores. **Cría:** V-VII, 4-6 huevos, T 13 días, N 15 días; 1-2 puestas/año. Nidifica en agujeros o cornisas.

## 2. Papamoscas collarino

*Ficedula albicollis* (Muscicapidae)

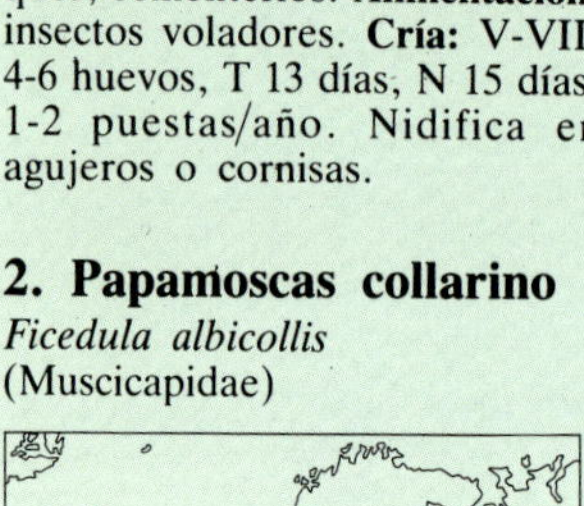

**En Europa central:** IV-IX. **Características:** 13 cm/13 g. El ♂ como P. cerrojillo, pero con una franja blanca en la nuca y franja alar también blanca. La ♀ es pardo grisácea, con la frente y la alarma: un «sieb» o «flit», seguid de un chirrido, como un «tk. **Canto:** fino y agudo, comenzand con un «fliit» para terminar co diversos tonos aflautados y gr ves. **Hábitat:** como el P. cerrojill **Alimentación:** insectos cazados e las inmediaciones de la copa de lo árboles. **Cría:** V-VII, 4-7 huevo T 13 días, N 16 días. Nidifica e agujeros.

## 3. Papamoscas cerrojillo

*Ficedula hypoleuca* (Muscicapidae)

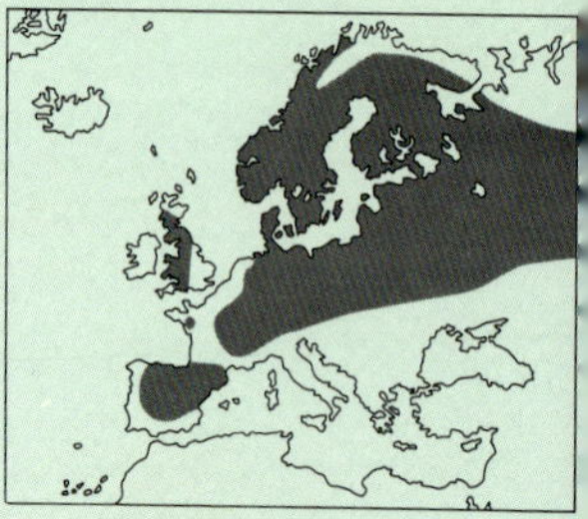

**En Europa central:** IV-IX. **Ca racterísticas:** 13 cm/13 g. Más pe queño y rechoncho que el P. gris ♂ negro por encima, blanco po debajo, al igual que la frente y la manchas alares; los ♂ ♂ del cen tro y este de Europa tienen la par te superior castaño. ♀ gris azulad con la parte inferior más pálida **Voz:** el reclamo es un «bitt» o u disuasivo «tzeck». **Canto:** breve estrofas bisílabas como «vutivuti vuti» ligados. **Hábitat:** bosques jardines, parques. **Alimentación** insectos cazados al vuelo o recogi dos de los árboles y el ramaje **Cría:** V-VI, 5-7 huevos, T 13 días N 16 días. Nidifica en agujeros **Especie semejante:** el *Ficedul semitorquata,* con la franja blanc de la nuca prolongada sin inte rrupción y conspicuos borde blancos en la cola. Tiene la man cha alar más blanca y más anch que la del P. cerrojillo. Cría e Grecia y en el S. de Bulgaria.

1|2

3

## 1. Papamoscas papirrojo

*Ficedula parva* (Muscicapidae)

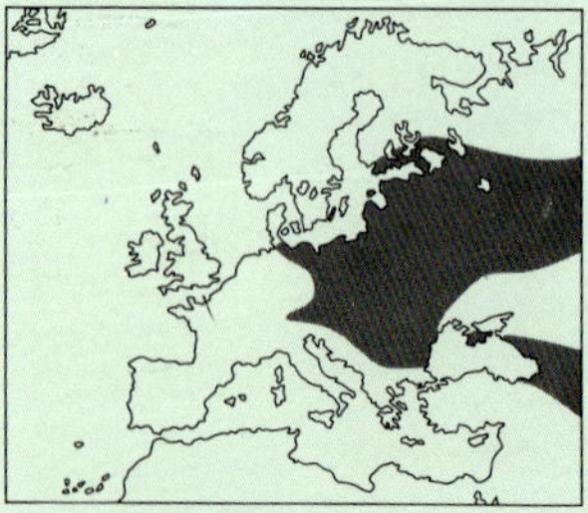

**En Europa central:** V-IX. **Características:** 11,5 cm/10 g. ♂ de color parecido al del petirrojo (pág. 202), pero de tamaño más pequeño y delicado; típico mosquitero paticorto, mueve a menudo la cola festonada de blanco. ♂ garganta y pecho rojo ladrillo; ♀ carente de rojo. **Voz:** reclamo como un «cirr», parecido al del chochín; cuando se excita, un agudo «cit»; al ser levantado un «diili». **Canto:** estrofas descendentes de tonos puros que recuerdan el canto del mosquitero musical (pág. 192). **Hábitat:** bosques de caducifolios, especialmente hayedos. **Alimentación:** insectos voladores; caza sobre las copas de los árboles. **Cría:** V-VII, 5-7 huevos, T 13 días, N 13-14 días. Nidifica en agujeros.

## 2/3. Tarabilla norteña

*Saxicola rubetra* (Turdidae)

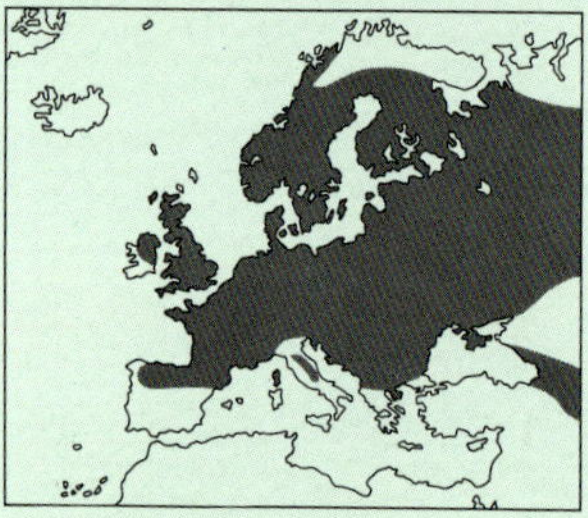

**En Europa central:** V-IX. **Características:** 13 cm/18 g. Rechoncho y de cola corta, El ♂ (foto 2) presenta un barrado castaño por la parte superior, una mancha blanca en los hombros así como una lista superciliar y bigoteras blancas. La ♀ (foto 3) es de colores más mates. Mueve la cola y sacude las alas. **Voz:** cuando es levantada emite un «tk tk» alternado con un suave «dyi». **Canto:** una breve melodía entrecortada de tonos ásperos y aflautados. **Hábitat:** extensos pastizales, terrenos pantanosos, campo abierto, bosques de fronda. **Alimentación:** insectos voladores y del suelo **Cría:** V-VI, 5-6 huevos, T 14 días, N 13 días. Nidifica en el suelo.

## 4. Tarabilla común

*Saxicola torquata* (Turdidae)

**En Europa central:** III-X. **Características:** 13 cm/15 g. Parecido a la T. norteña en forma y comportamiento. ♂ con la cabeza negra y los lados del cuello blancos, el dorso pardo negruzco y con manchas blancas en las alas; por debajo es de color castaño rojizo; ♀ de colores más pálidos y más parduzcos. **Voz**: la nota de alarma es un «krr» y cuando es molestada emite un «fid» o «fid-tac-tac». **Canto:** una melodía breve y áspera de tonos finos y vibrantes un tanto quejumbrosos y algo aflautados. **Hábitat:** brezales, páramos pedregosos, terraplenes de ferrocarril. **Alimentación:** insectos. **Cría:** IV-VII, 5-6 huevos, T 14 días, N 16 días; 2 puestas/año. Nidifica en el suelo.

1

2|3

4

## 1. Roquero solitario

*Monticola solitarius* (Turdidae)

**Características:** 20 cm/65 g. ♂ pico oscuro; gris azulado y patas gris oscuro; ♀ castaño oscuro grisáceo, con fino moteado por encima y por debajo. **Voz:** la nota de alarma es un duro «tac-tac» o un «trr ci tac-tac-tac»; normalmente emite un nítido «yi» aflautado. **Canto:** breves estrofas agudas y aflautadas con escalas descendentes que también emite en vuelo. **Hábitat:** laderas de montañas rocosas y costas; en poblados. **Alimentación:** insectos, arañas, gusanos, bayas. **Cría:** IV-VI, 3-5 huevos, T 13 días, N 18 días; 1-2 puestas/año. Nidifica en hendiduras de las rocas.

## 2. Roquero rojo

*Monticola saxatilis* (Turdidae)

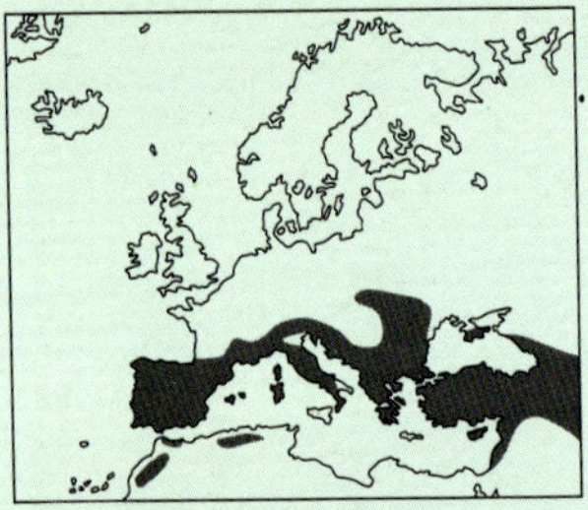

**En Europa central:** IV-IX. **Características:** 19 cm/60 g. Más pequeño que el R. solitario, de pico más corto y cola también más corta. ♂ con la cabeza y el cuello azul grisaceos, la parte inferior roja y el obispillo blanco; la cola es rojo herrumbre; en invierno la cabeza y la parte inferior están festoneadas de plumas blancas; ♀ de color castaño con conspicuo moteado. **Voz:** cuando es levantado emite un «tac tac» como las tarabillas y un «yi». **Canto:** melodioso y aflautado, realizando a menudo vuelos de canto. **Hábitat:** laderas rocosas y secas, canteras, ruinas. **Alimentación:** insectos, arañas, gusanos, bayas. **Cría:** V-VI, 4-5 huevos, T 13 días, N 13-16 días. Nidifica en hendiduras de las rocas.

## 3. Collalba gris

*Oenanthe oenanthe* (Oenanthe)

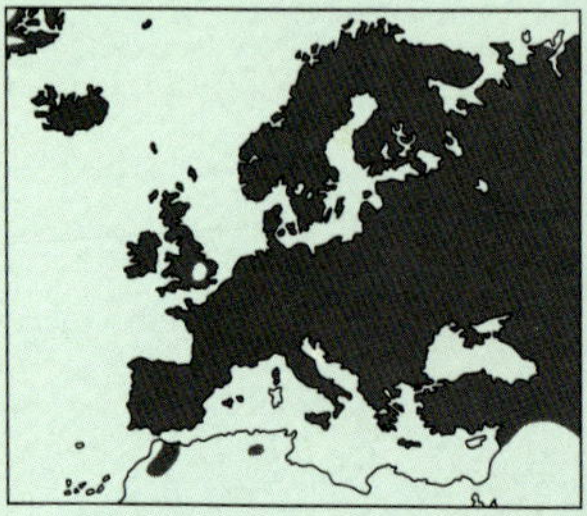

**En Europa central:** IV-X. **Características:** 15 cm/25 g. ♂ píleo gris, lista ocular blanca, dorso gris claro, con los lados de la cabeza negros; la parte inferior, la garganta y el pecho ocre claro, cola blanca; ♀ y jóvenes crema parduzco. **Voz:** cuando se excita emite un reclamo duro como un «tk tk tk» y un «fid» único. **Canto:** estrofas breves, parloteantes mezcladas con tonos aflautados. **Hábitat:** campo abierto, páramos, dunas, escombreras, viñedos. **Alimentación:** insectos, arañas. **Cría:** IV-VI, 5-6 huevos, T 14 días, N 15 días. Nidifica en el suelo.
**Especie semejante:** la **Collalba rubia** *(Oenanthe hispanica),* parecida a la anterior, pero con la parte inferior y superior ocre o crema muy claro. Hay también una variante con la garganta blanca. Habita zonas secas y pedregosas del S. de Europa.

1

2

3

## 1. Colirrojo tizón

*Phoenicurus ochruros*
(Phoenicuros)

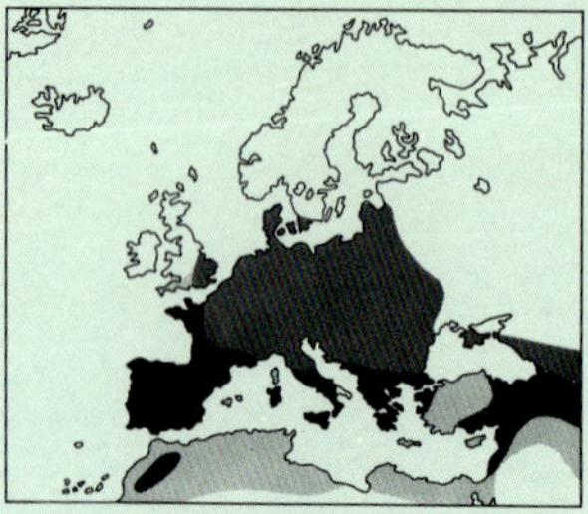

**En Europa central:** III-X. **Características:** 14 cm/17 g. Gris pizarra mate, píleo y dorso gris ceniza oscuro, mancha alar blancuzca; cola y obispillo de color rojo ladrillo; ♀ pardo grisáceo oscura, cola y obispilla rojo ladrillo. **Voz:** cuando se excita emite un «hid tec tec». **Canto:** comienza con unos sonidos aflautados y claros, luego emite un chasqueante y áspero sonido seguido de tonos aflautados. **Hábitat:** laderas rocosas y acantilados; edificios de aldeas y ciudades. **Alimentación:** insectos y arácnidos. **Cría:** IV-VII, 5-6 huevos, T 13 días, N 15 días, 2 puestas/año. Nidifica en agujeros.

## 2. Colirrojo real

*Phoenicurus phoenicuros*
(Phoenicurus)

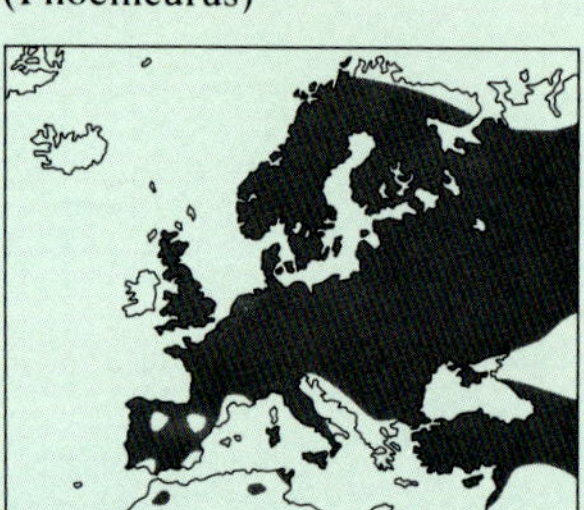

**En Europa central:** IV-X. **Características:** 14 cm/15 g. ♂ frente de un blanco brillante, garganta y flancos de la cabeza negros; parte superior gris pizarra, parte i
ferior, obispillo y cola rojo lad
llo. ♀ parduzca con la parte inf
rior más clara. **Voz:** cuando
excita emite un «huid-tec-tec
**Canto:** comienza con un tono sib
lante prolongado al que se u
una breve serie de tonos grav
breves, como un largo «ii t
tre...». Timbre parecido al del
cerrojillo (pág. 196). **Hábitat:** bo
ques claros de planifolios y mi
tos, jardines y parques. **Aliment
ción:** insectos y arácnidos. **Cr
V-VII, 5-6 huevos, T 13-14 días,
12-14 días; 2 puestas/año. Nidific
en agujeros.

## 3. Petirrojo

*Erithacus rubecula*
(Phoenicurus)

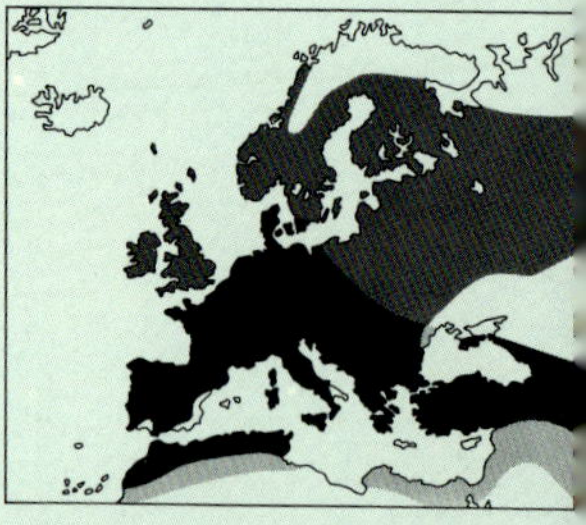

**En Europa central:** I-XII. **Carac
terísticas:** 14 cm/16 g. Frent
garganta y pecho de color ladr
llo; parte superior pardo oliv
cea. ♀ = ♂. Los jóvenes, co
manchas pardas; de aspecto r
choncho, con los ojos grandes
oscuros; cabecea a menudo y a
za la cola dejando colgar las alas
**Voz:** el reclamo es un rápido «c
quiciqui»; la nota de alarma ant
algún enemigo en el aire es u
«ciee». **Canto:** melancólico y so
lemnemente aflautado, con tono
agudos iniciales seguidos de u
gorjeo descendente y un clar
trino. **Hábitat:** bosques, matorra
les, jardines, parques. **Alimenta
ción:** insectos, arácnidos. **Cría
V-VII, 4-5 huevos, T 14 días, N
13-14 días; 2 puestas/año. Nidifi
ca en el suelo.

1

2

3

## 1. Pechiazul

*Luscinia svecica* (Phoenicurus)

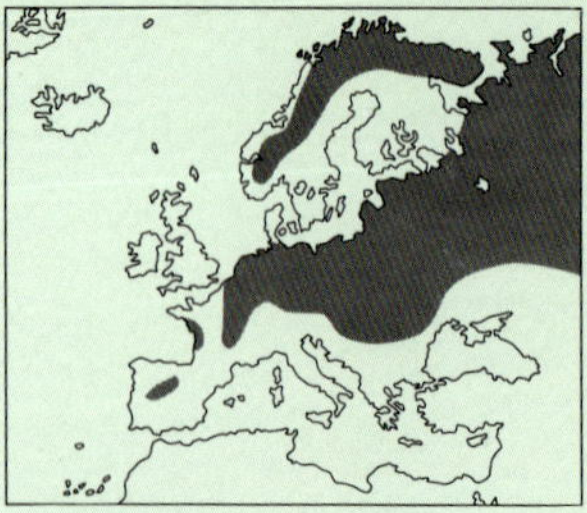

**En Europa central:** III-IX. **Características:** 14 cm/18 g. Del tamaño del Petirrojo (pág. 202), pero más esbelto, de patas más largas y con la base de la cola rojiza. ♂ con la garganta y buche azul brillante con una «estrella» blanca. La raza escandinava la tiene de color rojo ladrillo (foto cubierta 1). La ♀ tiene la garganta blanca. **Voz:** reclamo áspero como un «tack» o «tk». **Canto:** apresurado, de estrofas gorgeantes y tonos aflautados con mezcla de sonidos miméticos. **Hábitat:** terrenos cenagosos y húmedos con cañizales, tundra. **Alimentación:** insectos, arácnidos. **Cría:** IV-VI, 5-6 huevos, T 13 días, N 13-14 días. Nidifica en el suelo.

## 2. Ruiseñor común

*Luscinia megarhynchos* (Phoenicurus)

**En Europa central:** IV-IX. **Características:** 16,5 cm/22 g. Parte superior, alas y cola de color castaño; parte inferior pardo claro; de patas largas. ♀ = ♂. Vive retirado, es tímido y escondedizo; da grandes saltos y levanta a menudo la cola. **Voz:** cuando se excita emite un «yiid» o un grave «carr». **Canto:** potente y muy variado con muchos tonos cristalinos diferentes y motivos entrelazados, con series guturales monótonas y tonos intermedios crecientes («sollozos»); canta también por la noche. **Hábitat:** bosques de fronda, zonas de arbolado, jardines y parques. **Alimentación:** insectos, arácnidos. **Cría:** V-VI, 4-5 huevos, T 13-14 días; N 11 días. Nidifica en el suelo.

## 3. Ruiseñor ruso

*Luscinia luscinia* (Phoenicurus)

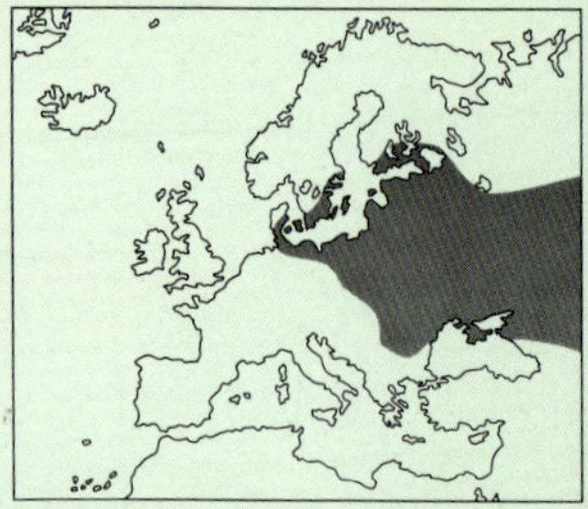

**En Europa central:** V-IX. **Características:** 16,5 cm/23 g. Muy parecido al R. común, pero con la parte superior y la cola de color pardo oliváceo, no pardo rojizo, y el pecho ligeramente moteado. Mueve la cola como girándola. ♀ = ♂. **Voz:** cuando se excita emite un «carr» más grave que el del R. común y un claro «yiid» característico. **Canto**: más lento que el del R. común y de tesitura más grave, con tonos campanilleantes y puros, de 1 ó 2 sílabas añadidos a estrofas breves sin los «sollozos» cadenciales del R. común. **Hábitat:** bosques de caducifolios, espesuras húmedas, jardines, parques. **Alimentación:** insectos, arácnidos. **Cría:** V-VI, 4-6 huevos, T 13-14 días, N 11 días. Nidifica en el suelo.

1

2

3

# Paseriformes

Siluetas en vuelo y en reposo.

Vencejo (en comparación)

Golondrina

Avión común

Avión zapador

Cogujada

Alondra común

Totovía

Bisbita ribereño

Bisbita común

Bisbita arbóreo

Lavandera boyera

Lavandera blanca

Lavandera cascadeña

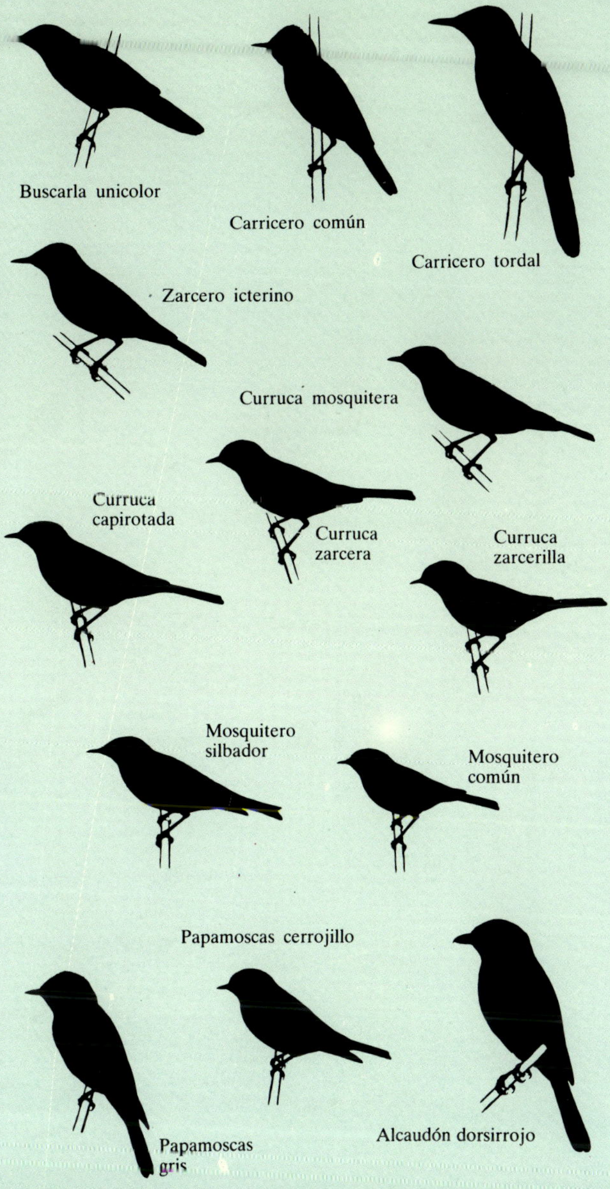
Buscarla unicolor
Carricero común
Carricero tordal
Zarcero icterino
Curruca mosquitera
Curruca capirotada
Curruca zarcera
Curruca zarcerilla
Mosquitero silbador
Mosquitero común
Papamoscas cerrojillo
Papamoscas gris
Alcaudón dorsirrojo

## 1. Mirlo común

*Turdus merula* (Turdus)

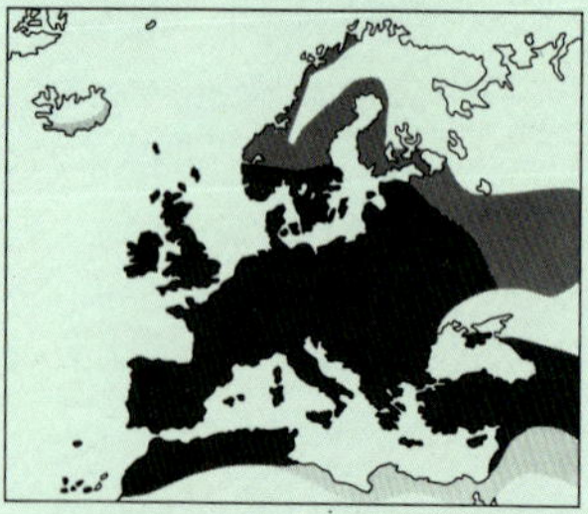

**En Europa central:** I-XII. **Características:** 25 cm/95 g. ♂ negro azabache con el pico amarillo anaranjado; ♀ pardo oscuro con el pecho ligeramente moteado. Los jóvenes, muy manchados por la parte inferior. **Voz:** cuando se excita emite un «tac tac» o un «tixtixtixtix»; cuando se siente amenazado en el suelo (gatos) un moderado «duc duc»; si la amenaza es de un ave rapaz, la nota de alarma es un «cii». **Canto:** estrofas sonoras de timbre aflautado como de órgano. **Hábitat:** bosques, parques; frecuente en aldeas y ciudades. **Alimentación:** lombrices, insectos; en otoño, bayas y otros frutos. **Cría:** III-VII, 3-5 huevos, T 13-14 días, N 13 días; 2 puestas/año. Nidifica en matorrales y árboles.

## 2. Mirlo capiblanco

*Turdus torquatus* (Turdus)

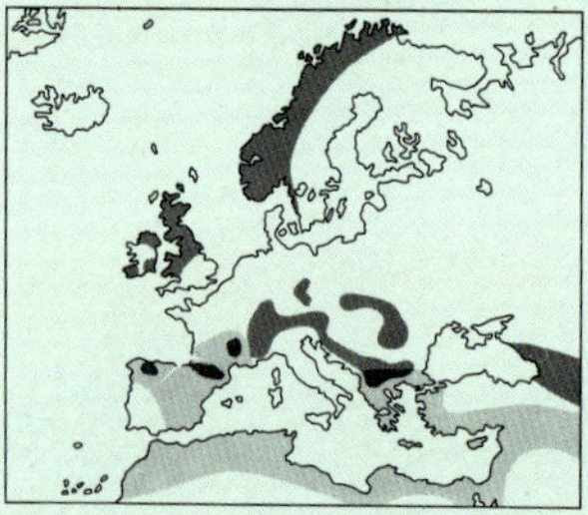

**En Europa central:** III-IX. **Características:** 25 cm/100 g. De tamaño y colorido como el M. común, aunque no tan negro, con una franja en el pecho en form de media luna de color blanco bordes blancos en la parte infe rior de las alas; ♀ parduzca y co la franja del pecho apenas mar cada. **Voz:** reclamo parecido al de M. común, como un «tac» o u «toctoctoc»; en vuelo u «chirrr». **Canto:** parecido al d un zorzal, compuesto de varias es trofas, menos sonoro y variado con un timbre que recuerda e canto del Z. charlo (pág. 210). **Há bitat:** bosques de coníferas en l montaña, en el límite arbóreo y e laderas bajas con arboleda. **Ali mentación:** como la del M. co mún. **Cría:** IV-VII, 4-5 huevos, T 12-14 días, N 14-16 días; 2 pues tas/año. Nidifica en matorrales y árboles.

## 3. Zorzal real

*Turdus pilaris* (Turdus)

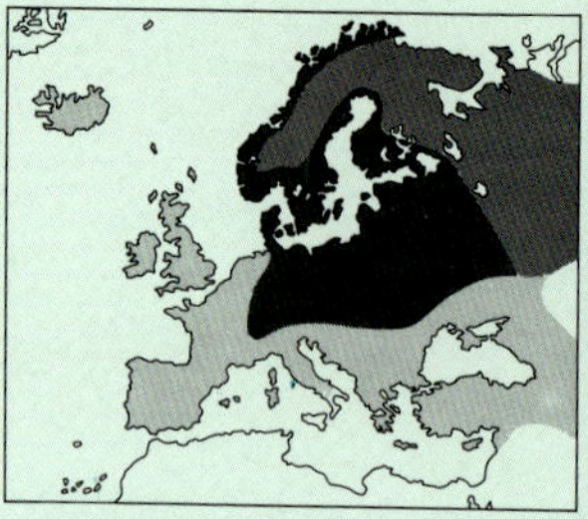

**En Europa central:** I-XII. **Características:** 25,5 cm/100 g. Cabeza y obispillo grises, dorso castaño, garganta y pecho amarillo. ♀ = ♂. Mucho más gregario que el M. común, generalmente en pequeñas bandadas. **Voz:** volando emite un reclamo como un «chac-chac-chac»; cuando ha de defender el nido, un traqueteante «trarrat». **Canto:** una mezcla de notas medio apagadas, apenas aparentes y casi siempre en vuelo. **Hábitat:** bosques con abedules, alamedas, parques. **Alimentación:** gusanos, caracoles, insectos, bayas. **Cría:** IV-VI, 5-6 huevos, T 13-14 días, N 14 días; 2 puestas/año. Nidifica en colonias.

1

2

3

## 1. Zorzal alirrojo

*Turdus iliacus* (Turdus)

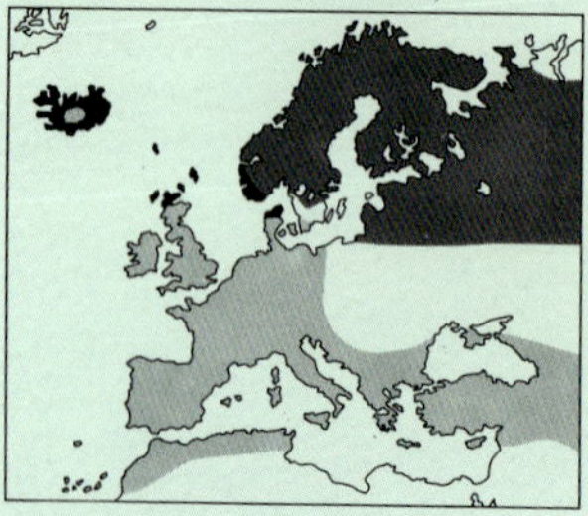

**En Europa central:** X-III. **Características:** 21 cm/60 g. Más pequeño que el Z. común, con los flancos y la parte inferior de las alas de color pardo rojizo, bigoteras y lista superciliar de color crema. ♀ = ♂. **Voz:** cuando migra y en vuelo, un agudo y prolongado «zyie». **Canto:** una serie descendente de sonidos aflautados, seguido de un gorjeo áspero. **Hábitat:** bosques con abedules, y en general bosques mixtos o de perennifolios. **Alimentación:** gusanos, caracoles, insectos, bayas. **Cría:** V-VII, 5-6 huevos, T 13-14 días, N 12-14 días; 1-2 puestas/año. Nidifica en árboles y matorrales, aunque también lo hace en el suelo.

## 2. Zorzal común

*Turdus philomelos* (Turdus)

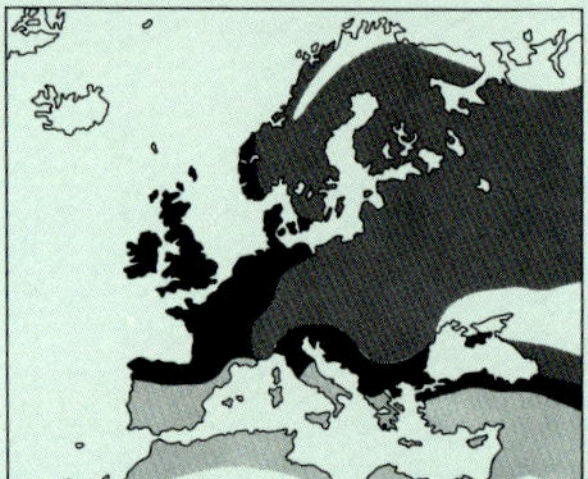

**En Europa central:** III-X. **Características:** 23 cm/70 g. Más pequeño que el Mirlo (pág. 208). Parte superior castaño oscuro, blancuzco por debajo y con denso moteado. El pecho de color ladrillo. ♀ = ♂. **Voz:** un zumb do cuando se ve amenazado en nido, parecido al del mirlo, pe más apagado, como un «dicd dic»; en vuelo un breve «cipp **Canto:** sonoro, dividido en estr fas a base de motivos de 2 a sílabas, varias veces repetido como un «yudiet-yudiet-yudiet **Hábitat:** bosques, parques, jard nes. **Alimentación:** principalme te caracoles, tras romperlos co tra una piedra; también gusano insectos y bayas. **Cría:** IV-VII, 6 huevos, T 12-13 días, N días; 2 puestas/año. Nidifica e árboles y espesuras.

## 3. Zorzal charlo

*Turdus viscivorus* (Turdus)

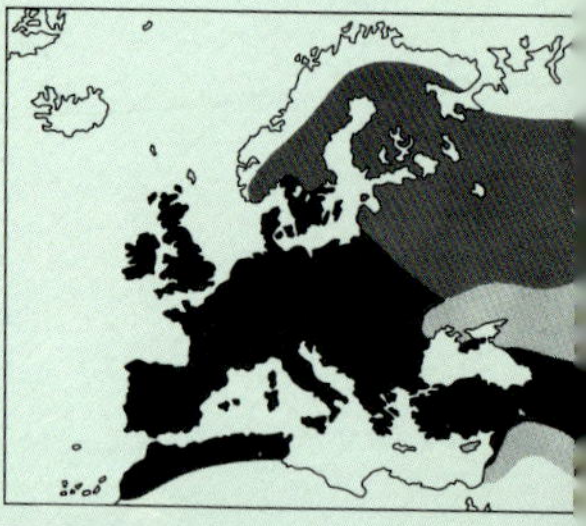

**En Europa central:** I-XII. **Carac terísticas:** 27 cm/120 g. Es el zor zal de mayor tamaño de Europ central. De color pardo grisáce por encima y blancuzco por de bajo con grandes manchas en e pecho. ♀ = ♂. **Voz:** en vuelo u ronco «ssnerr». **Canto:** parecid al del mirlo, pero más melancóli co y con estrofas más monótonas mantenidas a la misma altura **Hábitat:** bosques montanos d coníferas hasta el límite arbóreo bosques mixtos y de caducifolios parques. **Alimentación:** gusanos caracoles, insectos; en otoño y en invierno, bayas y fruta. **Cría** III-VI, 4-5 huevos, T 14 días, N 15-16 días. Nidifica en los árboles.

1

2

3

## 1. Bigotudo

*Panurus biarmicus* (Timallidae)

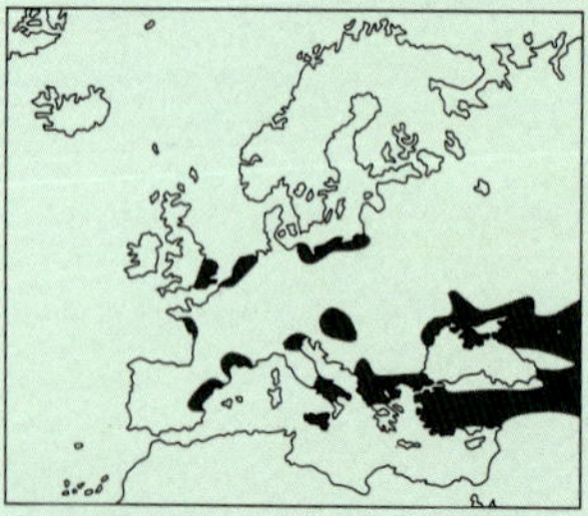

**En Europa central:** I-XII. **Características:** 16,5 cm/14 g. Rojizo, con la cabeza gris claro y con bigoteras negras, cola larga y escalonada. ♀ píleo color canela, sin bigoteras. Trepa en los carrizales y los sobrevuela a baja altura. **Voz:** reclamo de vuelo, un nasal «ping-pong»; cuando es levantado, un breve «pitt». **Canto:** diversos motivos separados entre sí irregularmente como un «chri pitt-pitt-ched-drii». **Hábitat:** extensos carrizales. **Alimentación:** insectos, semillas. **Cría:** IV-VII, 5-7 huevos, T 12-13 días N 10-13 días; 2 puestas/año. Nido característico en forma de cuenco revestido de juncos desmenuzados.

## 2. Mito

*Aegithalos caudatus* (Paridae)

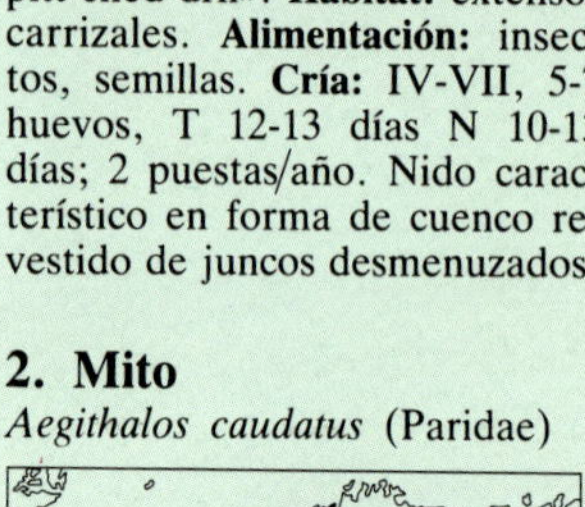

**En Europa central:** I-XII, **Características:** 14 cm/9 g. De cuerpo pequeño y rechoncho, con la cola muy larga y escalonada; tiene la cabeza blanca, con una ancha lista superciliar negra (la raza nordeuropea, con la cabeza totalmente blanca). ♀ = ♂. Los j venes, con los lados de la cabe pardo oscuro. Gregario, en i vierno en grandes bandadas, raza nordeuropea también pr sente entonces en Europa ce tral. **Voz:** un reclamo frecuen semejante a un «chrrt», «tserr» un «sit sit». **Canto:** suaves trin y gorjeos. **Hábitat:** bosques fronda y mixtos, parques y jar nes. **Alimentación:** insectos arácnidos. **Cría:** IV-V, 8-10 hu vos, T 12-14 días, N 14-16 días: puestas/año. Nido ovoide cara terístico.

## 3. Pájaro moscón

*Remiz pendulinus* (Paridae)

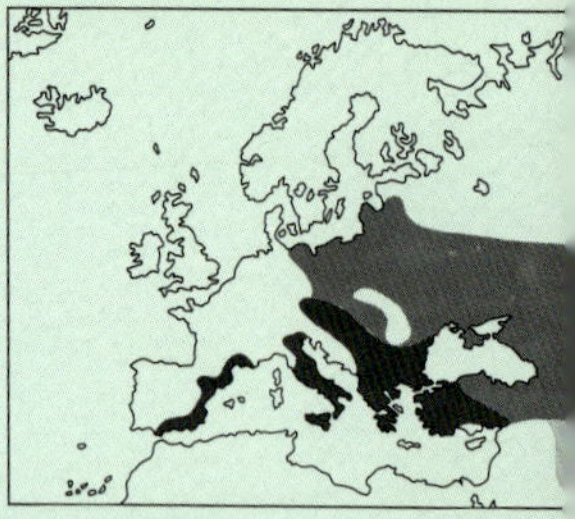

**En Europa central:** I-XII. **Cara terísticas:** 11 cm/10 g. Cabe blanquecina, frente y mejillas n gras, dorso y coberteras de col castaño; ocre por la parte inf rior; ♀ más pálida; los jóven carentes de negro en la cabez Se columpia en ramitas delgada gregaria salvo en la época c cría. **Voz:** reclamo agudo y lig ramente ascendente como u «ciee». **Canto:** un «sit» breve repetido, combinado con el recla mo. **Hábitat:** pantanos, márgen de agua dulce con matorrale **Alimentación:** insectos y arácn dos; en invierno también sem llas. **Cría:** IV-VI, 6-8 huevos, 12-15 días, N 15-20 días; puestas/año. Nidifica en el extr mo de una rama. El nido es bu siforme, colgante y felpudo.

1|2

3

## 1. Carbonero común

*Parus major* (Paridae)

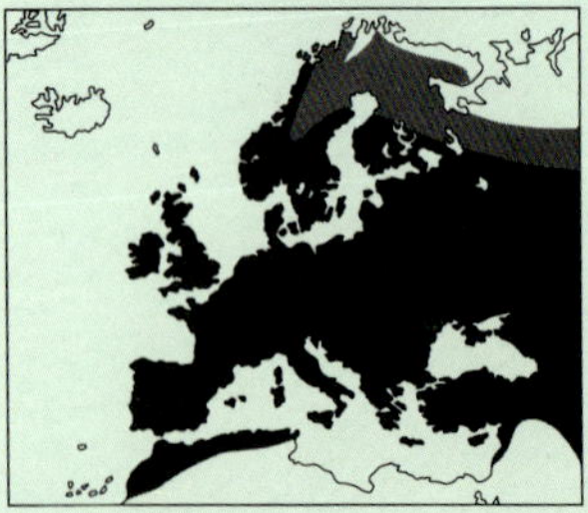

**En Europa central:** I-XII. **Características:** 14 cm/20 g. Cabeza negra, mejillas blancas, dorso verde oliváceo, amarillo por debajo, con una banda negra en el medio; ♀ de colores algo más pálidos; poco asustadizo; se columpia en las ramas y brinca frecuentemente en el suelo. **Voz:** el reclamo es un «cituit» «pinc», cuando es levantado emite un «cherr-rr-rr» o un «pinc dedede». **Canto:** un motivo de 2 a 4 sílabas repetido y sibilante como un «sisibe» «sipe». **Hábitat:** bosques, parques, jardines. **Alimentación:** insectos, bayas, semillas; frecuente en comederos. **Cría:** IV-VII, 8-12 huevos, T 12-14 días, N 15-20 días; 2 puestas/año. Nidifica en agujeros.

## 2. Herrerillo común

*Parus caeruleus* (Paridae)

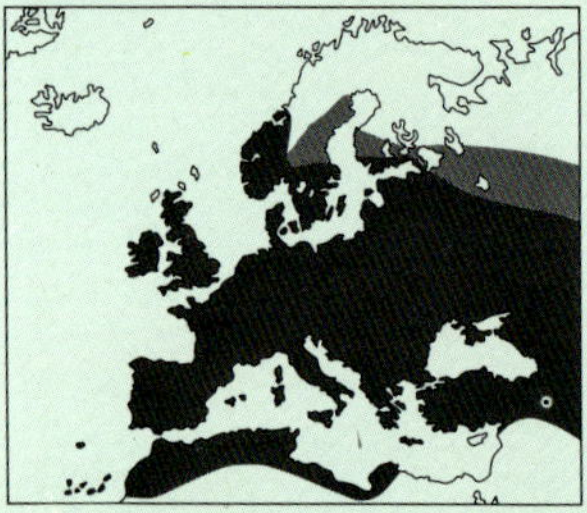

**En Europa central:** I-XII. **Características:** 11,5 cm/11 g. Cabeza azul con los lados blancos y lista ocular negra; alas y cola azules, amarillo por debajo; ♀ algo más pálida; poco asustadizo; suel colgarse de finas ramitas; brev vuelo de exhibición vibrando la alas. **Voz:** el reclamo es un ascen dente «cerretetetet» o un «cie-c cirrr», «si-si-si-si». **Hábitat:** bos ques, jardines y parques. **Alimentación:** pequeños insectos (inclus piojillo), semillas (abedul); fre cuente en comederos. (**Cría:** IV VI, 7-14 huevos, T 13-15 días, N 16-18 días; 1-2 puestas/año. Nidi fica en agujeros.

## 3. Herrerillo capuchino

*Parus cristatus* (Paridae)

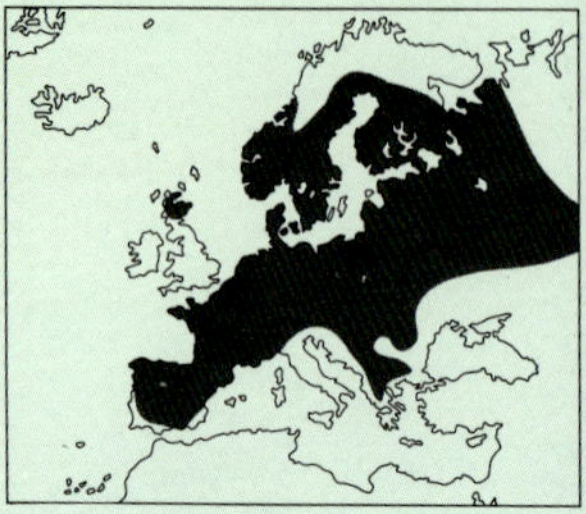

**En Europa central:** I-XII. **Características:** 11,5 cm/11 g. Páride pequeño, el único con cresta. ♀ = ♂. Se columpia ágilmente, generalmente en coníferas. **Voz:** un trinado «irrr-r» o «ci ci guirr» **Canto:** reclamos ligados formando como un «cie ci ci guirr ci guirr». **Hábitat:** bosques de coniferas de la llanura hasta el límite arbóreo; bosques mixtos, en el S. de Europa también en bosques de fronda. **Alimentación:** pequeños insectos y arácnidos; semillas de coníferas; en ocasiones se acerca a los comederos. **Cría:** IV-VI, 5-8 huevos, T 13-15 días, N 17-21 días; 1-2 puestas/año. Nidifica en agujeros.

1

2

3

## 1. Carbonero palustre

*Parus palustris* (Paridae)

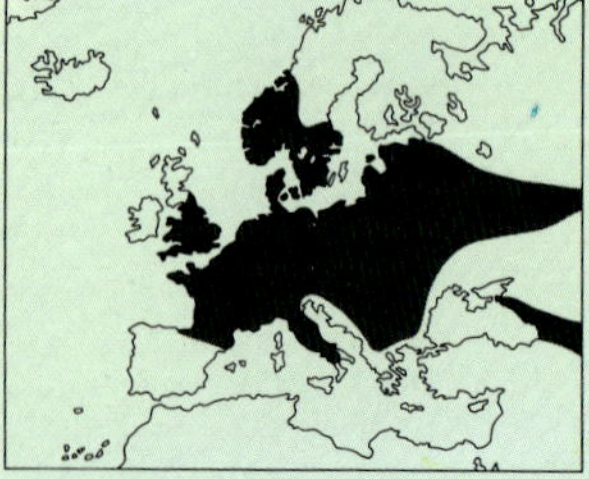

**En Europa central:** I-XII. **Características:** 11,5 cm/11 g. Muy parecido al C. sibilino, pero con la cabeza más pequeña y una brillante cresta negra; carece de franja alar y tiene una mancha negra en el mentón; por encima es pardo grisáceo y por debajo blanco. ♀ = ♂. **Voz:** un notorio «pistye» seguido de un rápido trino como un «dedede». **Canto:** breves y traqueantes series de «yezyezyeze», «yepyepyep» o «ti-vid-ti-vid». **Hábitat:** bosques de fronda con monte bajo, parques, huertas; en la montaña hasta alturas de 1 400 m; nunca en pantanos. **Alimentación:** insectos, semillas. **Cría:** IV-V, 7-8 huevos, T 12-13 días, N 17-20 días. Nidifica en agujeros.

## 2. Carbonero sibilino

*Parus montanus* (Paridae)

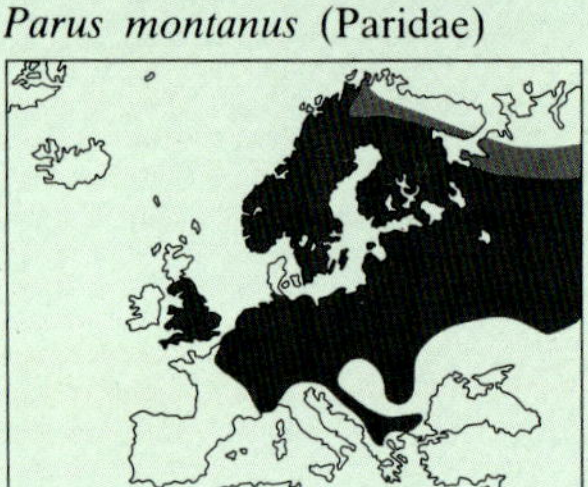

**En Europa central:** I-XII. **Características:** 11,5 cm/11 g. Muy parecido al C. palustre, pero con la cabeza mayor y la cresta negro mate. Tiene además una franja alar clara y el mentón y la ga ganta son de color negro; l flancos parduzcos. ♀ = ♂. **Vo** reclamo nasal como un «tee-te tee» o un «ci-ci-tee-tee» ampli **Canto:** una serie de notas sibila tes y claras como un «chui-chu chui» o un «chip-chip-chip». **H bitat:** bosques mixtos y de coníf ras. En la región alpina vive ur raza algo mayor con análogo co lorido, el **Carbonero alpino** *(P m. montanus)*. **Alimentación:** in sectos, semillas. **Cría:** IV-V, 7- huevos, T 13-14 días, N 17-1 días. Nidifica en agujeros co frecuencia excavados por él mi mo.

## 3. Carbonero garrapinos

*Parus ater* (Paridae)

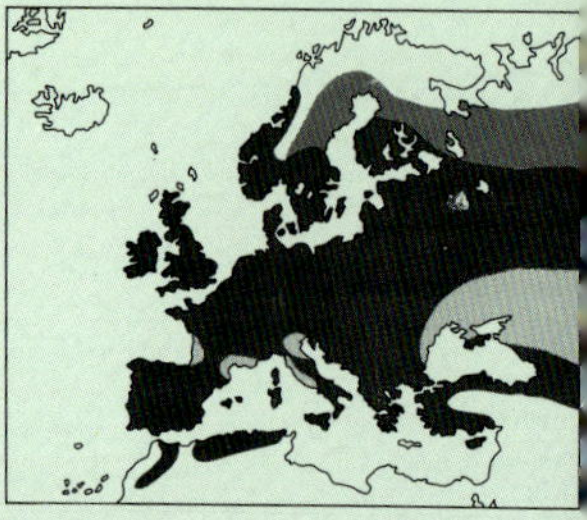

**En Europa central:** I-XII. **Carac terísticas:** 11 cm/9 g. De diseño semejante al del C. común (pág 214) pero mucho más pequeño de tamaño, pardo grisáceo clar por debajo y con una manch longitudinal blanca en la nuca. ♀ = ♂. **Voz:** la nota de reclamo e un «tsi» o un «citi» agudo y fino **Canto:** breves estrofas de 2 a sílabas como un «vice-vice-vice» un «cevi-ci-cevi-ci» o un «siti diti-diti». **Hábitat:** bosques de coníferas, parques y en montaña hasta el límite arbóreo, parques **Alimentación:** insectos, semilla de coníferas. **Crías:** IV-VI, 8-1 huevos, T 14-16 días, N 16-1 días; 2 puestas/año. Nidifica en agujeros.

1

2

3

## 1. Trepador común

*Sitta europaea* (Sittidae)

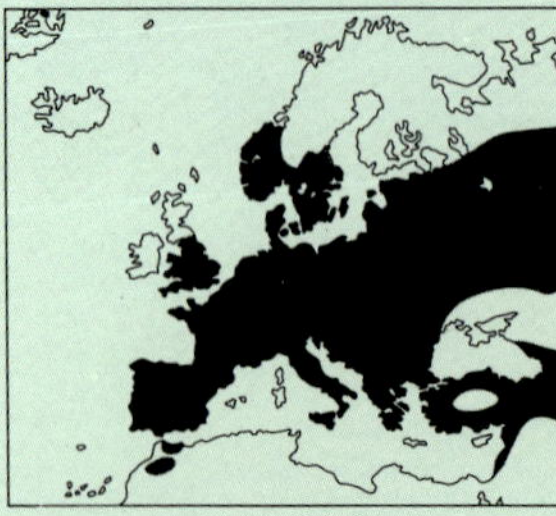

**En Europa central:** I-XII. **Características:** 14 cm/23 g. De cola corta y pico compacto, parecido al de un Pico; gris azulado por encima, rojizoanaranjado por debajo. La raza escandinava es blanca por debajo con los lados de color castaño. ♀ = ♂. Trepa por los árboles, a menudo cabeza abajo. **Voz:** el reclamo es un «tuit tuituit», «tuit», la nota de alarma un «cirrr», la de contacto un «tsit» y el canto una serie prolongada de sonidos sibilantes o trinos como un «tii-tii-tii», «wiwiwiwi» o «tirrr». **Hábitat:** bosques, parques. **Alimentación:** insectos de las cortezas, semillas. **Cría:** IV-VI, 6-8 huevos, T 13-15 días, N 22-25 días. Nidifica en agujeros estrechando la entrada con barro conforme al diámetro de su propio cuerpo.

## 2. Agateador norteño

*Certhia familiaris* (Certhidae)

**En Europa central:** I-XII. **Características:** 12,5 cm/9 g. De color corcho, cola larga y pico decurvado; como el A. común, perc con la frente moteada de blanco el pico algo más corto y la garra del dedo posterior más larga; con manchas (no franjas) blancas por la parte superior; totalmente blanco por debajo. ♀ = ♂. Trepa por los árboles. **Voz:** reclamo agudo y fino como un «srri» «sirr» o «sit», generalmente seriado. **Canto:** un gorjeo descendente como un «sirr-uisiri tierruit». **Hábitat:** bosques de coníferas y mixtos; en el S. sólo en zonas montañosas. **Alimentación** insectos de las cortezas. **Cría** IV-VII, 4-7 huevos, T 13-15 días N 16-17 días; 2 puestas/año. Nidifica en grietas de las cortezas.

## 3. Agateador común

*Certhia brachydactyla* (Certhidae)

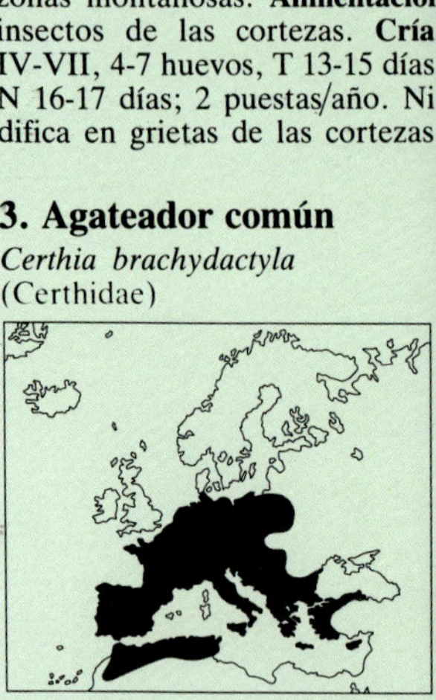

**En Europa central:** I-XII. **Características:** 12,5 cm/9 g. Como e A. norteño, pero sin manchas en la frente y el pico más largo; garra del dedo posterior más corta parte superior moteada de blanco, flancos parduzcos. ♀ = ♂ **Voz:** reclamo agudo y fuerte con notas sibilantes como un «csi cs scirlui-sci». **Hábitat:** bosques mixtos y de fronda, no por encima de los 1 400 m. **Alimentación** insectos de las cortezas. **Cría** IV-VII, 5-7 huevos, T 14-15 días N 16-17 días; 2 puestas/año. Nidifica en grietas de las cortezas

1

2|3

## 1. Treparriscos

*Trichodroma muraria* (Sittidae)

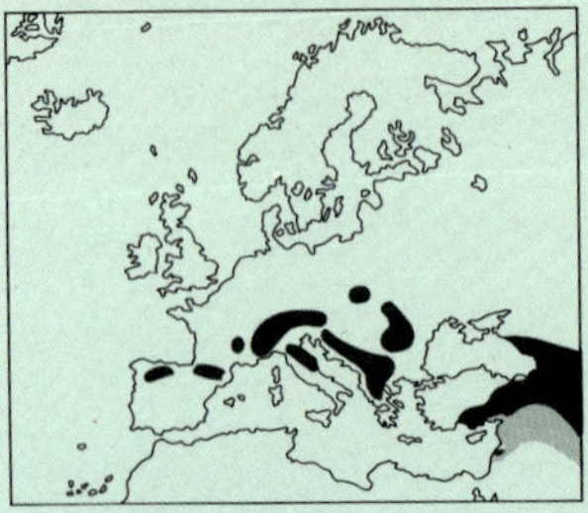

**En Europa central:** I-XII. **Características:** 18 cm/18 g. Grandes alas redondeadas rojo y negro, con manchas blancas, pico largo y decurvado; gris por encima, mentón y garganta de color negro; la ♀ tiene el plumaje invernal con el mentón y la garganta blanquecinos; trepa por paredes rocosas verticales; vuela incesantemente y con agilidad; en invierno se desplaza a menudo hasta los valles. **Voz:** el reclamo es un sibilante «tui». **Canto:** estrofa ascendente de 3 a 5 tonos sibilantes prolongados, el último de ellos descendente como un «debri-sie-dyeed» o un «uit-trietyui». **Hábitat:** acantilados, barrancos rocosos. **Alimentación:** insectos. **Cría:** V-VII, 3-5 huevos, T 18-19 días, N 21-26 días. Nidifica en hendiduras de las rocas.

## 2. Mirlo acuático

*Cinclus cinclus* (Cinclidiae)

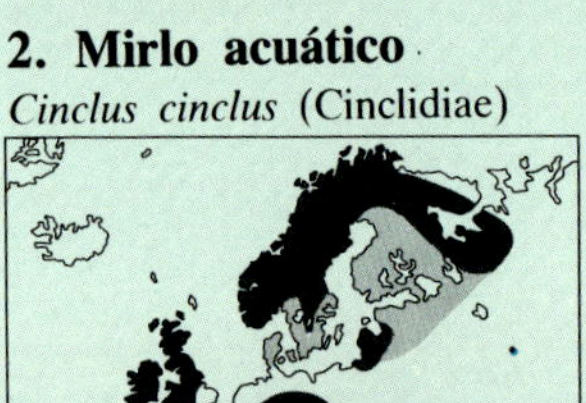

**En Europa central:** I-XII. **Características:** 18 cm/60 g. Conspicuo babero blanco desde la garganta hasta el pecho, de aspecto r chocho y de cola corta, con resto del plumaje castaño osc ro. ♀ = ♂. Los jóvenes, c manchas pardogrisáceas. Cab cea con frecuencia; nada y bu cea; se posa a menudo en las pi dras y rocas sobre el agua. **Vo** reclamos ásperos como un «zi zit-zit» o un «srret-srret». **Cant** parloteante y sibilante con son dos como «zi-zi-trri-trri-vitt-vit vitt». **Hábitat:** aguas claras de r pida corriente; hasta por encim de los 2 000 m. **Alimentación: i** sectos del agua y sus larvas, p queños cangrejos, gusanos. **Crí** III-VII, 4-6 huevos, T 14-17 día N 20 días; 2 puestas/año. Nid globoso en grietas de las rocas bajo los puentes.

## 3. Chochín

*Troglodytes troglodytes* (Trogloditidae)

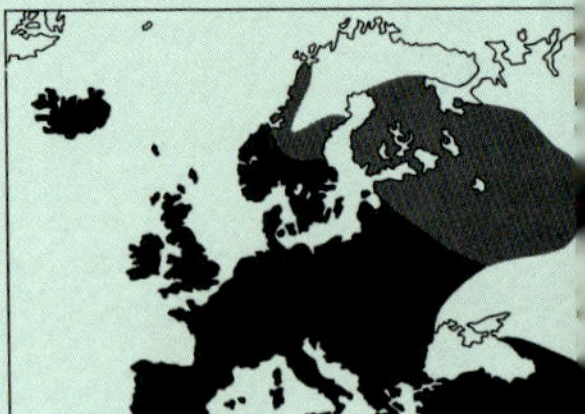

**En Europa central:** I-XII. **Cara terísticas:** 9,5 cm/9 g. El más p queño del área, rechoncho, pa do, de cola corta, a menudo l vantada; lista superciliar ocr muy vivaracho; vuelo recto zun bante; canta desde posador prominentes. **Voz:** un duro «tec teck», «trr trr» o un ronronean «zerrr». **Canto:** agudo matr queante con estrofas gorgeant y largos trinos finales. **Hábita** sotobosques, malezas, a menud cerca del agua. **Alimentación: i** sectos. **Cría:** IV-VII, 5-7 huevo T 14-16 días, N 15-18 días; puestas/año. Nido globoso a ba de musgo.

1

2

3

# 1. Escribano cerillo

*Emberiza citrinella*
(Emberizidae)

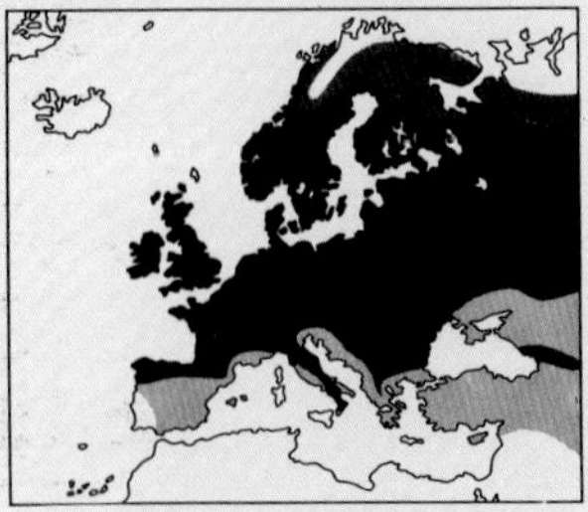

**En Europa central:** I-XII. **Características:** 16,5 cm/30 g. Cabeza y parte inferior amarillo limón, pardo amarillento por encima, con barrado castaño oscuro, obispillo castaño. La ♀ y los jóvenes más pardos; busca alimento en el suelo; canta desde posaderos prominentes sacudiendo la cola a menudo; en invierno, en pequeñas bandadas. **Voz:** reclamos como un «zrik» «zirr», «zip-zi-zi». Nota de alarma en vuelo un agudo «ziee», al levantar vuelo un «tirr-tirr». **Canto:** estrofas cortas y estereotipadas, con una cadencia grave y prolongada como un «zizizizizie-dii». **Hábitat:** cultivos, pinares jóvenes, matorrales. **Alimentación:** semillas, brotes, insectos. **Cría:** IV-VII, 3-5 huevos, T 12-13 días, B 9-14 días; 2 puestas/año. Nido en forma de cuenco en matorrales junto al suelo.

Escribano cabecinegro

**Especie semejante:** el **Escribano cabecinegro** *(Emberiza melanocephala)* fácil de distinguir por tener una amplia caperuza negra y los lados de la parte superior de color castaño claro. La ♀ y los jóvenes son amarillos sin caperuza conspicua. El ♂ canta desde un posadero prominente una melodiosa estrofa de elementos crecientes graves y agudos. Habita en campo abierto con arboleda y matorrales, en olivares y viñedos. En el área de cría permanece solamente de mayo a julio.

# 2. Triguero

*Emberiza calandra*
(Emberizidae)

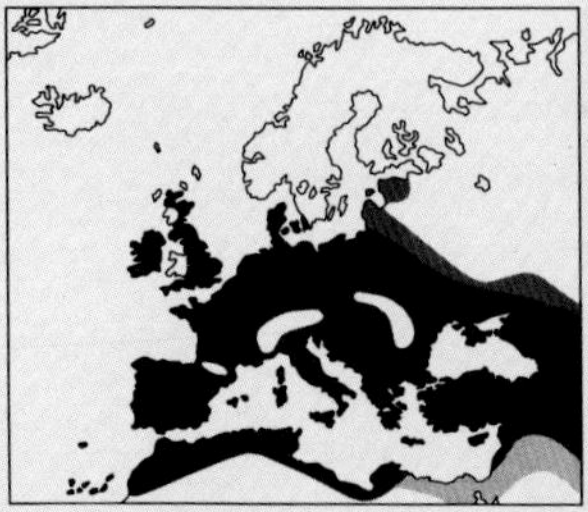

**En Europa central:** I-XII. **Características:** 18 cm/50 g. El mayor de este género en Europa, rechoncho y con el pico muy robusto; de colorido pardo uniforme con las alas y la cola carente de blanco. ♀ = ♂. Busca su alimento en el suelo; canta desde posaderos prominentes. Vuelo con las patas colgando; en invierno, en pequeñas bandadas. **Voz:** reclamo como un «zick zick», cuando se excita un «zre zre». Nota de contacto en vuelo un «slib». **Canto:** una estrofa breve y estereotipada, iniciada con elementos a ritmo creciente y que termina con un chirriante «zick zick zick zicksnirrp». **Hábitat:** cultivos y zonas herbosas con árboles aislados y matorrales, con preferencia por las zonas cálidas. **Alimentación:** semillas, brotes, insectos. **Cría:** V-VII, 4-5 huevos, T 12-14 días, N 9-12 días; 1-2 puestas/año. Nidifica en el suelo.

1

2

## 1. Escribano lapón

*Calcarius lapponicus*
(Emberizidae)

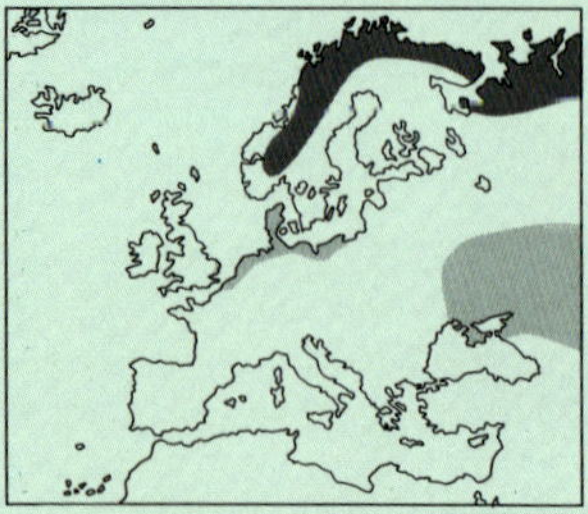

**En Europa central:** IX-III. Huésped invernal en el mar del Norte y el Báltico. **Características:** 15 cm/24 g. Cabeza y garganta negras, lista ocular blanquecina por detrás de los ojos, pico amarillo; pardo rojizo por encima, con barrado negro. ♀ librea invernal con la cabeza manchada de motas castaño oscuro; el mentón y la garganta blancos. Canta desde un posadero o en vuelo. **Voz:** reclamo como un «tii», en vuelo un «tititi» trinado. **Canto:** estrofas como la de la Alondra. **Hábitat:** tundra en los llanos y montañas; en invierno, cerca del litoral y páramos. **Alimentación:** semillas, insectos. **Cría:** V-VI, 4-5 huevos, T 13-14 días, N 10-12 días. Nidifica en el suelo.

## 2. Escribano palustre

*Emberiza schoeniclus*
(Emberizidae)

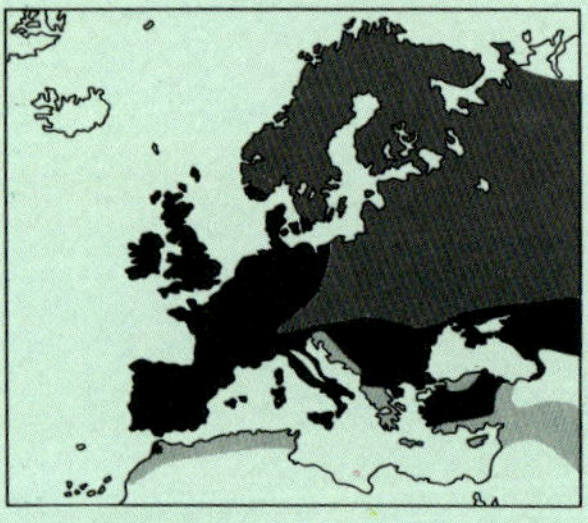

**En Europa central:** III-X. **Características:** 15 cm/20 g. Cabeza, pico y garganta negros, bigoteras blancas, castaño por encima con barrado negro. En invierno la cabeza y la garganta pardo grisáceas. La ♀ y los jóvenes la cabeza parda, bigotera negro-blanca y lista superciliar pálida; garganta blanquecina. Canta en juncos y cañas; sacude las alas. **Voz:** reclamo un «ziee» descendente. **Canto:** una breve estrofa como un «zye zye zye tui zirri». **Hábitat:** escombreras y riberas con matorrales y carrizales, pantanos. **Alimentación:** semillas, insectos. **Cría:** V-VII, 5-6 huevos, T 12-14 días, N 13 días; 2 puestas/año. Nido en forma de cuenco cerca del suelo.

## 3. Escribano hortelano

*Emberiza hortulana*
(Emberizidae)

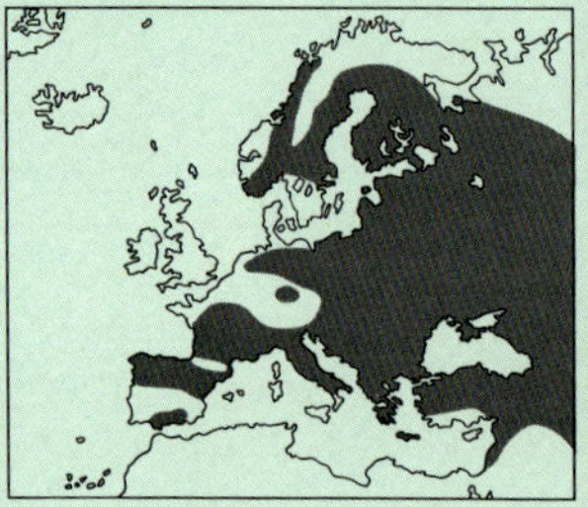

**En Europa central:** IV-X. **Características:** 16,5 cm/25 g. Cabeza gris, garganta amarilla al igual que el mentón, y la carúncula ocular; pardo por encima incluyendo el obispillo, de color canela por debajo. La ♀ y los jóvenes de colores más pálidos, con barrado oscuro por encima y en el pecho. Canta desde posaderos prominentes. **Voz:** el reclamo es un «zia» o un «zie». **Canto:** estrofa breve parecida a la del E. cerillo como un «yif yif yif yor yor». **Hábitat:** campo abierto y seco, cultivos con árboles. **Alimentación:** semillas, insectos. **Cría:** V-VII, 4-6 huevos, T 13 días, N 9-13 días. Nido en forma de cuenco cerca del suelo.

1

2|3

## 1/2. Escribano nival

*Plectrophenax nivalis*
(Emberizidae)

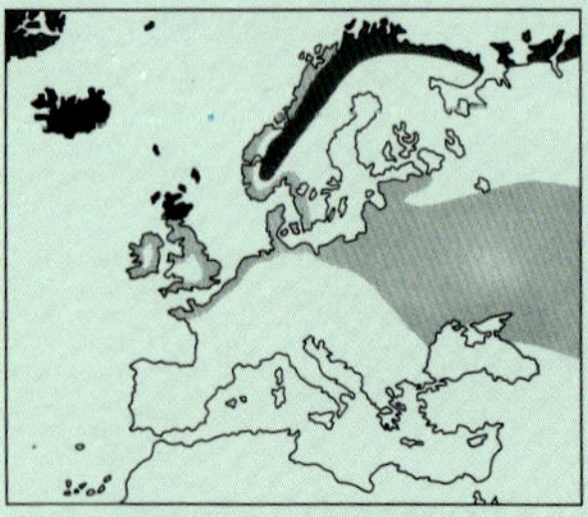

**En Europa central:** X-III. **Características:** 16,5 cm/35 g. Plumaje de verano con gran contraste blanco y negro (foto 1). La ♀ y los jóvenes, grises por encima, blanquecinos por debajo. Plumaje invernal (foto 2) con la cabeza ocre claro, la parte superior con manchas pardas y la inferior de color crema. Canto de vuelo frecuente. **Voz:** reclamo como un «birrr», «dyiu» o «srrr». **Canto:** breves estrofas trinadas como un «tirili». **Hábitat:** cumbres rocosas, tundra árida; en invierno, a menudo en bandadas en las costas del mar del Norte y del Báltico. **Alimentación:** semillas e insectos. **Cría:** V-VII, 5-6 huevos, T 12-14 días, N 10-14 días. Nidifica en grietas de las rocas.

## 3. Escribano montesino

*Emberiza cia* (Emberizidae)

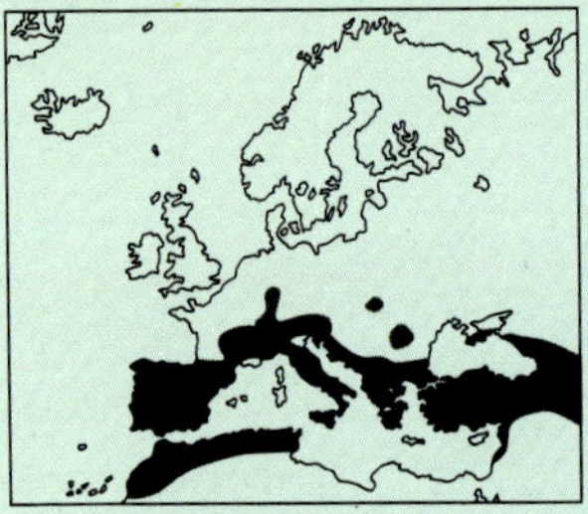

**En Europa central:** IV-IX. **Características:** 16 cm/25 g. Cabeza gris ceniza con listado negro, vientre canela, pardo rojizo por encima con listado oscuro. La ♀ y los jóvenes con menos contraste de color, el pecho moteado. Canta desde posaderos prominentes, levantando a menudo la cola. **Voz:** reclamo agudo como un «zip» o «ziip». **Canto:** una estrofa breve, clara y apresurada. **Hábitat:** laderas soleadas y rocosas, viñedos. **Cría:** V-VII, 3-huevos, T 12-13 días, N 10-1 días; 1-2 puestas/año. Nido en forma de cuenco, generalmente en el suelo.

## 4. Escribano soteño

*Emberiza cirlus* (Emberizidae)

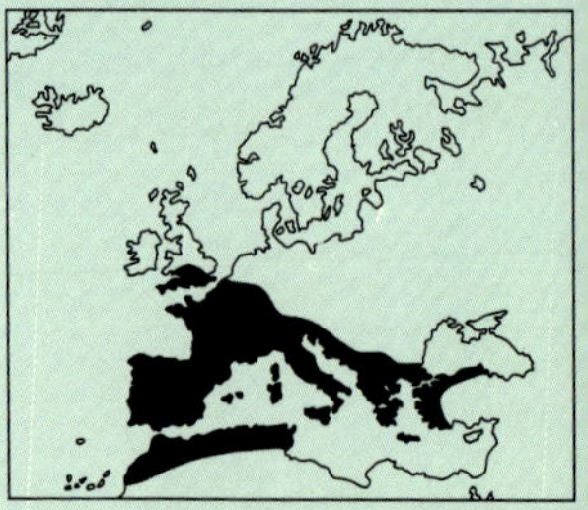

**En Europa central:** I-XII. **Características:** 16,5 cm/25 g. Cabeza con franjas negro-amarillas, mentón y garganta negros, obispillos pardo oliváceo; en invierno con la garganta gris. La ♀ y los jóvenes sin diseño aparente en la cabeza. Canta desde posaderos prominentes. **Voz:** reclamo agudo como un «ziee» o «zip». **Canto:** estrofa breve y monótona como un «zezezezeze». **Hábitat:** campo abierto con árboles aislados y arbustos, laderas; gusta del calor; en el sur, en encinares claros y viñedos. **Alimentación:** insectos y semillas. **Cría:** V-VII, 3-5 huevos, T 13 días, N 10-13 días; 2 puestas/año. Nidifica cerca del suelo.

1|2

3

4

## 1/2. Pinzón vulgar

*Fringilla coelebs* (Fringillidae)

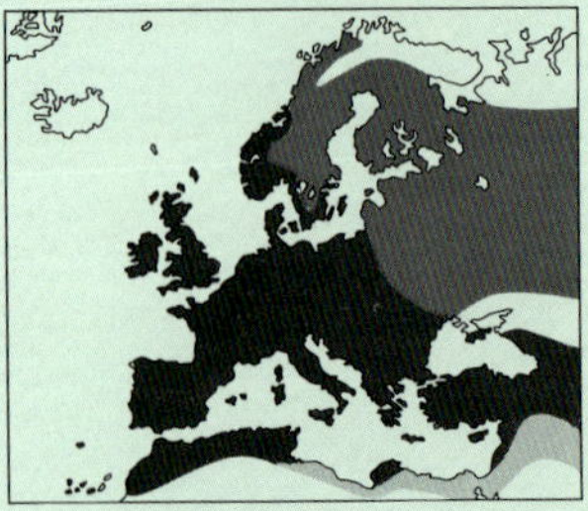

**En Europa central:** I-XII. **Características:** 15 cm/20 g. Píleo y nuca azul pizarra, al igual que el pico, pardo rojizo por debajo con 2 franjas alares blancas, los bordes de las rectrices también blancos y obispillo verde oliváceo (foto 1). La ♀ (foto 2) y los jóvenes, pardo oliváceos por encima y pálidos por debajo; brinca en el suelo con movimientos convulsivos de la cabeza. **Voz:** reclamo como un «pink» o un suave «fuid» o «triib»; al levantar el vuelo un «yip». **Canto:** estrofa como un agudo «ziziziyezye» «ziazia-zoriyu-kik». **Hábitat:** parques y jardines, bosques, cultivos. **Alimentación:** insectos, semillas. **Cría:** IV-VII, 3-6 huevos, T 13 días, N 13-14 días; 2 puestas/año. Nidifica en los árboles.

## 3. Pinzón real

*Fringilla montifringilla* (Fringillidae)

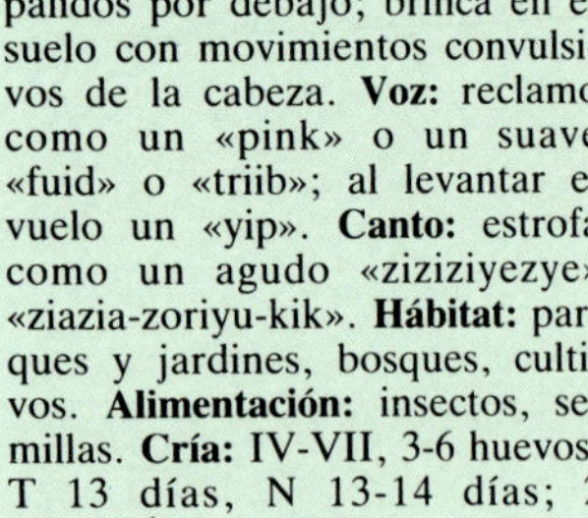

**En Europa central:** X-III. **Características:** 15 cm/23 g. Pecho y hombros anaranjados, cabeza y dorso negros, obispillo blanco. La ♀ en plumaje invernal (foto 3) menos contrastada, con la cabeza y el dorso manchado de pardo. En invierno, en grandes bandadas en hayedos; también en nidales. **Voz:** reclamo como un graznido («cueii»), al levantar vuelo un «yekyek». **Canto:** graznido prolongado un tanto áspero. **Hábitat:** bosques. **Alimentación:** insectos, semillas. **Cría:** V-VII, 5-7 huevos, T 13 días, N 12-14 días. Nidifica en el suelo.

## 4. Piquituerto común

*Loxia curvirostra* (Loxia)

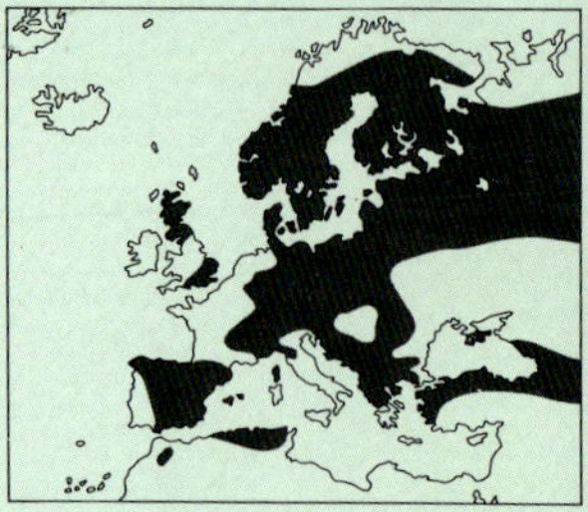

**En Europa central:** I-XII. **Características:** 16,5 cm/40 g. Plumaje rojo ladrillo, rechoncho, con pico de mandíbulas cruzadas. La ♀ verde oliváceo. Gregario; trepa por las ramas con piñas. **Voz:** nota de vuelo, un áspero «kipp kipp». **Canto:** series sibilantes mezcladas con notas de vuelo. **Hábitat:** bosques de coníferas, especialmente montanos. **Alimentación:** semillas de coníferas. **Cría:** condicionada a la época de oferta alimentaria, las más veces II-V, 3-4 huevos, T 14-16 días, N 14 días; 1-2 puestas/año. Nidifica en los árboles.

**Especie semejante:** el **Piquituerto lorito** *(Loxia pytyopsittacus)*: algo mayor y con el pico más robusto que el del P. común. Su reclamo es algo más grave. En pinares del N. de Europa. Ocasionalmente hasta el S.

1|2

3

4

## 1. Camachuelo picogrueso

*Pinicola enucleator* (Loxia)

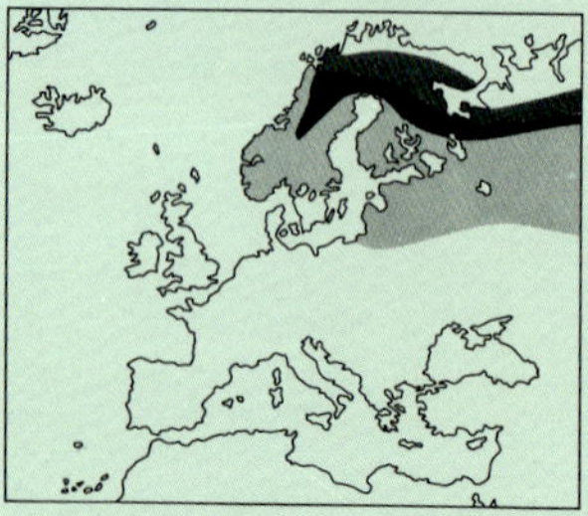

**En Europa central:** invasor invernal (muy raro). **Características:** 20 cm/60 g. Grande y de cola larga, con dos franjas alares blancas, pico ganchudo, el ♂ rojizo, la ♀ verduzco-olivacea a pardo-amarillenta. Gregario en invierno; vuelo ondulante. **Voz:** reclamo, un «tii-tii-tii-» aflautado, nota de alarma, un «chiviee» sibilante. **Canto:** estrofas breves, fuertes y aflautadas. **Hábitat:** bosques. **Alimentación:** yemas de coníferas, semillas, bayas, insectos. **Cría:** V-VII, 3-5 huevos, T 13-14 días, N 14 días. Nidifica en el suelo.

## 2. Camachuelo carminoso

*Carpodacus erythrinus* (Carpodacus)

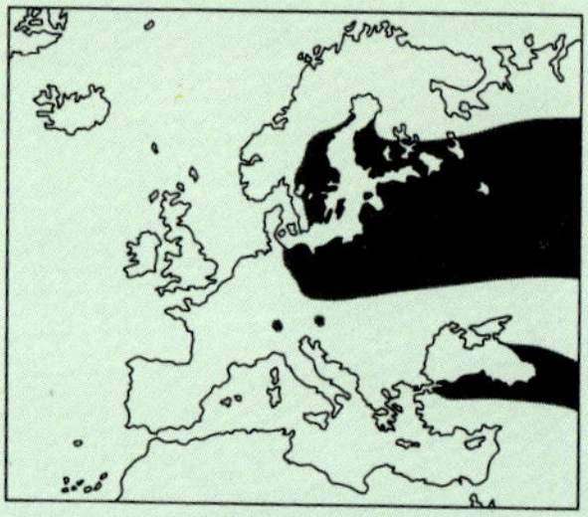

**En Europa central:** V-IX. **Características:** 14,5 cm/21 g. Cabeza, pecho y obispillo rojo carmín, pardo por encima, vientre ocre rojizo claro. ♀ parduzca, carente de rojo. Vuelo ondulante. **Voz:** reclamo, un «zlit» y un sorc «chui»; ante el peligro, un áspe «rae». **Canto:** estrofas aflautad y cortas como un «di-di-d didyu». **Hábitat:** bosques húm dos. **Alimentación:** capullos, s millas, insectos. **Cría:** VI-VII, 4 6 huevos, T 13-14 días, N 14-1 días. Nidifica en arbustos o ma torrales.

## 3. Camachuelo común

*Pyrrhula pyrrhula* (Fringillidae)

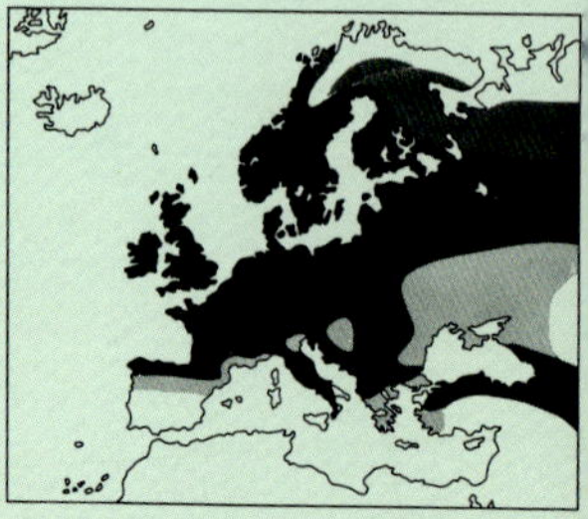

**En Europa central:** I-XII. **Características:** 15 cm/26 g. Rechoncho y con capirote negro; gris azulado por encima, alas negras con banda blanca, obispillo muy blanco; partes inferiores y mejillas del ♂ rosa intenso, en la ♀ parduzcas; los jóvenes, parduzcos y carentes de capirote; poco asustadizo; generalmente en parejas o en familias, en invierno las más veces en pequeñas bandadas. **Voz:** reclamo como un «dyi» o un «vip» melancólico, suave y descendente; nota de contacto un suave «bit-bit». **Canto:** serie de tonos sueltos aflautados y sordos. **Hábitat:** bosques, repoblaciones de pinares, parques. **Alimentación:** semillas, bayas, yemas, insectos. **Cría:** IV-VIII, 4-6 huevos, T 13 días, N 16 días; 2-3 puestas/año. Nidifica en los árboles.

1

2|3

## 1. Verderón común

*Chloris chloris* (Fringillidae)

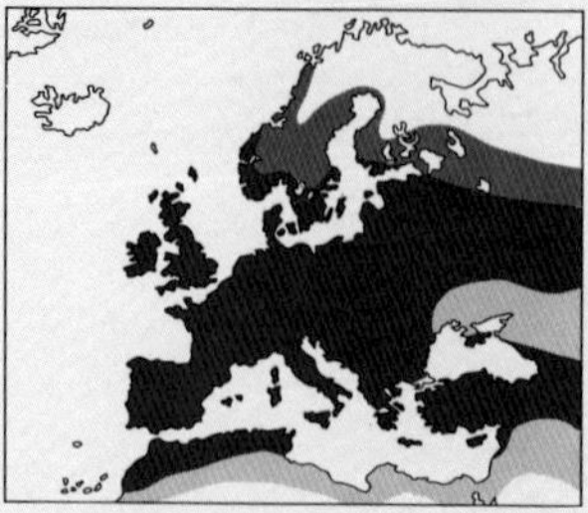

**En Europa central:** I-XII. **Características:** 14,5 cm/30 g. Fringílido amarillo verdoso con manchas alares amarillas, al igual que la base de las rectrices externas. ♀ más verdegrisácea. Los jóvenes, con listado oscuro. Canta desde posaderos prominentes o en vuelo, parecido al de un murciélago. **Canto:** series de trinos sonoros intercalados con prolongados chicheos. **Hábitat:** bosques, alamedas, parques. **Alimentación:** semillas, capullos, bayas; frecuente en comederos. **Cría:** IV-VIII, 4-6 huevos, T 13 días, N 13-16 días; 2-3 puestas/año. Nidifica en coníferas y arbustos.

## 2. Jilguero

*Carduelis carduelis* (Fringillidae)

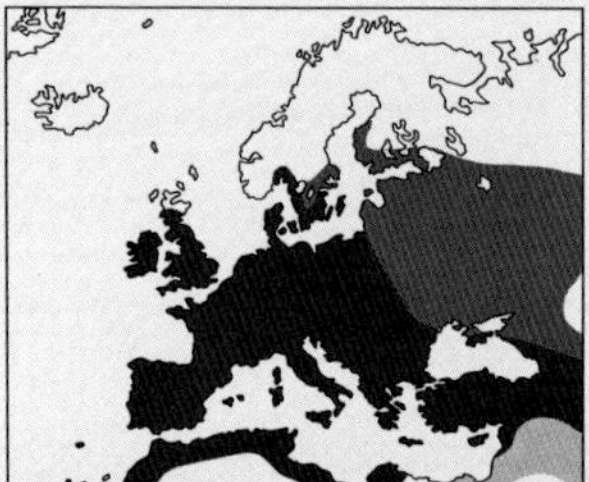

**En Europa central:** I-XII. **Características:** 12 cm/16 g. Cabeza blanquinegra con careta roja, franja alar amarillo brillante. ♀ = ♂. Los jóvenes, pardogrisáceos, sin rojo en la cabeza y con manchas en las partes inferiores. En otoño y en invierno, en pequeñas bandadas. **Voz:** reclam como un sonoro «didlit», tam bién en vuelo. **Canto:** vivo gorjeos con reclamos dispersos notas trinadas. **Hábitat:** parque huertas, jardines, alamedas. **Alimentación:** pulgones, semillas ar bóreas y de diente de león. **Cría** V-VIII, 4-6 huevos, T 13 días, N 14-15 días; 2 puestas/año. Nidifi ca en los árboles.

## 3. Lugano

*Cardulis spinus* (Fringillidae)

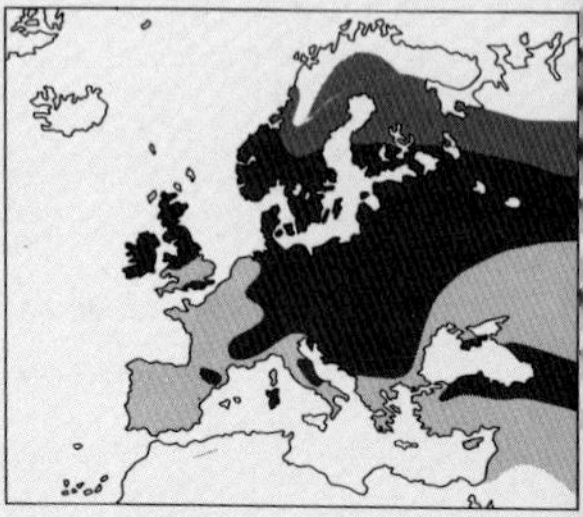

**En Europa central:** I-XII. **Carac terísticas:** 12 cm/12 g. Pequeño fringílido amarillo con obispillo negro; alas negras con franja ver de amarillenta sobre fondo amari llo. ♀ verdegrisácea, obispillo gris, con barrado negro por debajo. Los jóvenes también muy manchados por la parte superior. Vuelo de canto mariposeante. En invierno, en pequeños grupos. **Voz** nota de vuelo como un ronco «diee», la de contacto como un «tettettet». **Canto:** estrofa gorjeante, apresurada y breve, con una cadencia prolongada y áspera. **Hábitat:** bosques, hasta los 1 800 m **Alimentación:** semillas de coníferas y caducifolios, insectos. **Cría** IV-VII, 4-6 huevos, T 13 días, N 13-15 días; 2 puestas/año. Nidifica en los árboles.

1

2

3

## 1. Verdecillo

*Serinus serinus* (Serinus)

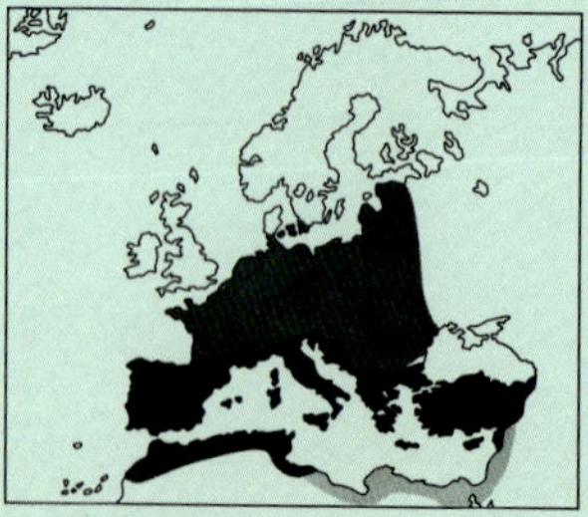

**En Europa central.** III-X. **Características:** 11,5 cm/12 g. Muy pequeño, cabeza, garganta y pecho amarillos; mejillas y nuca gris parduzco, por encima y por los lados con listado oscuro. ♀ y jóvenes verdegrisáceos, con manchas por la parte inferior. Canta desde posaderos prominentes o en vuelo mariposeante. **Voz:** reclamo como un trinante «tritritritii»; ante el peligro un prolongado «trui», en vuelo un «guirlitt». **Canto:** gorjeo sostenido casi en el mismo tono. **Hábitat:** bosques, jardines, viñedos. **Alimentación:** semillas, brotes. **Cría:** IV-VII, 3-5 huevos, T 13 días, N 14-16; 2 puestas/año. Nidifica en los árboles.

## 2. Pardillo sicerín

*Acanthis flammea* (Acanthis)

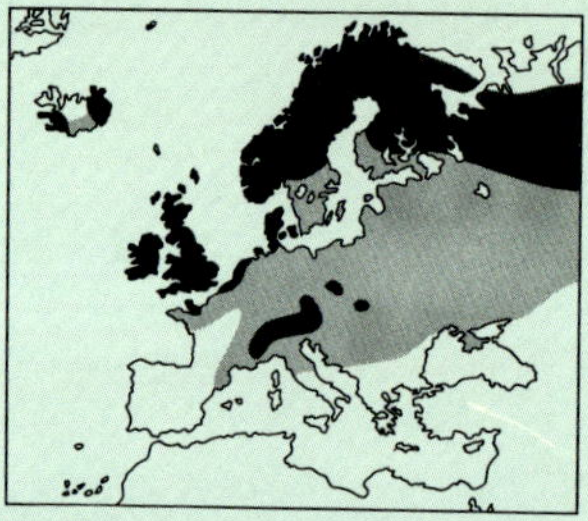

**En Europa central:** I-XII. **Características:** 13 cm/14 g. Parecido al P. común (pág. 236), pero con la frente y el mentón negros, la parte superior y los flancos con listado oscuro, obispillo rojo y pecho rojizo. ♀ con el pecho rente de rojo; los jóvenes p duzcos; vuelo de canto accid tal; gregario en invierno. V reclamo como un «dei» nasal; vuelo un «chedchedched». **Ca to:** un gorjeo sostenido de gi sonoros y vibrantes como «dyidyidyid chrr chedchedch **Hábitat:** bosques de conífer abedules y sauces, parques; los Alpes generalmente en el mite arbóreo. **Alimentación:** sectos, semillas. **Cría:** V-VII, 4 huevos, T 13 días, N 12 días. N difica en los árboles.

## 3. Verderón serrano

*Serinus citrinella* (Serinus)

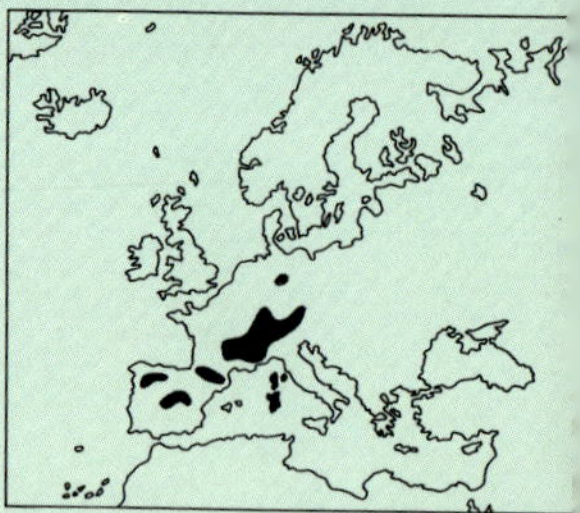

**En Europa central:** I-XII. **Cara terísticas:** 12 cm/15 g. Pequeño sin manchas; cara y parte inf rior amarillas, nuca, mejillas lados del cuello de color gris. más grisaceoverdosa; los jóvene con manchas. Canta a menudo e vuelo mariposeante. **Voz:** en vu lo un «de de» «dedidede» nasa **Canto:** parecido al del pardill pero no tan agudo y con tono prolongados. **Hábitat:** bosque claros de coníferas hasta el límit arbóreo; en invierno, en los va lles. **Alimentación:** semillas d coníferas, herbáceas y matas, in sectos. **Cría:** V-VIII, 4-5 huevos T 13 días, N 17-18 días; puestas/año. Nidifica en los árboles.

1|2

3

## 1. Pardillo común

*Acanthis cannabina* (Acanthis)

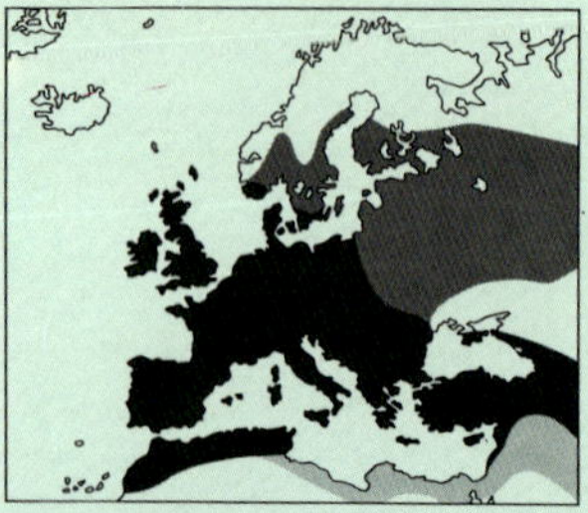

**En Europa central:** I-XII. **Características:** 13,5 cm/18 g. Parte frontal del obispillo y pecho de color rojo, mentón blanquecino, dorso pardo rojizo. En invierno sólo un poco rojizo por el pecho. La ♀ y los jóvenes carentes de rojo, con listado pardo oscuro. Gregario; en invierno, en bandadas. **Voz:** nota de vuelo «guegue-gue», nota de alarma un «dyee» o un «dlii» nasales. **Canto:** melodioso, algo nasal, con un leve graznido cadencial. **Hábitat:** cultivos, áreas de arbolado bajo y arbustos, brezales, parques, setos, montaña hasta el límite arbóreo. **Alimentación:** semillas. **Cría:** IV-VIII, 4-6 huevos, T 12-13 días, N 14-16 días; 2-3 puestas/año. Nidifica en matorrales, generalmente en colonias poco densas.

## 2. Picogordo

*Coccothraustes coccothraustes* (Fringillidae)

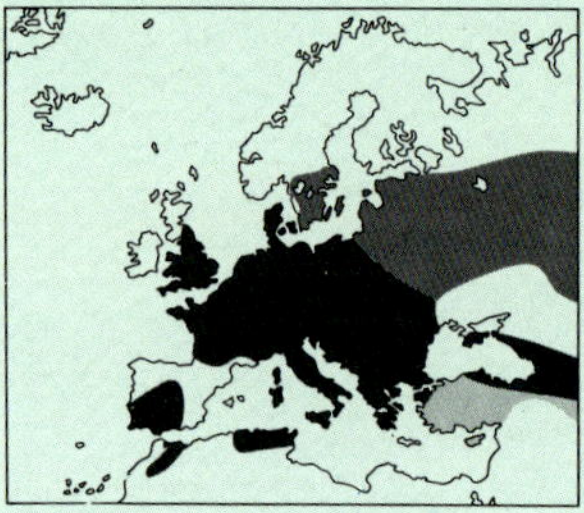

**En Europa central:** I-XII. **Características:** 18 cm/55 g. Grande, rechoncho y de cola corta, con pico enorme de color gris azul. do; en vuelo, franja alar blanca conspicuo extremo blanco en l. rectrices. La ♀ más pálida. E invierno, con el pico amarillent frecuente en lo alto de los árb les; gregario; en invierno, en gr pos. **Voz:** reclamo como un agu do «ziks», «zitit» o un «ziee» **Canto:** tartamudeante con recl mos ligados. **Hábitat:** bosque parques y jardines. **Alimentación:** pepitas de cereza, semilla de caducifolios, insectos; fre cuente en comederos. **Cría:** IV VI, 4-6 huevos, T 14 días, N 1 días; 1-2 puestas/año. Nidifica e los árboles.

## 3. Gorrión alpino

*Montifringilla nivalis* (Ploceidae

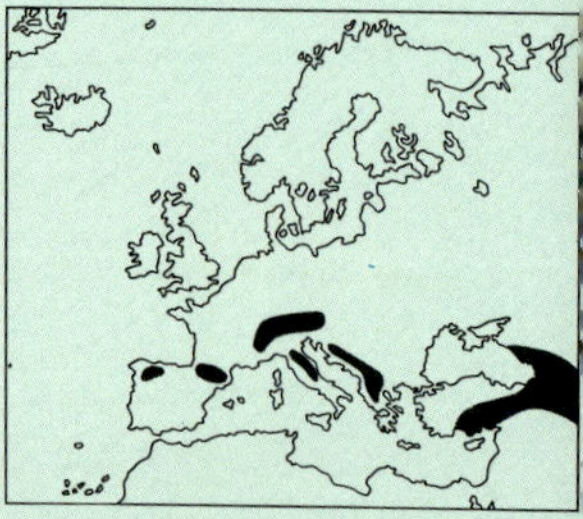

**En Europa central:** I-XII. **Carac terísticas:** 18 cm/40 g. Cabez gris, pico, mentón y garganta ne gros, amplia mancha alar blanca cola blanca, con las rectrices me dias negras. Plumaje inverna (foto) y ♀ con la garganta man chada de blanco y el pico amari llo; canta en el suelo o en vuel de canto; mueve la cola. **Voz:** re clamo graznante como un «cue» o un «ziyii»; en vuelo un «yib» un «dididi». **Canto:** temas repe tidos como un «bice», «sitiche» «tviyu». **Hábitat:** montañas po encima del límite arbóreo. **Alimentación:** semillas, insectos **Cría:** V-VII, T 13-14 días, N 18 21 días. **Cría:** en pequeñas colo nias, nidificando en grietas de la rocas.

1

2

3

## 1. Gorrión chillón

*Petronia petronia* (Ploceidae)

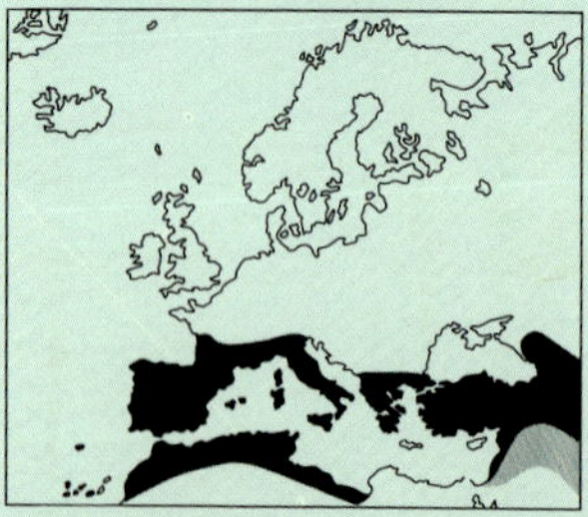

**Características:** 14 cm/35 g. De color pardo grisáceo nada llamativo, parecido a una ♀ pálida del G. común, pero más rechoncho y con la cola más corta; pico robusto y una mancha amarilla en la garganta; rectrices con los extremos blancos. ♀ = ♂. Los jóvenes, sin mancha amarilla en la garganta. **Voz:** reclamo como un «veii» nasal y un gutural «errr». **Canto:** una serie de tonos nasales generalmente bisílabos. **Hábitat:** paredes rocosas soleadas, ruinas, poblados. **Alimentación:** semillas, insectos. **Cría:** IV-VI, 4-7 huevos, T 12-14 días, N 20-21 días; 2 puestas/año. Nidifica en colonias, generalmente en grietas o agujeros de rocas o muros.

## 2. Gorrión molinero

*Passer montanus* (Ploceidae)

**En Europa central:** I-XII. **Características:** 14 cm/23 g. Píleo castaño, mejillas blancas con mancha negra, pequeño «babero» negro. ♀ = ♂. Gregario; de vuelo más ágil que el del G. común. **Voz:** reclamo como un ásper «tchik-tchik-tchok»; nota de vue lo un «chekchekchek». **Canto** una serie de estrofas chirriantes. **Hábitat:** campo abierto, aledaño de poblados, parques. **Cría:** IV VIII, 4-6 huevos, T 13-14 días, N 14-16 días; 2-3 puestas/año. Nidifica en agujeros y en nidales, raras veces en edificios.

## 3. Gorrión común

*Passer domesticus* (Ploceidae)

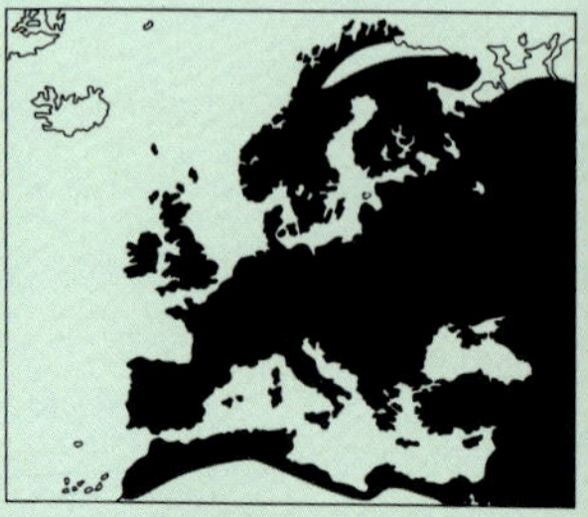

**En Europa central:** I-XII. **Características:** Píleo gris y castaño a ambos lados, mejillas gris blanquecino, extenso «babero» negro por encima del mentón, la garganta y el buche. ♀ pardo grisáceo inaparente. Los jóvenes como la ♀. El ♂ corteja a la ♀ piando agudamente, hinchándose y moviendo la cola con las alas caídas. Muy gregario; brinca por el suelo. **Voz:** reclamos piantes junto con un repetido «tetetet». **Canto:** gorjeo y parloteo prolongado como un «chilp-chelp-chiliip». **Hábitat:** ciudades y aldeas. **Alimentación:** yemas, semillas, bayas, insectos, deshechos. **Cría:** IV-VIII, 4-6 huevos, T 11-14 días, N 13-14 días; 3-4 puestas/año. Nidifica en colonias, generalmente en agujeros de edificios.

1|2

3

## 1. Estornino pinto

*Sturnus vulgaris* (Sturnidae)

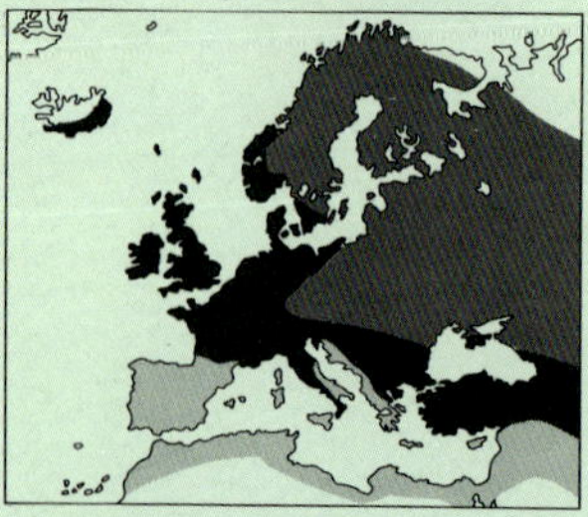

**En Europa central:** II-XI. **Características:** 21,5 cm/75 g. Más pequeño y con la cola más corta que el Mirlo común (pág. 208); plumaje negro con irisaciones verdes y violáceas; en otoño, invierno y comienzo de la primavera notablemente moteadas de blanco las puntas de las plumas; pico amarillo, en invierno oscuro; en vuelo, alas triangulares puntiagudas. ♀ = ♂, pero con irisaciones más claras y generalmente con moteado más marcado; los jóvenes, pardogrisáceos. Gregario; en otoño en enormes bandadas; busca alimento generalmente en el suelo con el pico en forma de compas (v. dibujo).

**Voz:** reclamo chirriante como un «chriin», la nota de alarma como un áspero «spett spett», «ree» o un gututal «bchrr». **Canto:** muy variado, a base de notas parloteantes, chasqueantes y aflautadas con numerosos temas miméticos. **Hábitat:** bosques, parques. **Alimentación:** insectos, gusanos, caracoles, cerezas, uvas y otras frutas. **Cría**: IV-VII, 4-6 huevos, T 12-14 días, N 18-22 días; 1-2 puestas/año. Nidifica en agujeros, preferentemente en los de picos, y también en nidales.

## 2. Oropéndola

*Oriolus oriolus* (Oriolidae)

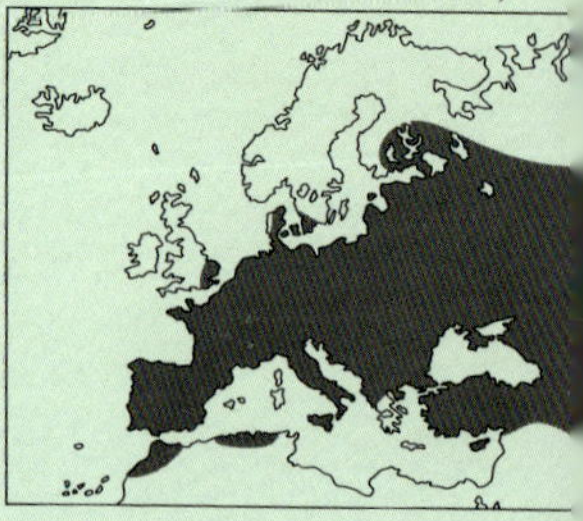

**En Europa central:** IV-IX. **C**a**racterísticas:** 24 cm/72 g. Parec do a un zorzal, pero con la cab za, el dorso y la parte inferior d color amarillo vivo; alas, cola bridas negras, pico rojizo (♂ - dibujo).

La ♀ (foto) verde amarillent por encima, gris claro por de bajo, con barrado oscuro, alas cola negroparduzcas. Los jóve nes parecidos a la ♀, pero mo teados por encima, los ♂ ♂ n adquieren el color vivo caracte rístico hasta los 3 años; las ♀ ♀ adultas más bien verdosas, má pálidas y con menos contrast que los ♂ ♂, casi nunca en e suelo; veloces voladoras. **Voz** cuando es molestada emite u «crree» o un «gvee» graznante **Canto:** sonoro y aflautado com un melódico «didialio» o un «di dlio». **Hábitat:** bosques claros d fronda, huertas, parques, bos ques de coníferas. **Alimentación** insectos, bayas. **Cría:** V-VII, 3- huevos, T 14-15 días, N 14-1 días. Nido en forma de cuenc colgado en las horquillas de la ramas.

1

2

## 1. Arrendajo funesto

*Perisoreus infaustus* (Corvidae)

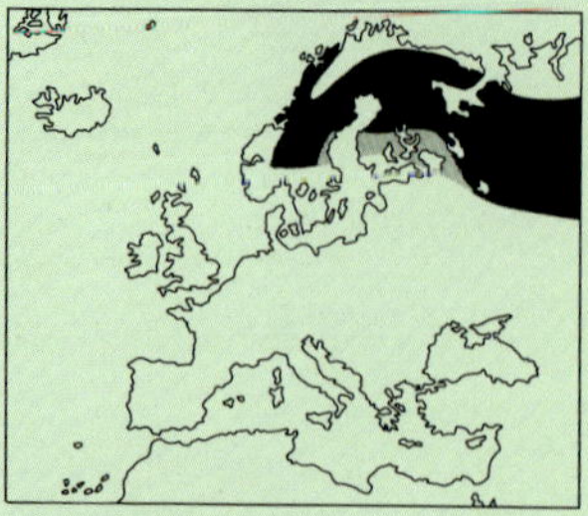

**Características:** 30,5 cm/90 g. De tamaño pequeño y color gris-pardo, con capirote castaño oscuro, obispillo, mancha alar y rectrices laterales externas rojo ladrillo. ♀ = ♂. Trepa por las ramas como un párido; gregario; muy confiado fuera de la temporada de cría. **Voz:** reclamos susurrantes como «cherr», «guk guk» «scri» con frecuentes notas miméticas de rapaces. **Hábitat:** bosques de coníferas en la taiga, en invierno también en bosques de abedules, aldeas y comederos. **Alimentación:** insectos, semillas de coníferas, huevos de otras aves y también sus crías, bayas. **Cría:** IV-V, 3-4 huevos, T 16-17 días, N 21-23 días. Nidifica en los árboles.

## 2. Cascanueces

*Nucifraga caryocatactes* (Corvidae)

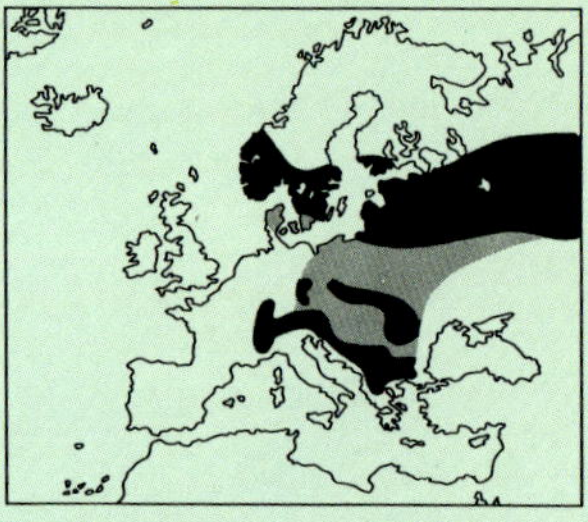

**En Europa central:** I-XII. **Características:** 32 cm/170 g. Esbelto, robusto pico largo y negro; plumaje color chocolate oscuro con manchas blancas en forma de g tas; infracoberteras caudales bl cas. ♀ = ♂. Se posa a menu en lo alto de los árboles. **Voz:** r clamo grazneante como «krerrr krerrr» «yek yek yek también un repetido parlote **Hábitat:** Bosques de conífera mixtos de media montaña y en región alpina; taiga. **Aliment ción:** semillas de coníferas, nu ces, insectos. **Cría:** III-V, 3 huevos, T 16-21 días, N 21- días. Nidifica en los árboles.

## 3. Arrendajo

*Garrulus glandarius* (Corvidae

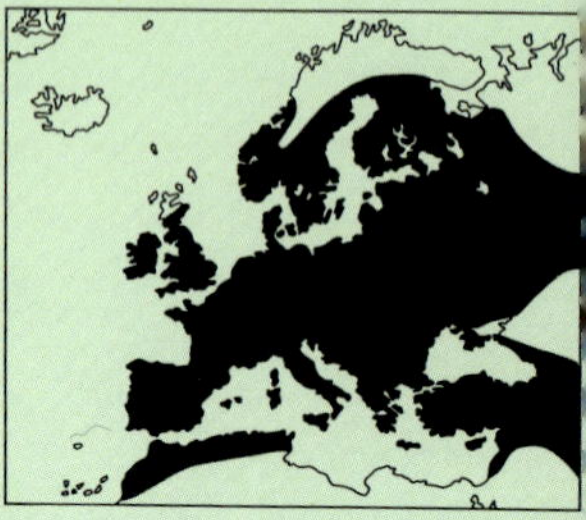

**En Europa central:** I-XII. **Cara terísticas:** 34 cm/170 g. Pardo roj zo claro, con diseño alar barrad azul-negro; obispillo e infracobe teras rectrices blancos. ♀ = ♂ En época de migración en peque ñas bandadas poco apretadas y d vagantes; ocultas bellotas y otro frutos como provisiones inverna les. **Voz:** reclamo suave, com un «ga hii»; nota de alarma u fuerte «ree ree», «rech rech graznante. **Canto:** parloteo suav con notas ásperas chasqueantes muy variado. **Hábitat:** bosque de todo tipo hasta los 1 600 m d altura; parques. **Alimentación** bellotas, frutos diversos, insec tos, huevos y crías de otras aves **Cría:** IV-VI, 5-6 huevos, T 16-1 días, N 19-20 días. Nidifica en lo árboles.

1|2

3

## 1. Urraca

*Pica pica* (Corvidae)

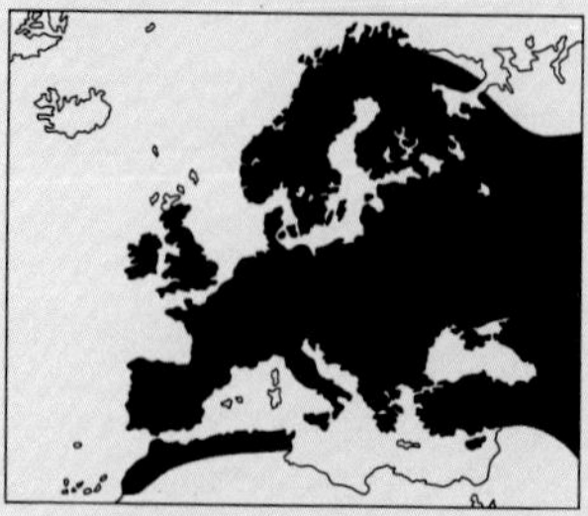

**En Europa central:** I-XII. **Características:** 46 cm/210 g. Córvido de diseño blanco y negro con la cola extraordinariamente larga y escalonada; coberteras con irisaciones azules, cola verdeante. ♀ = ♂. Los jóvenes, con la cola más corta y el plumaje mate; vuela con batidos de alas irregulares; asustadiza; fuera de la época de cría, a menudo en grandes bandadas. **Voz:** reclamo, un áspero «chakchak chak» «charrkakakak» y un claro «yekyek». **Canto:** un parloteo, a media voz, con sonidos graznantes y nasales. **Hábitat:** cultivos abiertos, parques, jardines. **Alimentación:** gusanos, caracoles, insectos, huevos, crías de aves. **Cría:** III-V, 5-8 huevos, T 17-18 días, N 22-24 días. Nidifica en colonias.

## 2. Chova piquigualda

*Pyrrhocorax graculus* (Corvidae)

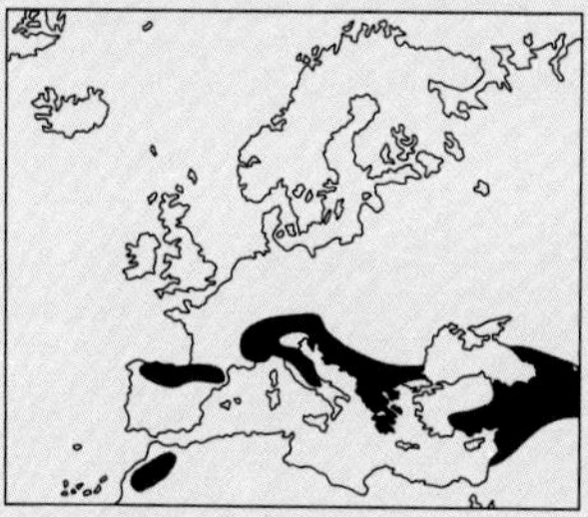

**En Europa central:** I-XII. **Características:** 38 cm/230 g. Algo mayor y más esbelta que la Grajilla (pág. 246), con el pic más esbelto ligeramente decurva do y amarillo; las patas anaranja das; el plumaje uniformement negro brillante. ♀ = ♂. Grega ria; gusta de planear en banda das; muy frecuente con manch alar; no es asustadiza, frecuent cabañas y cumbres muy transita das y se deja dar de comer. **Vo** reclamo fuerte y chirriante com un «zya», «chirrr». Nota de co tacto: un «priit». **Hábitat:** Alt montaña, en invierno también e los valles. **Alimentación:** insec tos, gusanos, caracoles, frutos carroña, desperdicios. **Cría:** IV VII, 4-5 huevos, T 18-21 días, N 31-38 días. Nidifica en las rocas a menudo en colonias.

## 3. Chova piquirroja

*Pyrrhocorax pyrrhocorax* (Corviade)

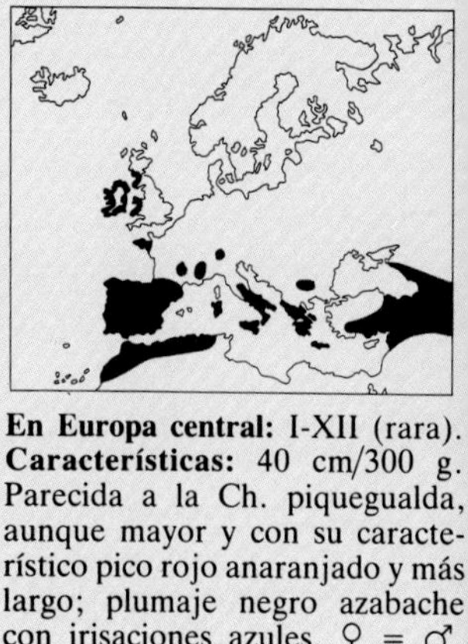

**En Europa central:** I-XII (rara). **Características:** 40 cm/300 g. Parecida a la Ch. piquegualda, aunque mayor y con su característico pico rojo anaranjado y más largo; plumaje negro azabache con irisaciones azules. ♀ = ♂. Extraordinario planeador; durante la exhibición de cortejo realiza hábiles acrobacias. **Voz:** serie varias veces repetida de reclamos como «pierr», «kiyar», «chrree». **Hábitat:** alta montaña con riscos, acantilados; en invierno también en los valles. **Alimentación:** insectos, gusanos, caracoles, bayas. **Cría:** IV-VI, 3-6 huevos, T 21-23 días, N 37-40 días. Nidifica en colonias.

1|2

3

## 1. Grajilla

*Corvus monedula* (Corvus)

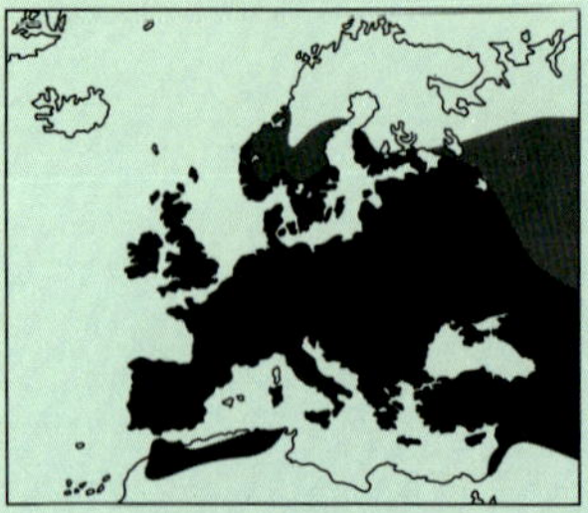

**En Europa central:** I-XII. **Características:** 33 cm/240 g. Del tamaño de una paloma, negro grisácea; parte superior negra con irisaciones azules; nuca y auriculares grises; iris azul claro. ♀ = ♂. Los jóvenes, ligeramente parduzcos. De vuelo más ágil que la graja; muy gregaria, asociada frecuentemente con grajas formando bandadas; también en grupos buscando alimento en el suelo a campo abierto. **Voz:** el reclamo es un sonoro y claro «kiak» o «kya», o un graznido como «kyerr»; la nota de alarma es un agudo «yiip». **Canto:** series de sonidos parloteantes como un «gyau gyu». **Hábitat:** cultivos con roquedales, riscos, árboles viejos, campanarios, ruinas, murallas. **Alimentación:** insectos, gusanos, caracoles, desechos. **Cría:** IV-VI, 4-6 huevos, T 17-18 días, N 28-35 días. Nidifica en colonias en edificios o en agujeros de árboles y rocas.

## 2. Graja

*Corvus frugilegus* (Corvus)

**En Europa central:** I-XII. **Características:** 46 cm/480 g. Parecida a la Corneja cenicienta (pág. 248), pero con el plumaje mucho más iriscentemente azulado, píleo un poco abultado; pico largo y esbelto con la base blancuzca y sin plumas; el vientre y los muslos con plumas colgantes. ♀ = ♂. Los jóvenes, con el pico negr con pluma negra; su batido d alas es más rápido que el de la C cenicienta. En invierno es fre cuente en praderas y labrantíc formando bandadas, e incluso e el centro de las ciudades; al ano checer se recogen a sus dormide ros habituales formando un com pacto grupo. **Voz:** más grave áspera que la de la C. cenicien ta, como un «kroo», «korr» «Kraa», «gaag». **Canto:** en reali dad no es tal, sino una serie d sonidos roncos y parloteantes

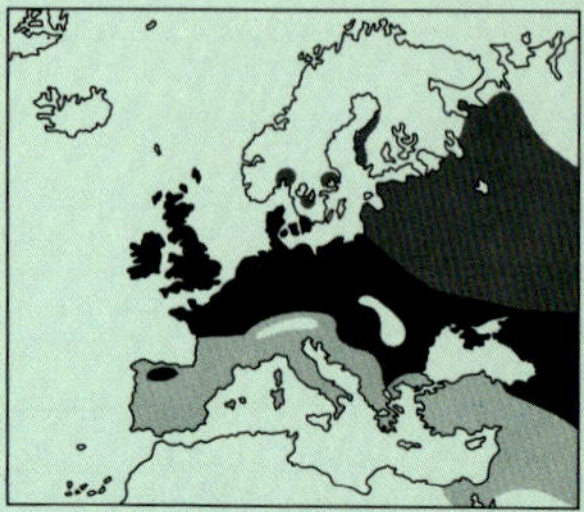

**Hábitat:** bosques de fronda y de coníferas, generalmente al borde de superficies abiertas, también en cultivos con monte bajo. **Alimentación:** larvas de escarabajos, orugas, ratones, caracoles, semillas, simiente. **Cría:** III-V, 3-6 huevos, T 17-20 días, N 28-35 días. Nidifica en colonias; nido a base de pajilla, barro y ramitas, en variado número sobre las copas de los árboles.

Graja joven

Graja adulta

1

2

## 1. Corneja negra

*Corvus corone corone* (Corvus)

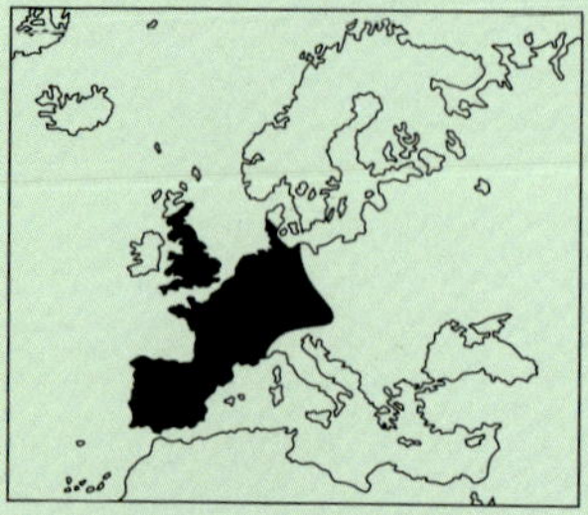

**En Europa central:** I-XII. **Características:** 47 cm/550 g. Pico corto, ancho, robusto y negro; plumaje negro azabache con débil brillo. ♀ = ♂. Los jóvenes, mate. Generalmente solitaria o en parejas; vuelo con batidos lentos y uniformes, planeando raras veces. **Voz:** reclamo como un «verr», «kree», «kraa», «konk», generalmente repetido varias veces; en persecución un breve «krrrkrr». **Canto:** es en realidad una mera sucesión de sonidos guturales a media voz **Hábitat:** terrenos abiertos de cultivos, zonas pantanosas, bosques, aldeas, ciudades, costas. **Alimentación:** gusanos, insectos, pequeños vertebrados, frutos, semillas, carroña, desperdicios, huevos y crías de aves. **Cría:** III-VI, 3-6 huevos, T 17-18 días, N 31-32 días. Nido de ramitas en los árboles.

## 2. Corneja cenicienta

*Corvus corone cornix* (Corvus)

**En Europa central:** I-XII. **Características:** como la C. negra, pero con la nuca, la espalda y la par inferior gris claro. **Voz, Hábita Alimentación:** como la C. negr Ambas cornejas, la negra y la c nicienta, pertenecientes a u misma raza, se bastardizan en l áreas de contacto dentro de la su distribución. Los descendie tes son fértiles y presentan gr variedad de matices de pluma dentro de las características pr dominantes.

## 3. Cuervo

*Corvus corax* (Corvus)

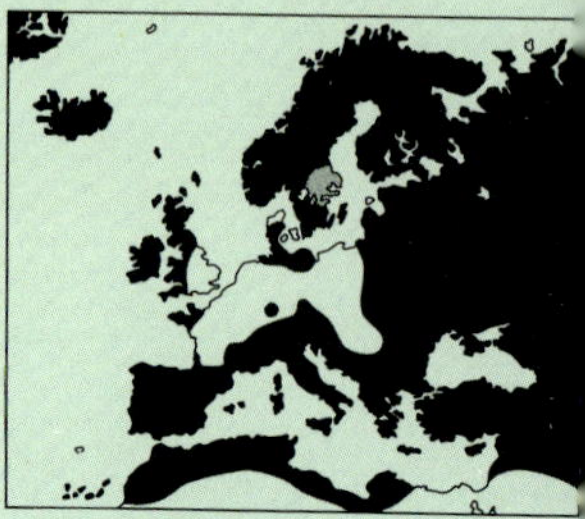

**En Europa central:** I-XII. **Carac terísticas:** 64 cm/1 250 g. Mu parecido a la C. negra, per mayor y con el pico más robusto el plumaje es negro azabache co irisaciones azuladas. ♀ = ♂. Lla ma la atención en vuelo por s largo cuello y su cola cuneiforme planea a menudo; durante el cor tejo ejecuta acrobacias de vuelo **Voz:** en vuelo un graznante y va rias veces repetido «croc», «croa o «carc»; también un profund «clong». **Canto:** un parloteo gutu ral con imitaciones de otras aves **Hábitat:** bosques abiertos de fron da y de coníferas, montañas, este pas; frecuente también en acanti lados; tundra ártica. **Alimenta ción:** muy variada; insectos, gusa nos, caracoles, pequeños verte brados, semillas, frutos, carroña desperdicios. **Cría:** II-V, 3-6 hue vos, T 20-21 días, N ≈ 40 días Nidifica en cornisas rocosas; nid hecho de ramitas y barro.

1|2

3

# Índice de nombres castellanos

# Índice de nombres científicos

# Índice de familias

## Fotografías en color de la cubierta

**Cubierta:**

*Arriba:* izquierda Pechiazul; centro Tarabilla norteña; derecha Cernícalo patirrojo.
*Centro:* izquierda Elanio azul *(Elanus caeruleus)*, rapaz del extremo meridional de Portugal; derecha Lechuza de Tengmalm.
*Abajo:* izquierda Gaviota reidora en plumaje de cría; centro Carricero políglota y Herrerillo; derecha Martín pescador.

**Contracubierta:**

*Arriba:* izquierda Pato mandarín; derecha pareja de somormujos lavancos.
*Centro:* izquierda Zorzal alirrojo; centro Reyezuelo listado; derecha Curruca tomillera *(Sylvia conspicillata)* del litoral mediterráneo.
*Abajo:* izquierda Perdices nivales y Petirrojo; derecha Pico mediano.

**Lomo:** arriba Búho chico; debajo Cuco ♀.

**Título original:** *Naturführer Vögel*

**Traducción:** Eladio Martínez Bernaldo de Quirós



SEXTA EDICIÓN


Carretera León-La Coruña km 5 - LEÓ
ISBN: 84-241-2661-0
Depósito Legal: LE: 58 - 1999
Printed in Spain - Impreso en España

EDITORIAL EVERGRÁFICAS, S. L.
Carretera León-La Coruña km 5
LEÓN (ESPAÑA)

# Pájaros cantores

Siluetas en reposo.